SAMMLUNG GÖSCHEN BAND 768/768a

EINFÜHRUNG IN DIE KONFORME ABBILDUNG

von

PROFESSOR DR. LUDWIG BIEBERBACH

Fünfte, erweiterte Auflage

Mit 42 Zeichnungen

WALTER DE GRUYTER & CO.
vormals G. J. Göschen'sche Verlagshandlung · J. Guttentag, Verlagsbuchhandlung · Georg Reimer · Karl J. Trübner · Veit & Comp.
BERLIN 1956

Archiv-Nr. 11 07 68
Satz: Walter de Gruyter & Co., Berlin W 35
Druck: Paul Funk, Berlin W 35
Printed in Germany

Inhaltsverzeichnis

Seite

I. Abschnitt. Grundlegung. Lineare Funktionen

§ 1. Analytische Funktionen und konforme Abbildung 5
§ 2. Ganze lineare Funktionen 13
§ 3. Die Funktion $w = \frac{1}{z}$ 14
Anhang zu § 3: Stereographische Projektion 18
§ 4. Lineare Funktionen 19
§ 5. Lineare Funktionen (Fortsetzung) 26
§ 6. Gruppen linearer Funktionen 32

II. Abschnitt. Rationale Funktionen

§ 7. $w = z^n$ 37
§ 8. Rationale Funktionen 44

III. Abschnitt. Prinzip des Randes und Spiegelungsprinzip

§ 9. Beziehung zwischen der konformen Abbildung am Rande eines Bereiches und in seinem Innern 49
§ 10. Das Schwarzsche Spiegelungsprinzip 51

IV. Abschnitt. Weitere Abbildungen durch gegebene Funktionen

§ 11. Über einige durch die Funktion $w = z^2$ vermittelte Abbildungen 54
§ 12. $w = z + \frac{1}{z}$ 58
§ 13. Die Exponentialfunktion und die trigonometrischen Funktionen 63
§ 14. Das elliptische Integral erster Gattung 65

V. Abschnitt. Abbildung gegebener Gebiete

§ 15. Abbildung eines gegebenen Gebietes auf das Innere eines Kreises (Zusammenstellung von Beispielen) 73
§ 16. Der Vitalische Doppelreihensatz 81
§ 17. Ein Limessatz über schlichte Abbildungen 85
§ 18. Beweis des Riemannschen Abbildungssatzes 86
§ 19. Über die tätliche Ausführung der konformen Abbildung eines Gebietes auf die Fläche eines Kreises 88
§ 20. Potentialtheoretische Betrachtungen 93
§ 21. Die Zuordnung der Ränder bei konformer Abbildung 103
§ 22. Verzerrungssätze für schlichte Abbildungen des $|z| < 1$ . . 108
§ 23. Verzerrungssätze für schlichte Abbildungen des $|z| > 1$ . . 120

Seite

§ 24. Die Löwnersche Differentialgleichung 140
§ 25. Über die konforme Abbildung nichtschlichter einfach zusammenhängender Gebiete auf die Fläche eines Kreises 149
Bemerkung über die Abbildung mehrblättriger mehrfach zusammenhängender Gebiete auf schlichte Gebiete 154
§ 26. Die Probleme der Uniformisierung 155
§ 27. Abbildung mehrfach zusammenhängender schlichter Gebiete auf Normal-Gebiete 164

Sachverzeichnis 180

Schrifttum

In diesem Buch benutzte, aber nicht bewiesene Tatsachen aus der Funktionentheorie wird der Leser meistens bei K. Knopp, Funktionentheorie (Sammlung Göschen Bd. 668, 703) finden.

Wegen sonstiger Unterrichtung sei auf einige neuere Bücher verwiesen: H. Behnke und F. Sommer, Theorie der analytischen Funktionen einer komplexen Veränderlichen, Berlin 1955. — L. Bieberbach, Einführung in die Funktionentheorie, Bielefeld 1952. — C. Carathéodory, Funktionentheorie, 2 Bde., Basel 1950.

Für eine weitere Vertiefung in die konforme Abbildung seien vor allem empfohlen: G. M. Golusin, Geometrische Theorie der Funktionen einer komplexen Veränderlichen (Russisch), Moskau 1952. — Z. Nehari, Conformal mapping, New York 1952. — C. Gattegno und A. Ostrowski, Représentation conforme à la frontière, Mém. Sc. math. 109. 110. Paris 1949. — A. C. Schaeffer and D. C. Spencer, Coefficient regions for schlicht functions. Am. math. Soc. Coll. Publ. 35. New York 1950.

Erster Abschnitt

Grundlegung. Lineare Funktionen

§ 1. Analytische Funktionen und konforme Abbildung

Unter einer in einem Gebiet[1]) G durchweg regulären analytischen Funktion $w = f(z)$ einer komplexen Veränderlichen $z = x + iy$ $(i = \sqrt{-1})$ versteht man bekanntlich eine in G eindeutige, an jeder Stelle differentiierbare Funktion. Als Folge der Differentiierbarkeit ergeben sich für Realteil und Imaginärteil von $f(z) = u(x, y) + iv(x, y)$ die Cauchy-Riemannschen Differentialgleichungen

$$(1) \qquad \frac{\partial u}{\partial x} = \frac{\partial v}{\partial y}, \quad \frac{\partial u}{\partial y} = -\frac{\partial v}{\partial x}.$$

Die analytischen Funktionen lassen sich bekanntlich in Potenzreihen entwickeln, derart, daß in der Umgebung einer jeden Stelle a des Gebietes G eine Darstellung

$$(2) \qquad w = c_0 + c_1(z - a) + c_2(z - a)^2 + \cdots$$

gilt. Wir betrachten nun insbesondere Funktionen $f(z)$, für die in G überall $f'(z) \neq 0$ ausfällt. Wir deuten x, y und u, v in bekannter Weise als rechtwinklige Koordinaten und betrachten die Abbildung von G auf eine Punktmenge G'. In der Funktionentheorie wird gezeigt, daß G' wieder ein Gebiet ist (Satz von der Gebietstreue).

D. h. 1. wenn c_0 einen Punkt von G' bezeichnet derart, daß a in $c_0 = f(a)$ ein innerer Punkt von G ist, so gehören alle Punkte eines genügend kleinen um c_0 gelegten Kreises eben-

---

[1]) Unter einem Gebiet versteht man eine Punktmenge derart, daß 1. mit jedem Punkt der Menge auch eine den Punkt enthaltende Kreisscheibe zur Menge gehört und daß 2. je zwei Punkte der Menge durch eine in der Menge enthaltene stetige Kurve verbindbar sind. In der Funktionentheorie und auch in diesem Buch wird das Wort „Bereich" als gleichbedeutend mit dem Wort „Gebiet" benutzt. Die Vereinigungsmenge eines Gebiets und seiner Randpunkte heißt „abgeschlossenes Gebiet" oder „abgeschlossener Bereich".

falls der Punktmenge G' an; 2. die Punktmenge G' ist zusammenhängend.

Der erste Teil dieser Behauptung ist nur ein geometrischer Ausdruck der Tatsache, daß man Potenzreihen umkehren kann. Aus $w = c_0 + c_1(z - a) + \cdots$ folgt nämlich $z = a + \frac{1}{c_1}(w - c_0) + \cdots$ a möge innerer Punkt von G sein. Die zweitgenannte Potenzreihe konvergiert in einem Kreise um $w = c_0$, dessen Radius nicht zu groß ist. Den Punkten dieses Kreises entsprechen daher z-Werte aus der Umgebung von $z = a$. Diese Umgebung wird sicherlich dem Gebiete G angehören, solange wir uns auf genügend kleine Kreise um $w = c_0$ beschränken. Ein solcher Kreis gehört aber dann vollständig der Punktmenge G' an.

Der zweite Teil unseres Satzes besagt, daß man irgend zwei innere Punkte von G' durch einen stetigen Linienzug von inneren Punkten verbinden kann. Das ist aber eine unmittelbare Folge davon, daß dies für die entsprechenden Punkte von G möglich ist und daß $u(x, y)$, $v(x, y)$ stetige Funktionen sind.

Bemerkungen. 1. Ist die Abbildungsfunktion auch auf dem Rande des Gebietes regulär, so entsprechen den Randpunkten von G Randpunkte von G', weil sonst für die inverse Abbildung von G' auf G die Gebietstreue verletzt würde.

2. Wir haben unseren Satz nur unter gewissen Einschränkungen bewiesen. Wir werden bald sehen, daß er für alle bis auf Pole regulären Funktionen und auch für unendliche Gebiete gilt, wenn wir nur die Gebietsdefinition ein wenig erweitern. Siehe § 7.

3. Ein und derselbe Punkt der w-Ebene kann gleichzeitig als innerer und als Randpunkt von G' auftreten. Das hängt mit der Vielwertigkeit der Abbildungsfunktion zusammen. Es ist ganz und gar nicht nötig, daß sie jeden Wert nur einmal in G annimmt. So kann es auch vorkommen, daß sie ein und denselben Wert im Innern und am Rande von G annimmt; der diesem Wert entsprechende Punkt der w-Ebene ist dann sowohl innerer wie Randpunkt von G'. Das macht zunächst der geometrischen Vorstellung einige Schwierigkeit. Seit

Riemann hat man aber gelernt, auch dies Vorkommnis anschaulich zu beherrschen. Was wir im Augenblick brauchen, können wir uns so klarmachen. Wir denken uns z. B. am Rechteck der Zeichnung 1 längs AB eine Zunge befestigt, die im schraffierten Teile über das ursprüngliche Rechteck hinübergreift. Das wäre ein Beispiel für ein Gebiet G', wie wir es im Auge haben. Der Punkt C z. B. ist sowohl Randpunkt als innerer Punkt von G', nämlich Randpunkt als Punkt des Rechteckrandes und innerer Punkt als Punkt der Zunge. Es wird dem Leser nicht schwer fallen, auch Punkte ausfindig zu machen, die zweimal als innere Punkte von G auftreten, z. B. D. Am klarsten übersieht man diese Dinge, wenn man sich ein Modell aus Papier verfertigt. Dies einfache Beispiel mag vorläufig genügen, um die Verhältnisse anschaulich klarzulegen. Wir nennen weiterhin ein Gebiet, das keinen Punkt mehr als einmal bedeckt, **schlicht**, alle anderen nichtschlicht. Eine Abbildung $w = f(z)$, die ein Gebiet G der z-Ebene in ein schlechtes Gebiet G' der w-Ebene überführt, heißt eine schlichte Abbildung.

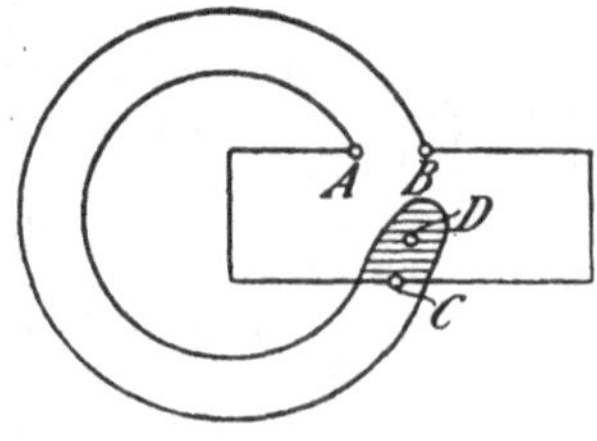

Zeichnung 1

Anwendung des Satzes von der Gebietstreue. Wenn $f(z)$ im Innern eines Gebietes G regulär ist, so besitzt $|f(z)|$ kein Maximum im Inneren des Gebietes (Prinzip des Maximums).

Diese Behauptung (bekanntlich eine leichte Folgerung des Cauchyschen Integralsatzes) kann auch unmittelbar aus der Gebietstreue gefolgert werden. Man muß nur daran denken, daß $|f(z)|$ die Entfernung des z entsprechenden Punktes vom Nullpunkt der w-Ebene ist und daß es um jeden Bildpunkt eines inneren Punktes von G, also auch um den vielleicht am weitesten entfernten, einen Kreis von lauter Bildpunkten gibt, die den Punkten einer Umgebung jenes Punktes der z-Ebene entsprechen.

Die Gebietstreue haben die durch analytische Funktionen vermittelten Abbildungen gemeinsam mit allen Abbildungen, die in jedem Punkte stetig und im ganzen Gebiete umkehrbar eindeutig oder endlich vieldeutig sind. Das Merkmal, das sie erst kennzeichnet und das für alle unsere weiteren Untersuchungen den Ausschlag gibt, ist in dem **Satz von der Winkeltreue** enthalten.

Die durch eine analytische Funktion $w = f(z)$ vermittelte Abbildung ist an jeder Stelle $z = a$ winkeltreu, an der die Ableitung $f'(a) \neq 0$ ist. D. h. wenn $\mathfrak{C}_1$ und $\mathfrak{C}_2$ zwei durch a gehende Kurven sind, die dort differentiierbar sind und den Winkel ϑ miteinander bilden, so schließen die Bildkurven $\mathfrak{C}'_1$ und $\mathfrak{C}'_2$ der w-Ebene im Bildpunkte $f(a)$ von a den gleichen Winkel ϑ miteinander ein, gleich, d. h. gleich nach Größe und Drehungssinn. Um den Sinn dieses Satzes klar zu verstehen, müssen wir uns klar die Voraussetzung vor Augen halten, daß $f(z)$ im Punkte $z = a$ regulär ist und dort eine nichtverschwindende Ableitung besitzt; wir müssen uns weiter klar darüber verständigen, wie wir die Winkel messen wollen. Zu dem Zweck legen wir in der z-Ebene einen positiven Drehungssinn fest; er soll durch die Drehrichtung bestimmt sein, in der man auf kürzestem Weg die positive Richtung der x-Achse in die positive Richtung der y-Achse überführen kann. Ebenso verstehen wir unter positivem Drehsinn in der w-Ebene den Drehsinn, auf dem man am kürzesten die positive u-Richtung in die positive v-Richtung überführt. Dann nehmen wir auf jeder unserer Kurven eine Fortschreitungsrichtung und verstehen unter dem Winkel ϑ zwischen $\mathfrak{C}_1$ und $\mathfrak{C}_2$ in ihrem Schnittpunkt $z = a$ den Winkel, um den man im positiven Sinn den Richtungsvektor von $\mathfrak{C}_1$ im Punkte a zu drehen hat, um ihn in den Richtungsvektor von $\mathfrak{C}_2$ im Punkte a überzuführen. Bei der Abbildung werden dann aus den gerichteten Kurven $\mathfrak{C}_1$ und $\mathfrak{C}_2$ gerichtete Kurven $\mathfrak{C}'_1$ und $\mathfrak{C}'_2$, die sich in $w = f(a)$ schneiden. Unser Satz behauptet dann, daß man den Richtungsvektor von $\mathfrak{C}'_1$ im Punkte $f(a)$ gleichfalls im positiven Sinn um den Winkel ϑ zu drehen hat, um ihn in den Richtungsvektor von $\mathfrak{C}'_2$ im Punkte $f(a)$

überzuführen. Dieser Satz von der Winkeltreue ist eine unmittelbare Folge der Cauchy-Riemannschen Differentialgleichungen.

Die beiden Kurven seien $z = z_1(t)$ und $z = z_2(t)$. $t = 0$ möge bei beiden Kurven dem Punkte $z = a$ entsprechen. Wachsendem t möge bei beiden Kurven die vorgeschriebene Durchlaufungsrichtung entsprechen. Die Ableitungen $z_1'(t)$ und $z_2'(t)$ mögen existieren, und es sei $z_1'(0) \neq 0$ und $z_2'(0) \neq 0$, eine Annahme, die bekanntlich singuläre Kurvenpunkte und schlechte Parameterwahl ausschließt. Dann ist

$$\vartheta = \arg \frac{z_2'(0)}{z_1'(0)}$$

der Winkel, um den man in $z = a$ den Richtungsvektor von $\mathfrak{C}_1$ im positiven Sinn zu drehen hat, um ihn in den Richtungsvektor von $\mathfrak{C}_2$ überzuführen. Ist nämlich $z' = re^{i\varphi}$, φ reell, $r > 0$, so heißt $\varphi = \arg z'$ das Argument von z'. Also ist für $z_1'(0) = r_1 e^{i\varphi_1}$ und $z_2'(0) = r_2 e^{i\varphi_2}$

$$\vartheta = \arg \frac{z_2(0)}{z_1'(0)} = \varphi_2 - \varphi_1$$

der Winkel, um den man $\mathfrak{C}_1$ im positiven Sinn zu drehen hat, um seine Richtung in die von $\mathfrak{C}_2$ überzuführen.

Die Gleichungen der Bildkurven werden

$$w = w_1(t) = f(z_1(t)), \qquad w = w_2(t) = f(z_2(t)),$$

und wir finden für ihren Winkel ϑ' im Punkt $f(a)$

$$\vartheta' = \arg \frac{w_2'(0)}{w_1'(0)} = \arg \frac{f'(a) \cdot z_2'(0)}{f'(a) \cdot z_1'(0)} = \arg \frac{z_2(0)}{z_1'(0)} = \vartheta,$$

womit die Winkeltreue für $f'(a) \neq 0$ bewiesen ist.

Folgerung aus dem Satz von der Winkeltreue. Wir wollen annehmen, ein schlichtes Gebiet G habe eine differentiierbare Randkurve und werde durch eine in seinem Inneren und auf seinem Rande reguläre Funktion $f(z)$ auf ein Gebiet G' einer w-Ebene schlicht abgebildet. Durch die Reihenfolge dreier Randpunkte a, b, c sei ein Durchlaufungssinn der Randkurve $\mathfrak{C}$ von G festgelegt. Den Punkten a, b, c entsprechen bei der

Abbildung drei Punkte a', b', c' auf der Randkurve $\mathfrak{C}'$ von G', die durch die Reihenfolge, in der wir sie nannten, gleichfalls einen bestimmten Durchlaufungssinn von $\mathfrak{C}'$ festlegen. Wir können sagen, er geht aus dem von $\mathfrak{C}$ bei der Abbildung hervor. Wenn dann G z. B. zur linken Hand liegt, wenn wir $\mathfrak{C}$ in der festgelegten Richtung durchwandern, so liegt in gleicher Weise G' zur linken von $\mathfrak{C}'$, wenn wir diese Kurve im Bildsinn durchlaufen. Das folgt sofort aus dem Satz von der Winkeltreue. Denn wenn wir in einem Randpunkte a von $\mathfrak{C}$ eine in das Innere von $\mathfrak{C}$ gerichtete Kurve $\mathfrak{K}$ ziehen und den Winkel, den sie mit dem Durchlaufungssinn von $\mathfrak{C}$ bildet, α nennen, so bildet die von a' ausgehende Bildkurve $\mathfrak{K}'$ von $\mathfrak{K}$ mit dem Durchlaufungssinn von $\mathfrak{C}'$ gleichfalls den Winkel α. Da aber $\mathfrak{K}'$ ins Innere von G' gerichtet ist, so liegt das Gebiet G' auch linker Hand von $\mathfrak{C}'$.

Wir wollen uns weiter davon überzeugen, daß unsere bei $z = a$ reguläre Funktion mit nicht verschwindender Ableitung $f'(a)$ eine **konforme Abbildung** der Umgebung dieses Punktes liefert. Damit meinen wir, daß Original und Bild in den kleinsten Teilen ähnlich sind, d. h. nicht nur die Winkel bleiben im Punkte $z = a$ erhalten, sondern die Abbildung ist auch **streckentreu**, d. h. es gilt bei $z = a$ auch $\frac{dS_1}{ds_1} = \frac{dS_2}{ds_2}$, wenn wir mit s_1, s_2 die Bogenlängen von $\mathfrak{C}_1$, $\mathfrak{C}_2$, mit S_1, S_2 die von $\mathfrak{C}_1'$, $\mathfrak{C}_2'$ bezeichnen. Wir haben nämlich $\frac{ds_1}{dt} = \left|\frac{dz_1}{dt}\right|$, $\frac{ds_2}{dt} = \left|\frac{dz_2}{dt}\right|$ usw. Also folgt $\frac{dS_1}{ds_1} = \frac{dS_2}{ds_2} = \left|\frac{dw}{dz}\right|$, und damit ist der Beweis fertig. Wir merken noch an: $\frac{dS}{ds}$ bedeutet das Verhältnis, in dem im Punkte a Strecken vergrößert werden. Dieser „Maßstab" der Abbildung hängt nur vom Ort a, nicht von der Richtung der Strecken ab. Er ist für s_1 und s_2 der gleiche.

Die eben bewiesenen Sätze von Winkeltreue und Streckentreue können auch in gewissem Sinne umgekehrt werden. Man kann nämlich zeigen, daß alle winkeltreuen und daß alle streckentreuen Abbildungen durch analytische Funktionen vermittelt werden oder doch nahe damit zusammenhängen. Um etwa die erste Behauptung einzusehen, nehmen wir die Bezeichnungen von Seite 5 wieder auf und nehmen an, die beliebige Abbildung $u = u(x, y)$, $v = v(x, y)$ liefere für alle von $z = a$ ausgehenden Kurvenpaare Winkeltreue. Wir nehmen dabei, wie immer, wenn wir künftig von einer Abbildung sprechen, an, daß $u(x, y)$, $v(x, y)$ stetige Ableitungen erster Ordnung haben. Weiter sei hier angenommen, daß die Funktionaldeterminante

$$\frac{d(u, v)}{d(x, y)} = \begin{vmatrix} \frac{\partial u}{\partial x} & \frac{\partial u}{\partial y} \\ \frac{\partial v}{\partial x} & \frac{\partial v}{\partial y} \end{vmatrix}$$

von Null verschieden sei.

Bemerkung. Sind wie bisher u und v Real- und Imaginärteil einer analytischen Funktion, so ist wegen (1) von S. 5

$$\frac{d(u, v)}{d(x, y)} = \begin{vmatrix} \frac{\partial u}{\partial x} & -\frac{\partial v}{\partial x} \\ \frac{\partial v}{\partial x} & \frac{\partial u}{\partial x} \end{vmatrix} = \left(\frac{\partial u}{\partial x}\right)^2 + \left(\frac{\partial v}{\partial x}\right)^2 = |f'(z)|^2,$$

so daß das Nichtverschwinden der Funktionaldeterminante mit dem Nichtverschwinden von $f'(z)$ gleichbedeutend ist.

Eine Kurve $x = x(t)$, $y = y(t)$ geht dabei in $u = u(x(t), y(t))$, $v = v(x(t), y(t))$ über. Man hat für den Tangentenvektor der Bildkurve

$$(3) \qquad \begin{aligned} u'(t) &= \frac{\partial u}{\partial x} x'(t) + \frac{\partial u}{\partial y} y'(t) \\ v'(t) &= \frac{\partial v}{\partial x} x'(t) + \frac{\partial v}{\partial y} y'(t). \end{aligned}$$

In einem festen Punkt a der z-Ebene haben die partiellen Ableitungen von u und v feste Werte. Hiernach werden die Tangentenvektoren der Kurven der z-Ebene im Punkte a einer linearen Transformation (3) unterworfen, um sie in die Tangenten der Bildkurven überzuführen. Eine solche lineare Transformation ist aber bekanntlich dann und nur dann winkeltreu, wenn sie eine Ähnlichkeitstransformation ist.

Dazu sind aber nach den Anfangsgründen der analytischen Geometrie die Cauchy-Riemannschen Differentialgleichungen (1) von S. 5 notwendig und hinreichend[1]). Daraus folgt aber, wie in der Funktionentheorie gezeigt wird, daß $u + iv$ analytisch von z abhängt. Wir haben das Ergebnis:

Jede winkeltreue Abbildung eines Gebietes wird durch eine analytische Funktion geliefert.

Man kann sich die Frage vorlegen, ob auch alle im oben dargelegten Sinne streckentreuen Abbildungen durch analytische Funktionen geliefert werden oder, was nach dem eben erhaltenen Resultate dasselbe ist, ob streckentreue Abbildungen auch winkeltreu sind. Daß dies nicht zutrifft, lehrt ein einfaches Beispiel. Bezeichnen wir mit $\bar{z}$ die zu z konjugiert komplexe Zahl, so wird durch $w = z$ eine Abbildung der z-Ebene auf die w-Ebene geliefert. Ihr geometrischer Sinn ist der der Spiegelung an der reellen Achse, d. h. wenn wir uns z und w in derselben Ebene gedeutet denken, so daß gleichen z- und w-Werten dieselben Punkte entsprechen, so geht ein jeder Punkt der z-Ebene bei der Abbildung in den zu ihm hinsichtlich der reellen Achse symmetrisch gelegenen Punkt über. Diese Abbildung ist sicher streckentreu, behält doch eine jede Kurve ihre Länge beim Übergang zur Bildkurve. Die Abbildung ist auch insofern winkeltreu, als ein jeder Winkel bei der Abbildung der *Größe* nach erhalten bleibt, aber der *Drehsinn* wird geändert. Weitere derartige Beispiele erhält man, wenn man irgendeine im engeren Sinne winkeltreue Abbildung mit der eben herangezogenen zusammensetzt. Man kann also günstigenfalls die Frage stellen, ob jede streckentreue Abbildung unter den aufgeführten Beispielen enthalten ist, ob sie also, abgesehen vom Drehsinn, winkeltreu ist. Daß das zutrifft, lehrt eine der eben bei der Winkeltreue angestellten sehr ähnliche Betrachtung, die wir uns schenken. *Jede streckentreue Abbildung wird entweder durch $w = f(z)$ oder durch $w = f(z)$ geliefert. $f(z)$ ist dabei eine analytische Funktion. Jede streckentreue Ab-*

[1]) In der analytischen Geometrie werden ganze lineare Transformationen der cartesischen Koordination affin genannt, und es wird gezeigt, daß die einzigen winkeltreuen affinen Abbildungen die Ähnlichkeitstransformationen sind.

bildung ist, abgesehen vom Drehsinn, winkeltreu. Im folgenden werden uns nur streckentreue Abbildungen näher beschäftigen, die zugleich im engeren Sinne winkeltreu sind. Diese werden alle durch analytische Funktionen geliefert. Nur solche Abbildungen heißen konform.

§ 2. Ganze lineare Funktionen

Das einfachste Beispiel zu den allgemeinen Erörterungen des ersten Paragraphen bieten uns die ganzen linearen Funktionen $w = az + b$. Wir können mehrere Sorten unterscheiden:

1. $\boldsymbol{w = z + b}$. Deuten wir w und z als Punkte derselben Ebene, so ist der geometrische Sinn der Abbildung eine Parallelverschiebung. Jeder komplexen Zahl entspricht ja bekanntlich ein Vektor. Der Addition der komplexen Zahlen entspricht die Addition der Vektoren. Daher erfolgt die Parallelverschiebung in Richtung des Vektors b um seine Länge. Irgendein Gebiet G wird dabei auf ein kongruentes abgebildet, das aus ihm durch eine Parallelverschiebung (Translation) hervorgeht.

2. $\boldsymbol{w = e^{i\varphi} \cdot z}$ stellt eine Drehung der Ebene um den Winkel φ mit $z = 0$ als festbleibendem Drehpunkt dar.

3. $\boldsymbol{w = rz}$ mit positivem reellem r stellt eine Ähnlichkeitstransformation dar (Streckung).

4. Die **allgemeinste** ganze lineare Transformation $w = az + b$ kann aus den eben betrachteten drei Sorten aufgebaut werden. Wir setzen $a = re^{i\varphi}$, $z_1 = rz$, $z_2 = e^{i\varphi} z_1$, $w = z_2 + b$.

Damit ist die gegebene Transformation aus den angeschriebenen aufgebaut. Einen Einblick in das Wesen der durch $w = az + b$ vermittelten Abbildung gewinnt man ebenso bequem, wenn man beachtet, daß man sie immer auf die Form $w - \alpha = re^{i\varphi}(z - \alpha)$ mit passenden α, $a = re^{i\varphi}$ bringen kann, wofern nur der Koeffizient a in $w = az + b$ von eins verschieden ist. Daher stellt die allgemeinste lineare ganze Transformation entweder eine Parallelverschiebung dar ($a = 1$) oder aber eine „Drehstrekkung“ ($a \neq 1$), die für $r = 1$ in eine Drehung, für $\varphi = 0$ in eine Streckung spezialisiert ist.

§ 3. Die Funktion $w = \frac{1}{z}$

Zunächst hat es keine grundsätzliche Schwierigkeit, die Funktion an all den Stellen zu betrachten, wo weder z noch w unendlich werden, d. h. an allen von Null verschiedenen endlichen Stellen der z-Ebene. Auf die Stelle $z = 0$ selbst beziehen sich die allgemeinen Untersuchungen von § 1 nicht. Wenn wir also unsere Funktion auch hier betrachten, so liefern wir zugleich in einem besonderen Fall eine Ergänzung zu den Erörterungen des § 1. Man führt zweckmäßig Polarkoordinaten ein, indem man $z = re^{i\varphi}$, $w = \varrho e^{i\vartheta}$ setzt. Dann wird $\varrho = \frac{1}{r}$, $\vartheta = -\varphi$ der Ausdruck unserer Abbildung. Damit wird auch der geometrische Sinn der Abbildung durchsichtig. Wir deuten wieder z und w in derselben Ebene. Eine besondere Rolle spielen offenbar die Punkte $r = 1$; das sind die Punkte einer Kreisperipherie vom Radius eins, mit $z = 0$ als Mittelpunkt, die Punkte (der Peripherie) des **Einheitskreises**, wie wir fortan kurz sagen wollen. Diese Kreisperipherie geht nämlich bei der Abbildung in sich über. Dem Punkt $r = 1$, $\varphi = \varphi_0$ entspricht der Punkt $\varrho = 1$, $\vartheta = -\varphi_0$, d. i. geometrisch der Punkt, den man erhält, wenn man den Einheitskreis an der reellen Achse „spiegelt“. Unter reeller Achse verstehen wir dabei die Gerade $y = 0 (z = x + iy)$ und unter **Spiegelung** an derselben den Übergang von einem Punkte zu seinem hinsichtlich der reellen Achse spiegelbildlich gelegenen[1]) oder, anders ausgedrückt, den Übergang von $x + iy$ zu $x - iy$. Bei einer derartigen Abbildung bleibt, wie wir schon in § 1 gelegentlich erwähnten, nur die Größe der Winkel, nicht[2]) ihr Drehsinn erhalten, wie man sich an der beistehenden Zeichnung 2 verdeutlichen möge.

---

[1]) Man sieht hiernach, was man unter Spiegelung an einer beliebigen Geraden zu verstehen hat.

[2]) Wir sprechen dann von „Umlegung“ der Winkel.

Gehen wir zur Betrachtung beliebiger z über. Man erkennt weiter, daß die Abbildung $w = \frac{1}{z}$ die Punktmenge $0 < |z| < \infty$ umkehrbar eindeutig in die Punktmenge $0 < |w| < \infty$ überführt. Jedem z entspricht genau ein w und umgekehrt. Um anschaulich deutlich die Abbildung zu übersehen, zerlegen wir sie zweckmäßig in zwei nacheinander auszuführende:

$$\text{I} \quad r_1 = r, \vartheta_1 = -\varphi; \qquad \text{II} \quad \varrho = \frac{1}{r_1}, \vartheta = \vartheta_1.$$

Die erste ist weiter nichts als die oben besprochene Spiegelung an der reellen Achse, eine streckentreue Abbildung mit Umlegung der Winkel. Die außerdem noch auszuführende Transformation $\varrho = \frac{1}{r_1}$, $\vartheta = \vartheta_1$, die man **Abbildung durch reziproke Radien** am Einheitskreis oder **Inversion** am Einheitskreis zu nennen pflegt, muß daher eine streckentreue Abbildung mit Umlegung der Winkel sein, da die aus beiden zusammengesetzte Abbildung Größe und Drehsinn der Winkel ungeändert läßt. Betrachten wir nun die Abbildung durch reziproke Radien etwas näher. Man erkennt zunächst, daß einem Punkt $r_1 < 1$, d. h. einem Punkt im Inneren des Einheitskreises ein Punkt $\varrho > 1$, d. h. ein Punkt aus dem Äußeren entspricht und daß umgekehrt das Äußere des Einheitskreises in sein Inneres übergeführt wird, während die Punkte des Einheitskreises selbst alle einzeln fest bleiben. Äußeres und Inneres werden bei der Abbildung durch reziproke Radien miteinander vertauscht. In ähnlicher Weise wurden auch bei der Spiegelung an einer Geraden die beiden Seiten der Punkt für Punkt festbleibenden Geraden miteinander vertauscht. Man pflegt daher die Abbildung $\varrho = \frac{1}{r}$, $\vartheta = \varphi$ auch **Spiegelung am Einheitskreis** zu nennen. Der tiefere Sinn dieser Benennung wird allerdings erst später einleuchten.

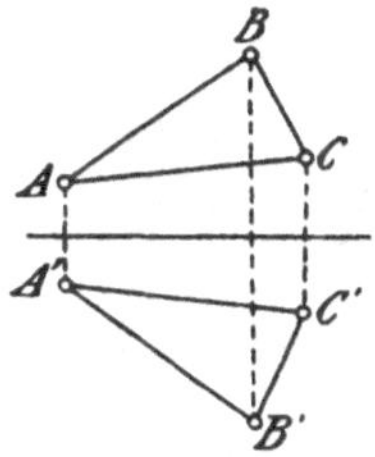

Zeichnung 2

Aus dem Kathetensatz ist sofort klar, wie man zu jedem Punkt den ihm entsprechenden finden kann. Man ziehe zunächst den Radius, auf dem P liegt. Auf diesem muß wegen $\vartheta = \varphi$ auch der Bildpunkt P_1 liegen. Liegt nun z. B. P im Inneren des Einheitskreises, so errichte man in P auf dem Radius eine Senkrechte; in ihren Schnittpunkten T und T' mit dem Einheitskreis ziehe man die Kreistangenten; ihr Schnittpunkt ist P_1. Ist dagegen P_1 der gegebene, P der gesuchte Punkt, so hat man in umgekehrter Reihenfolge vorzugehen (vgl. Zeichnung 3). Der Kathetensatz lehrt die Richtigkeit der Konstruktion: $1 = (OT)^2 = OP \cdot OP_1$. Hiernach ist auch klar, was man unter **Spiegelung an einem Kreis vom Radius** R um $z = 0$ zu verstehen hat: die Abbildung $r\varrho = R^2$, $\vartheta = \varphi$. Die geometrische Bedeutung von $w = \frac{1}{z}$ ist nun klar: Man hat den gegebenen Punkt nacheinander am Einheitskreis und an der reellen Achse zu spiegeln, um seinen Bildpunkt zu erhalten **(Stürzung).** Die Reihenfolge, in der man diese Operationen ausführt, ist gleichgültig.

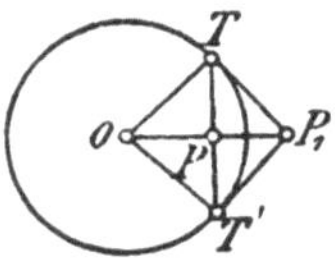

Zeichnung 3

Die Abbildung ist für $0 < |z| < \infty$, $0 < |w| < \infty$ umkehrbar eindeutig. Betrachten wir nun den Ausnahmepunkt $z = 0$. Ihm entspricht kein Bildpunkt. Ferner kommt $w = 0$ nicht unter den Bildpunkten vor. Man bemerkt aber, daß das Äußere eines jeden um $z = 0$ gelegten Kreises in das Innere eines um $w = 0$ gelegten Kreises übergeht und daß dieser letztere sich auf $w = 0$ zusammenzieht, wenn der Radius des ersteren über alle Grenzen wächst. Es ist also gerade so, als ob es außerhalb eines jeden um $z = 0$ gelegten Kreises noch einen Punkt gäbe, der in $w = 0$ übergeht und als ob es außerhalb eines jeden Kreises um $w = 0$ einen Punkt gäbe, in den $z = 0$ bei der Abbildung übergeht. Einen ähnlichen Sachverhalt kennt man aus der projektiven Geometrie. Dort führt man eine uneigentliche Gerade ein, die man wohl auch unendlichfern nennt. Wir führen hier mit Hilfe der Stürzung einen einzigen uneigentlichen Punkt ein, den wir mit $z = \infty$

bzw. $w = \infty$ bezeichnen. Wir nennen ihn den uneigentlichen oder auch den unendlichfernen Punkt. Dann ist $w = \infty$ das Bild von $z = 0$ und $z = \infty$ der Originalpunkt von $w = 0$. Nun ist $w = \frac{1}{z}$ wirklich ohne jede Ausnahme umkehrbar eindeutig. Man kann einen endlichen Punkt P durch die Gesamtheit seiner Umgebungen, also z. B. durch die Menge der ihn enthaltenden Kreisinneren erklären. Ebenso wird der unendlichferne oder uneigentliche Punkt als die Gesamtheit seiner Umgebungen, also z. B. als die Menge aller Kreisäußeren erklärt. Doch sollen diese in die Toplogie gehörenden Begriffsbildungen in dieser Einführung nicht weiter verfolgt werden.

Die Stürzung ist von großer grundsätzlicher Wichtigkeit. So wie man nämlich in der projektiven Geometrie Kollineationen verwendet, um den Verlauf von Kurven im Unendlichen zu untersuchen, so zieht man in der Funktionentheorie die Stürzung heran, wenn man das Verhalten einer Funktion im Unendlichen untersuchen will. Man verabredet, eine Funktion $f(z)$ im unendlichfernen Punkte regulär zu nennen, wenn $f\left(\frac{1}{w}\right)$ bei $w = 0$ regulär ist. Man entwickelt sie dann in der Umgebung von $w = 0$ nach Potenzen von w; so erscheint eine bei $z = \infty$ reguläre Funktion nach Potenzen von $\frac{1}{z}$ entwickelt. Unter einer Umgebung von $z = \infty$ versteht man dabei das Bild, das $w = \frac{1}{z}$ von einer Umgebung von $w = 0$ entwirft, also z. B. das Äußere eines Kreises. Die Abbildung $f(z)$ nennen wir bei $z = \infty$ winkeltreu, wenn dies bei $f\left(\frac{1}{w}\right)$ für $w = 0$ zutrifft. Unter dem Winkel zweier Kurven bei $z = \infty$ verstehen wir den Winkel, den ihre Bildkurven durch $w = \frac{1}{z}$ in der w-Ebene bei $w = 0$ bilden. Eine Rolle spielt die Funktion $w = \frac{1}{z}$ auch bei den Unendlichkeitsstellen einer Funktion $w = f(z)$. Ist diese etwa in der Umgebung von $z = a$ nicht beschränkt, so betrachtet man statt ihrer die Funktion $\frac{1}{f(z)}$; wenn diese dann in der Umgebung von $z = a$ eindeutig und beschränkt ist, so läßt sich $\frac{1}{f(z)}$ in der Form $\frac{1}{f(z)} = (z - a)^n (a_0 + a_1(z - a) + \cdots)$ darstellen $(a_0 \neq 0)$. Daher erhält man

$$f(z) = \frac{1}{(z-a)^n}\left(\frac{1}{a_0} + b_1(z - a) + \cdots\right).$$

Man nennt dann $z = a$ eine außerwesentlich singuläre Stelle oder einen Pol von $f(z)$. Für $n = 1$ ist die Abbildung nach den oben schon getroffenen Verabredungen bei $z = a$ winkeltreu.

Anhang zu § 3: Stereographische Projektion

Es ist oft nützlich, logischen Überlegungen durch die Anschauung zu Hilfe zu kommen; so ist es auch von Vorteil, sich an einem ganz im Endlichen gelegenen Modell die Einführung des unendlichfernen Punktes zu veranschaulichen. Sie hat zur Folge, daß man die durch ihn erweiterte Ebene umkehrbar eindeutig und dazu noch winkeltreu auf die Fläche einer Kugel beziehen kann. Dies geschieht durch die sogenannte stereographische Projektion. Man denkt sich eine Kugel vom Durchmesser eins auf die z-Ebene gelegt, so daß ihr tiefster Punkt mit $z = 0$ zusammenfällt. Diesen tiefsten Punkt nennen wir Südpol. Vom gegenüberliegenden Nordpol aus denken wir uns die Ebene auf die Kugel projiziert. Dabei entsprechen sich dann Kugelpunkte und Ebenenpunkte umkehrbar eindeutig. Der Südpol z. B. liefert das Bild von $z = 0$, und der Nordpol ist der Bildpunkt des unendlichfernen Punktes unserer Ebene. Eine kurze Betrachtung läßt diese Abbildung als winkeltreu erkennen.

Unter dem Winkel zweier ebenen Kurven versteht man den Winkel ihrer Schnittpunktstangenten, unter dem Winkel zweier Kugelkurven den Winkel der sie in ihrem Schnittpunkt berührenden Kugeltangenten. Sind nun $\mathfrak{C}_1, \mathfrak{C}_2$ zwei sich in P schneidende ebene Kurven, $\mathfrak{C}_1', \mathfrak{C}_2'$ ihre Kugelabbildungen, P' der Bildpunkt von P, und legt man durch den Projektionsstrahl PP' und die beiden Tangenten an $\mathfrak{C}_1, \mathfrak{C}_2$ in P zwei Ebenen, so enthalten diese jedenfalls auch die Kugeltangenten an $\mathfrak{C}_1', \mathfrak{C}_2'$ in P'. Diese beiden wieder liegen in der Tangentialebene der Kugel in P'. Durch PP' legen wir eine Meridianebene der Kugel. Diese ist es, die Zeichnung 4 zur Darstellung bringt: t ist die Spur der Tangentialebene, e die der z-Ebene, s der Projektionsstrahl, M Kugelmittelpunkt, N Nordpol. t und e bilden aber gleiche Winkel α mit s, wie man durch Betrachtung der punktierten Linien aus den Zentri- und Peripheriewinkelsätzen erkennt. Die beiden Ebenen, die wir durch s legten, werden von zwei Ebenen durch e und t geschnitten, die durch Spiegelung an der Mittellotebene von PP' auseinander hervorgehen. Daher sind die Winkel der beiden Schnittgeradenpaare einander gleich: Die stereographische Projektion ist eine winkeltreue Abbildung. Für die Abbildung des unendlichfernen Punktes auf den Nordpol erkennt man die Winkeltreue aus unserer Verabredung über die Winkelmessung im Unendlichen. Man nennt die Ebene der (endlichen) komplexen Zahlen $z = x + iy$, x, y reell die **Gaußsche Zahlenebene**. Die durch den uneigentlichen Punkt $z = \infty$ erweiterte Ebene heißt **Riemannsche Ebene**.

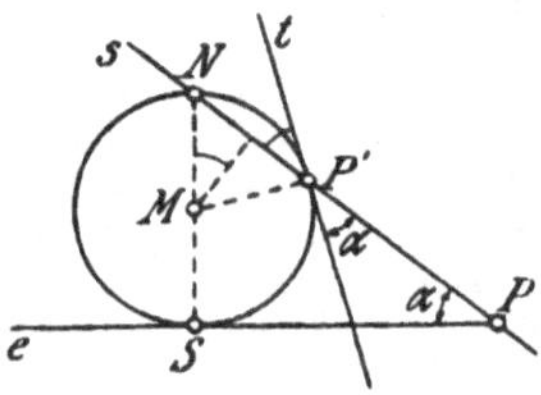

Zeichnung 4

§ 4. Lineare Funktionen

Es läge nahe, die Untersuchung der linearen Funktion $w = \frac{az + b}{cz + d}$ damit zu beginnen, daß wir den Nenner in den Zähler hineindividieren. So erhalten wir für $c \neq 0$

$$w = \frac{a}{c} + \frac{bc - ad}{(cz + d)c}.$$

Nun wäre es leicht, unsere Funktion durch Ineinanderschachtelung von vier solchen Funktionen darzustellen, wie wir sie in den §§ 2, 3 näher betrachteten. Aber da dann die weiteren Überlegungen mühsam werden, ziehen wir einen anderen Weg vor. Nur wollen wir der eben angeschriebenen Rechnung entnehmen:

Satz I. $w = (az + b) / (cz + d)$ ist dann und nur dann von einer Konstanten verschieden, wenn die Determinante $ad - bc$ nicht verschwindet.

Das wollen wir weiterhin immer annehmen. Dann ist die lineare Funktion umkehrbar. Wir finden: $z = \dfrac{dw - b}{-cw + a}$. Daraus schließen wir

Satz II. Jede nicht konstante lineare Funktion vermittelt eine umkehrbar eindeutige Abbildung der Ebene auf sich selbst, die in jedem Punkt (auch $z = \infty$) winkeltreu ist.

Bei $z = \infty$ folgt dies nach Einsetzen von $z = 1/\mathfrak{z}$ daraus, daß $\left(\dfrac{a + b\mathfrak{z}}{c + d\mathfrak{z}}\right) = w$ bei $\mathfrak{z} = 0$ regulär ist, außer für $c = 0$, und daß $\left(\dfrac{dw}{d\mathfrak{z}}\right)_{\mathfrak{z}=0} = \dfrac{bc - ad}{c^2}$ nicht verschwindet. Dann nennen wir nach den Verabredungen in § 3 w bei $z = \infty$ winkeltreu. Ist aber $c = 0$, so betrachten wir $\dfrac{d}{az + b}$ bei $z = \infty$, wie nach § 3 vorgeschrieben. Bei $z = -\dfrac{d}{c}$ erkennen wir es sofort daraus, daß $\dfrac{cz + d}{az + b}$ dort winkeltreu ist.

Wir wollen ein paar Abkürzungen einführen. Wir bezeichnen kurz mit S irgendeine nicht konstante lineare Funktion. Ihre eben berechnete Umkehrung bezeichnen wir, wie es in der Algebra üblich ist, mit S^{-1}. Ein weiteres Ergebnis liegt dann auf der Hand:

Satz III. Die Zusammensetzung nicht konstanter linearer Funktionen liefert wieder nichtkonstante lineare Funktionen.

Ist $S_1 = l_1(z)$ und $S_2 = l_2(z)$, so setzen wir $S_1 S_2 = l_1(l_2(z))$. Die Umkehrung wird $S_2^{-1} S_1^{-1}$. Die Determinante von $S_1 S_2$ ist das Produkt der Determinanten von S_1 und S_2, kann also ebensowenig wie diese verschwinden.

Satz IV. Bei der Abbildung der z-Ebene auf die w-Ebene durch eine lineare Funktion geht die Gesamtheit der Geraden und Kreise der einen in die Gesamtheit der Geraden und Kreise der anderen Ebene über.

Die Gleichungen der Geraden und Kreise lassen sich in rechtwinkligen Koordinaten so schreiben: $\alpha z\bar{z} + \beta z + \bar{\beta}\bar{z} + \gamma = 0$. Hier sind α, γ reell β, $\bar{\beta}$ konjugiert komplex, $z = x + iy$, $\bar{z} = x - iy$. Den Satz bestätigt man dann leicht durch Ausrechnung. Es kann also sehr wohl bei einer solchen Abbildung eine Gerade in einen Kreis übergehen, aber niemals in einen anderen Kegelschnitt oder eine Kurve dritter Ordnung usw.; z. B. führt also $w = \frac{1}{z}$ irgendeinen Kreis durch $z = 0$ in einen Kreis durch $w = \infty$, d. i. in eine Gerade, irgendeine Gerade durch $z = \infty$ und $z = 0$ also wieder in eine Gerade über. Im folgenden wird oft das Wort „Kreis“ als Sammelname für Kreise und Geraden benutzt.

Satz V. Durch eine passend gewählte lineare Funktion kann man irgend drei voneinander verschiedene Punkte α, β, γ der z-Ebene in irgend drei voneinander verschiedene Punkte der w-Ebene, α', β', γ' überführen, und zwar α in α', β in β', γ in γ'. Die Funktion, die das leistet, ist eindeutig bestimmt.

Zusatz: Da durch drei Punkte ein Kreis bestimmt ist und nach Satz IV Kreise in Kreise übergehen, so besagt Satz V geometrisch: Man kann jede Kreiskurve durch konforme Abbildung so in irgendeine andere Kreiskurve überführen, daß gleichzeitig drei gegebene Punkte der einen in drei gegebene Punkte der anderen übergehen.

Beweis von Satz V. Eine Funktion, wie sie der Satz verlangt, erhält man sichtlich durch Elimination von $\mathfrak{z}$ aus

$$\mathfrak{z} = \frac{z-\alpha}{z-\gamma}\cdot\frac{\beta-\gamma}{\beta-\alpha} \quad \text{und} \quad \mathfrak{z} = \frac{w-\alpha'}{w-\gamma'}\cdot\frac{\beta'-\gamma'}{\beta'-\alpha'}\,.$$

Denn hierdurch werden $z = \alpha, \beta, \gamma$ in $\mathfrak{z} = 0, 1, \infty$ und $w = \alpha', \beta', \gamma'$ in $\mathfrak{z} = 0, 1, \infty$ übergeführt. Daß sie die einzige Funktion ist, die den Bedingungen unseres Satzes genügt, folgt sofort so: Gäbe es zwei verschiedene: S_1 und S_2, so ließe $S_2^{-1}S_1$ die drei Punkte α, β, γ fest. Dann muß sie aber alle Punkte fest lassen und S_1 und S_2 können nicht verschieden sein. Um das einzusehen, nehmen wir an, $S_2^{-1}S_1 \equiv w = \frac{az+b}{cz+d}$ ließe die drei eigentlichen Punkte α, β, γ fest; dann müßte die quadratische Gleichung

$$z = \frac{az+b}{cz+d}$$

oder

$$z^2c + z(d-a) - b = 0$$

die drei Lösungen α, β, γ haben. Dann verschwinden nach einem elementaren Satz der Algebra alle Koeffizienten. Das liefert aber $b = 0$, $c = 0$, $a = d$. Daher ist $w = z$ die einzige Funktion, die mehr als drei eigentliche Punkte festläßt. Läßt eine lineare Funktion den uneigentlichen Punkt $z = \infty$ fest, so ist sie ganz: $w = az + b$. Läßt diese aber noch zwei eigentliche Punkte fest, so hat die lineare Gleichung $z = az + b$ mehr als eine Lösung. Daher ist $a = 1$, $b = 0$. Wir merken also an:

Satz VI. Eine von $w = z$ verschiedene lineare Funktion läßt höchstens zwei Punkte der Riemannschen Ebene fest.

Als Koordinaten dieser **Festpunkte,** wie wir sagen wollen, berechnet man aus der vor wenigen Zeilen angegebenen quadratischen Gleichung für $c \neq 0$

$$(1) \qquad z = \frac{a-d \pm \sqrt{(a-d)^2 + 4bc}}{2c}\,.$$

Die beiden Festpunkte fallen zusammen, wenn

$$(a-d)^2 + 4bc = 0$$

ist. Für $c = 0$ liegt eine ganze lineare Funktion vor, die $z = \infty$ festläßt. Ihr endlicher Festpunkt wird

$$z = \frac{b}{d - a}.$$

Wir wollen nun die linearen Funktionen mit zwei verschiedenen endlichen Festpunkten noch etwas näher betrachten. Seien z_1 und z_2 die beiden Festpunkte von $w = \frac{az + b}{cz + d} \equiv S$, wobei das obere Vorzeichen in (1) dem z_1 entsprechen möge. Um die Verhältnisse bequem zu übersehen, deuten wir wieder z und w in derselben Ebene. Wir gehen zu einer Hilfsebene über, in der wir die beiden Variablen $\mathfrak{w}$ und $\mathfrak{z}$ deuten. Für sie setzen wir $\mathfrak{w} = \frac{w - z_1}{w - z_2}$, $\mathfrak{z} = \frac{z - z_1}{z - z_2} \equiv L$. Dann werden 0, ∞ die neuen Festpunkte der linearen Funktion LSL^{-1}, die den Zusammenhang zwischen $\mathfrak{w}$ und $\mathfrak{z}$ festgelegt. Sie ist notwendig von der Gestalt $\mathfrak{w} = \alpha\mathfrak{z}$. Daraus ergibt sich, daß wir S selbst auf die Gestalt $\frac{w - z_1}{w - z_2} = \alpha \frac{z - z_1}{z - z_2}$ (**Normalform** bei 2 versch. eigentlichen Festp.) bringen können. Um hier noch den Wert von α aus den ursprünglichen Koeffizienten zu berechnen, beachten wir, daß $\alpha = \frac{w - z_1}{w - z_2} \cdot \frac{z - z_2}{z - z_1}$ ist. Eine kurze Rechnung liefert $\alpha = \frac{a + d + \sqrt{(a - d)^2 + 4\,bc}}{a + d - \sqrt{(a - d)^2 + 4\,bc}}$. Dieser eben besprochene Zusammenhang erlaubt es, uns zunächst auf die Funktion $\mathfrak{w} = \alpha\mathfrak{z}$ zu beschränken, da wir ja von hier zur allgemeinen linearen Funktion durch Einsetzen von

$$\mathfrak{w} = \frac{w - z_1}{w - z_2}, \quad \mathfrak{z} = \frac{z - z_1}{z - z_2}$$

übergehen können. Wir unterscheiden drei verschiedene Fälle: 1. **hyperbolische** Funktionen, wenn α positiv, reell; 2. **elliptische** Funktionen, wenn $\alpha = e^{i\omega}$; 3. **loxodromische** Funktionen, alle übrigen mit zwei Festpunkten und $\alpha = \varrho \cdot e^{i\omega}$.

Die geometrische Bedeutung dieser Abbildungen ist im Falle $\mathfrak{w} = \alpha \mathfrak{z}$ ohne weiteres zu übersehen. Die hyperbolischen Substitutionen sind Streckungen, die elliptischen bedeuten Drehungen und die loxodromischen eine Verbindung von beiden, die wir zweckmäßig als Drehstreckung bezeichnen (siehe auch S. 13/14). Bei den beiden ersten Sorten, bei denen wir noch etwas eingehender verweilen wollen, spielt das System der Geraden durch $\mathfrak{z} = 0$ einerseits und das System der Kreise mit $\mathfrak{z} = 0$ als Mittelpunkt andererseits eine ausgezeichnete Rolle. Diese beiden Büschel bleiben nämlich bei unseren Abbildungen ungeändert. Im Falle der hyperbolischen Funktionen geht insbesondere jede der genannten Geraden einzeln in sich über, während die Kreise untereinander vertauscht werden; bei den elliptischen umgekehrt geht jeder Kreis in sich über, während die Geraden vertauscht werden. Es bleibt nun nur noch übrig, die Kreisbüschel anzugeben, die im allgemeinen Falle beliebiger Festpunkte an die Stelle der genannten treten. Das sind die, welche aus den oben genannten bei der Abbildung $\mathfrak{w} = \frac{w - z_1}{w - z_2}$, $\mathfrak{z} = \frac{z - z_1}{z - z_2}$ in der z, w-Ebene entstehen. Das ist das Büschel der Kreise durch die beiden Festpunkte und ihre orthogonalen Trajektorien (Zeichnung 5).

Bei loxodromischen Abbildungen treten ausgezeichnete Kreisbüschel gleicher Bedeutung nicht auf, es sei denn $\omega = \pi$.

Man pflegt häufig die einzeln festbleibenden Kreise Bahnlinien, die sich untereinander vertauschenden Kreise Niveaulinien der linearen Funktionen zu nennen. Wie man zu dieser augenscheinlich an eine Bewegungsvorstellung anknüpfenden Benennung kommt, wollen wir uns an $\mathfrak{w} = \alpha\mathfrak{z}$ klarmachen. Wenn $\mathfrak{w} = \alpha\mathfrak{z}$ irgendeine Ähnlichkeitstransformation mit von eins verschiedenem positivem α ist, so kann man unter Heranziehung eines reellen Parameters t alle hyperbolischen Substitutionen in der Form $y' = \alpha^t y$ schreiben. Ebenso kann man aus einer Drehung alle anderen gewinnen. Faßt man t als Zeit auf, so sieht man, wie sich bei zeitlichen Änderungen jeder Punkt auf seiner Bahnlinie verschiebt und wie die einzelnen Niveaulinien ineinander übergehen.

Ähnlich kann man aus einer einzelnen loxodromischen Abbildung eine ganze Schar von Abbildungen erhalten, die allerdings nicht alle loxodromisch sind. Verfolgt man dann einen Punkt zu allen Zeiten, so erhält man Spiralen als Bahnkurven und als Niveaulinien.

Ist ein Festpunkt im Unendlichen gelegen, so handelt es sich um eine ganze lineare Funktion. Vgl. § 2.

Wir gehen zu den Abbildungen mit **nur einem Festpunkt** z_1 über, für die wir als Grenzfall den Namen **parabolisch** wäh-

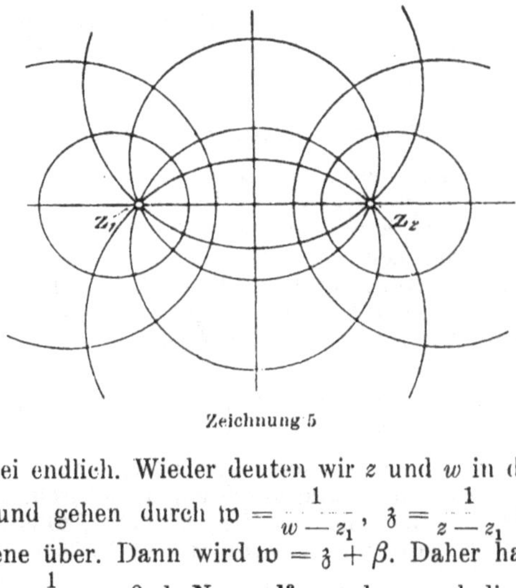

Zeichnung 5

len. z_1 sei endlich. Wieder deuten wir z und w in derselben Ebene und gehen durch $\mathfrak{w} = \frac{1}{w - z_1}$, $\mathfrak{z} = \frac{1}{z - z_1}$ zu einer Hilfsebene über. Dann wird $\mathfrak{w} = \mathfrak{z} + \beta$. Daher haben wir $\frac{1}{w - z_1} = \frac{1}{z - z_1} + \beta$ als **Normalform** der parabolischen Abbildungen. Man erkennt, daß der eben hervorgehobene Sonderfall von den schon früher behandelten Parallelverschiebungen geliefert wird. Die Geraden, die der Richtung von Null nach β parallel sind, gehen bei dieser Verschiebung jede einzeln in sich über, während ihre orthogonalen Trajektorien, also die Geraden eines zweiten Büschels, untereinander ver-

Zeichnung 6

tauscht werden. In der z, w-Ebene übernehmen zwei Kreisbüschel durch z_1 die Rolle der eben bezeichneten Geraden. Als Bilder paralleler Geraden gehen die Kreise eines jeden Büschels alle in gleicher Richtung durch z_1. Es gibt dort zwei zueinander senkrechte Geraden mit der folgenden Eigenschaft: Je eine berührt in z_1 die sämtlichen Kreise je eines der beiden Büschel (Zeichnung 6).

§ 5. Lineare Funktionen (Fortsetzung)

Wir betrachten diejenigen Funktionen, welche den **Kugeldrehungen** entsprechen. Sie sind sämtlich linear. Denn die Drehungen einer Kugel sind winkeltreue Abbildungen der Kugelfläche auf sich. Da ferner durch die stereographische Projektion die Kugel winkeltreu auf die Ebene abgebildet wird, so müssen den Kugeldrehungen umkehrbar eindeutige winkeltreue Abbildungen der Ebene auf sich selbst entsprechen. Es gilt aber der Satz:

Jede umkehrbare eindeutige winkeltreue Abbildung der Ebene auf sich selbst ist linear.

Nach den Ergebnissen des ersten Paragraphen wird nämlich eine solche Abbildung durch eine analytische Funktion vermittelt. Sei dieselbe $w = f(z)$, so möge, falls sie nicht schon den Punkt ∞ ungeändert läßt, dem Punkte $z = \infty$ der Punkt $w = a$ entsprechen. Dann bilde ich $\mathfrak{z} = \frac{1}{f(z) - a}$ und habe damit eine umkehrbar eindeutige konforme Abbildung, die ∞ festläßt. Da sie jeden Wert nur ein einziges Mal annimmt, kann sie in der Umgebung von $z = \infty$ nicht jedem Wert beliebig nahekommen. Sie muß daher im Unendlichen einen Pol besitzen. Da sie in der ganzen Ebene sonst überall regulär ist, so ist sie eine ganze rationale Funktion, und zwar eine vom ersten Grade, da sie jeden Wert nur einmal annimmt.

Jetzt gehen wir zur Bestimmung aller derjenigen linearen Abbildungen über, die Kugeldrehungen entsprechen. Jede derselben hat zwei Festpunkte, nämlich die Durchstoßpunkte der Drehachse durch die Kugelfläche oder vielmehr die diesen entsprechenden Punkte der Ebene. Wo liegen diese? Seien P_1 und P_2 die beiden Durchstoßpunkte, N der Nordpol der Kugel. Diese drei Punkte bestimmen einen Kugelmeridian, den wir in der Zeichnung 7 zur Darstellung bringen. Die Strecken R_1 und R_2 liegen auf der Schnittgeraden dieser Meridianebene mit der z-Ebene. Da $P_1 P_2$ ein Durchmesser (von der Länge eins) ist, so liegt bei N ein rechter Winkel. Daher ist nach dem Höhensatz $R_1 R_2 = 1$. Daraus folgt: Ist α der eine Festpunkt einer Kugeldrehung, so ist $-\frac{1}{\bar{\alpha}}$ der andere. Beachtet man ferner, daß die Bahnkurven der Kugeldrehungen von den zur Drehachse senkrechten Ebenen aus der Kugel ausgeschnitten werden, so sieht man, daß Kugeldrehungen auf elliptische Abbildungen und daß umgekehrt alle elliptischen Abbildungen mit Festpunkten der angegebenen Art auf Kugeldrehungen führen. Löst man die im vorigen Paragraphen gegebene Normalform elliptischer Abbildungen nach w auf, so findet man unter den angegebenen Bedingungen als allgemeine Form der Kugeldrehungen:

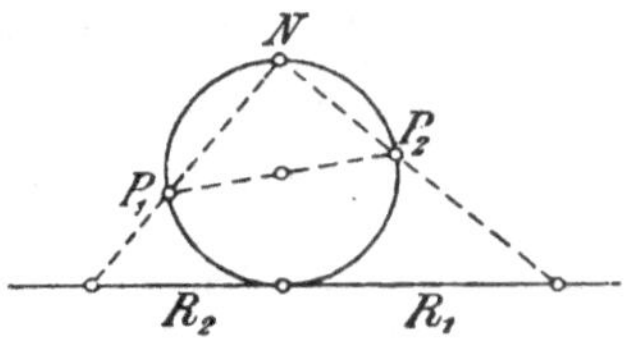

Zeichnung 7

$$w = \frac{az + b}{-\bar{b}z + \bar{a}}.$$

Noch sei bemerkt, daß man hierauf auch unmittelbar durch die Bemerkung geführt wird, daß je zwei Durchstoßpunkte eines Kugeldurchmessers in Durchstoßpunkte eines Kugeldurchmessers übergehen.

Als zweites Beispiel nehmen wir die **linearen Abbildungen einer Kreisscheibe in sich.**

1. Im Zusatz zu Satz V auf Seite 21 hatten wir erkannt, daß man durch eine lineare Funktion jede Kreiskurve in jede andere überführen kann und daß es möglich ist, dabei noch drei Punkten derselben ihre Plätze anzuweisen. Im besonderen kann man also jede Kreiskurve in die reelle Achse überführen (Kreis durch ∞, 0, 1). Da nun konforme Abbildungen gebietstreu sind, so muß bei dieser Abbildung das Innere des abzubildenden Kreises entweder in die obere Halbebene $y > 0$ oder in die untere Halbebene $y < 0$ übergehen ($z = x + iy$). Ich behaupte: man kann es so einrichten, daß die obere Halbebene herauskommt. Das ist klar, denn durch $w = \frac{1}{z}$ werden die beiden Halbebenen vertauscht.

2. Betrachten wir nun insbesondere die linearen Funktionen, welche die obere Halbebene in sich abbilden. Wir erhalten die allgemeinste lineare Funktion, welche die reelle Achse in sich überführt, wenn wir wie auf S. 22 diejenige anschreiben, welche die drei beliebigen reellen Punkte α, β, γ in 0, 1, ∞ überführt.

So bekommen wir

$$w = \frac{z - \alpha}{z - \gamma} \cdot \frac{\beta - \gamma}{\beta - \alpha}. \tag{1}$$

Ersichtlich[1]) ist dies die allgemeinste lineare Funktion $w = \frac{az + b}{cz + d}$ mit reellen Koeffizienten. Diese führen alle die reelle Achse in sich über, bilden aber nicht alle die obere Halbebene auf sich ab. Sie können auch wie $w = \frac{1}{z}$ die beiden Halbebenen vertauschen. Wodurch unterschieden sich diese beiden Fälle? Ich behaupte, wenn $ad - bc > 0$ ist, geht die obere Halbebene in sich über, sonst nicht. Das entnehmen wir der Form (1) der Funktionen. Die Determinante von (1)

[1]) Jede lineare Abbildung ist nach S. 21 durch die Bilder dreier Punkte eindeutig bestimmt. Daher kann jede reelle Abbildung in der Form (1) mit reellen α, β, γ geschrieben werden.

hat den Wert $(\beta - \gamma)(\beta - \alpha)(\alpha - \gamma)$. Soll nun die obere Halbebene in sich übergehen, so muß die Reihenfolge α, β, γ mit der von $0, 1, \infty$ übereinstimmen; anderenfalls werden die beiden Halbebenen vertauscht. Dann ist aber jene Determinante positiv; und ebenso schließt man aus dem positiven Vorzeichen auf die richtige Reihenfolge. So haben wir den Satz: *Alle linearen konformen Abbildungen der oberen Halbebene in sich werden durch* $w = \frac{az + b}{cz + d}$ *mit reellen Koeffizienten und* $ad - bc > 0$ *geliefert.* (Natürlich ist dies nicht die allgemeinste Form der *Schreibweise.* Man kann in Zähler und Nenner noch gemeinschaftliche [auch komplexe] Faktoren anbringen.)

3. Da wir gelernt haben, wie man eine beliebige Kreisscheibe auf eine Halbebene abbilden kann, so können wir nun auch die konformen Abbildungen einer *beliebigen Kreisscheibe in sich* angeben. Wir merken dies noch für den *Kreis* vom Radius eins um $z = 0$ als Mittelpunkt an. Wir erhalten

$$w = \frac{az + b}{\bar{b}z + \bar{a}}, \quad a\bar{a} - b\bar{b} > 0.$$

Die *Festpunkte* einer linearen Funktion, welche die obere Halbebene in sich überführt, sind entweder reell oder konjugiert imaginär (siehe die Berechnung auf S. 22). Die mit reellen Festpunkten sind hyperbolisch oder parabolisch oder loxodromisch mit negativem Multiplikator α, die mit konjugiert komplexen elliptisch (siehe die Berechnung von α und die Bestimmung der Festpunkte auf S. 22 u. 23). Eine loxodromische Abbildung mit nicht reellem Multiplikator kann also niemals einen Kreis in sich überführen.

Um zu erkennen, wie die Festpunkte von Abbildungen liegen, welche das Innere eines *Kreises* in sich überführen, haben wir uns nur klarzumachen, was aus zur reellen Achse spiegelbildlichen Punkten wird, wenn wir die obere Halbebene auf eine Kreisscheibe abbilden. Darüber gibt der folgende allgemeine Satz Auskunft.

Bei jeder linearen Abbildung zweier Kreise aufeinander werden aus spiegelbildlichen Punkten wieder spiegelbildliche Punkte.

Dies folgt aus der Bemerkung: Legt man durch zwei zu einem Kreis K spiegelbildliche Punkte P und Q einen Kreis K', so steht er auf der Peripherie von K senkrecht. Ist K eine Gerade, so folgt dies daraus, daß der Mittelpunkt von K' auf K liegt. Hat K den Radius R, so lege man vom Mittelpunkt M von K aus die Tangenten an K'. Das Quadrat ihrer Länge ist nach dem Sekantentangentensatz $= |MP| \cdot |MQ|$. Dies aber hat wegen der spiegelbildlichen Lage von P und Q den Wert R^2. Die Tangenten von M an K' haben also die Länge R. Daher erfolgt die Berührung in den Schnittpunkten von K und K', und daher steht K' auf K senkrecht. Umgekehrt besteht wieder nach dem Sekantentangentensatz jeder auf K senkrechte Kreis K' aus lauter Paaren zu K spiegelbildlicher Punkte. Wegen der Winkeltreue muß nun jeder auf K senkrechte Kreis bei der linearen Abbildung von K auf einen anderen Kreis in einen zu diesem senkrechten übergehen. Da aber ein Paar zu K spiegelbildlicher Punkte durch zwei zu K senkrechte Kreise ausgeschnitten wird, so gehen Punkte, die zu K spiegelbildlich liegen, in Punkte über, die zum Bildkreis spiegelbildlich liegen.

4. Unsere Aufstellung aller linearen Abbildungen eines Kreises in sich erhält noch durch die Tatsache eine besondere Wichtigkeit, daß es überhaupt keine anderen umkehrbar eindeutigen konformen Abbildungen eines Kreises in sich gibt.

Um das einzusehen, haben wir nur die Linearität aller derjenigen umkehrbar eindeutigen konformen Abbildungen der Kreisscheibe $|z| < 1$ auf sich zu beweisen, die seinen Mittelpunkt festlassen. Denn durch eine geeignete lineare Abbildung von $|z| < 1$ in sich kann man jeden anderen Punkt in $z = 0$ überführen, z. B. durch eine passende hyperbolische Substitution, deren beide Festpunkte durch die Enden des Durchmessers geliefert werden, auf dem der betreffende Punkt liegt. Für Funktionen, die $z = 0$ festlassen, gründen wir den Beweis auf das sogenannte

Schwarzsche Lemma: Sei $f(z) = a_1 z + a_2 z^2 + \cdots$ für $|z| < 1$ konvergent und sei $|f(z)| \leqq 1$ für $|z| < 1$: dann ist auch $|f(z)| \leqq |z|$ für alle $|z| < 1$. Das Gleichheitszeichen steht für ein z mit $|z| < 1$ nur dann, wenn $f(z) = e^{i\alpha} z$ (α reell).

Es ist nämlich $\frac{f(z)}{z} = a_1 + a_2 z + \cdots$ gleichfalls für $|z| < 1$ konvergent. Für den Kreis $|z| \leqq \varrho < 1$ nimmt dann $\frac{f(z)}{z}$ nach dem auf Seite 7 erwähnten Prinzip kein Maximum seines absoluten Betrages im Kreisinneren an. Daher ist $\left|\frac{f(z)}{z}\right| \leqq \frac{1}{\varrho}$ für $|z| \leqq \varrho$. Das gilt nun für jedes feste z und beliebige $\varrho < 1$, solange nur die Ungleichung $|z| \leqq \varrho$ erhalten bleibt. Daher ist auch $\left|\frac{f(z)}{z}\right| \leqq 1$ für jedes $|z| < 1$, d. h. aber $|f(z)| \leqq |z|$. Wenn nun für irgendeinen Punkt $z = a$ und $|a| < 1$ das Gleichheitszeichen steht, d. h. wenn da $|f(a)| = |a|$, so muß, wenn $\frac{f(z)}{z}$ nicht konstant ist, die Funktion $\frac{f(z)}{z}$ eine Umgebung von $z = a$ auf eine Umgebung von $\frac{f(a)}{a}$ abbilden (nach dem Satz von der Gebietstreue). Da aber $\left|\frac{f(a)}{a}\right| = 1$, so gäbe es um $z = a$ Stellen, wo $\left|\frac{f(z)}{z}\right| > 1$. Das steht aber mit dem bereits Bewiesenen im Widerspruch. Wenn also irgendwo in $|z| < 1$ das Gleichheitszeichen eintritt, dann muß $\frac{f(z)}{z}$ konstant sein. Dann ist überall $\left|\frac{f(z)}{z}\right| = 1$ und daher überall: $f(z) = e^{i\alpha} z$.

Daraus folgt nun:

Alle umkehrbar eindeutigen konformen Abbildungen des Inneren des Einheitskreises in sich sind linear.

Denn wenn $w = f(z)$ eine solche Abbildung ist, die $z = 0$ festläßt, dann muß bei der Abbildung nach dem Schwarzschen Lemma jeder Punkt dem Punkt $z = 0$ genähert werden. Das gleiche gilt für die Umkehrungsfunktion. Beides ist nur verträglich, wenn jeder Punkt bei der Abbildung seine Entfernung vom Mittelpunkt behält. Dann ist aber $w = f(z) = e^{i\alpha} z$ eine lineare Funktion, und unser Beweis ist fertig. Läßt aber eine Funktion $f(z)$ den Punkt $z = 0$ nicht fest, so trifft dies für eine passende lineare Funktion von $f(z)$ zu.

Bemerkung: Die Voraussetzung „umkehrbar eindeutig" ist wesentlich für das Bestehen unseres eben bewiesenen Satzes, denn es liefert ja z. B. auch $w = z^2$ eine Abbildung des Einheitskreises auf sich selbst.

Übungsaufgaben: 1. Man bilde durch eine hyperbolische Substitution einen exzentrischen Kreisring auf einen konzentrischen ab.

2. Man gebe das allgemeinste Kreisbogendreieck an, das durch $w = \frac{1}{z - a}$ in ein geradliniges verwandelt wird.

3. Man bilde die von zwei einander berührenden Kreisen begrenzte Sichel auf einen von zwei parallelen Geraden begrenzten Streifen ab.

§ 6. Gruppen linearer Funktionen

Unter einer Gruppe linearer Funktionen verstehen wir eine Menge linearer Funktionen derart, daß die Zusammensetzung $S_1 S_2$ zweier Funktionen S_1 und S_2 der Menge wieder eine Funktion S_3 der Menge liefert und daß gleichzeitig die Menge zu jeder vorkommenden Funktion S die inverse S^{-1} enthält. (Man vergleiche die Seite 21 eingeführten Bezeichnungen.) Wir wollen einen **Fundamentalbereich** einer solchen Gruppe bestimmen. Unter einem Fundamentalbereich verstehen wir eine Punktmenge folgender Art. Sie ist die Vereinigungsmenge eines Bereiches mit einem Teil seiner Randpunkte, soll also jedenfalls auch innere Punkte besitzen, d. h. Punkte, um die es Kreisscheiben gibt, die dem Fundamentalbereich angehören. Wenn wir alle Abbildungen der Gruppe nacheinander auf ihn anwenden, soll die Gesamtheit der so erhaltenen Bildmengen eine einfache Überdeckung der vollen Ebene oder eines Teiles derselben liefern, und es soll die Menge nicht Teilmenge einer sie umfassenden Menge der gleichen eben angegebenen Eigenschaft sein. Ein paar Beispiele werden das Gesagte klarer machen. Sei z. B. eine Gruppe aus Drehungen um den Punkt $z = 0$ gegeben. Ihre Elemente sollen die folgenden sein: $z' = e^{\frac{2hi\pi}{n}} z (h = 1, 2, \cdots n)$, n ganzzahlig. Die Gruppe besteht also aus der Drehung vom Winkel $\frac{2\pi}{n}$ um $z = 0$ und den Wiederholungen dieser Drehung. Man sieht sofort, daß die Zusammensetzung zweier Drehungen $z' = e^{\frac{2h_1 i\pi}{n}} z$ und $z'' = e^{\frac{2h_2 i\pi}{n}} z'$ der Menge die Drehung $z'' = e^{\frac{2(h_1+h_2)i\pi}{n}} z$ der Menge liefert. Ferner ist die zu $z' = e^{\frac{2hi\pi}{n}} z$ inverse Drehung $z = e^{\frac{2(n-h)i\pi}{n}} z'$ in der Menge enthalten. Als Fundamentalbereich können wir z. B. den Winkelraum zweier von Null nach Unendlich gehenden Halbgeraden nehmen, welche bei $z = 0$ den Winkel $\frac{2\pi}{n}$ einschließen, einschließlich der einen Begrenzungsgeraden. Denn wenden wir auf ihn alle Drehungen der Gruppe an, so erhalten wir eine volle Bedeckung der ganzen Ebene durch n Zweiecke. Wir können auch sagen: Jeder Punkt der Ebene kann durch eine passende Drehung der Gruppe in einen Punkt des Fundamentalbereiches übergeführt werden, der so zu jedem Punkte der Ebene genau einen entsprechenden enthält, wenn wir ihm nur seine eine Begrenzungsgerade zurechnen, die andere aber, soweit auf ihr $z \neq 0$ ist, nicht mehr als einen Teil von ihm auffassen. Einen Fundamentalbereich würde im Gegensatz zum angegebenen der im Inneren des Einheitskreises liegende Teil des Zweiecks nicht liefern, obwohl wir durch Ausübung der Drehungen der Gruppe einen Teil der Ebene mit kongruenten Teilzweiecken überdecken können, aus dem einfachen Grunde, weil eben ein diesen Teil umfassender Bereich (das ganze Zweieck) auch eine einfache Überdeckung liefert. Als Fundamentalbereich können wir weiter nicht ein Zweieck brauchen, das bei $z = 0$ den doppelten des angegebenen Winkels einschließt, denn bei Ausübung der Drehungen erhalten wir zwar eine lückenlose, aber keine einfache, sondern eine doppelte Überdeckung der Ebene. Soviel zur Erläuterung der Begriffsbestimmung. Weiter können wir bemerken, daß der Fundamentalbereich keineswegs eindeutig bestimmt ist. Wir können zu ein und derselben Gruppe recht mannigfache Fundamentalbereiche angeben. Statt den Winkelraum geradlinig zu begrenzen, können wir auch irgend zwei von Null nach Unendlich ohne Überkreuzung laufende Kurven nehmen, deren eine aus der andern durch die Drehung $z' = e^{\frac{2i\pi}{n}} z$ hervorgeht. Weiter merken wir an, daß nicht jede Gruppe einen Fundamentalbereich besitzt, z. B. nicht die Gruppe aller Drehungen um den Punkt $z = 0$ oder die von allen linearen Abbildungen mit von Null verschiedener Determinante gebildete Gruppe. Denn es liegt im Begriff des Fundamentalbereiches, daß er nicht zwei Punkte enthalten kann, die auseinander durch eine Abbildung der Gruppe hervorgehen. Das würde nämlich der Forderung des einfach Bedecktseins widersprechen. Daraus folgt die Behauptung. Denn in den Beispielen kann jeder Punkt durch eine geeignete Abbildung der Gruppe in einen ihm beliebig nahe gelegenen, aber von ihm verschiedenen Punkt übergeführt werden; der Fundamentalbereich kann demnach keinen inneren Punkt besitzen. Denn um einen solchen Punkt P müßte sich eine Kreisscheibe legen lassen, die keinen weiteren Punkt enthält, der aus P durch eine Abbildung der Gruppe hervorgeht. Diese Betrachtungen enthalten eine notwendige Bedingung dafür, daß eine Gruppe einen Fundamentalbereich besitzt. Sie liegt darin, daß es Gebiete gibt, die keine zwei einander durch die Gruppe entsprechenden Punkte enthalten. Diese Bedingung erweist sich auch als hinreichend. Man hat, um das einzusehen, nur einen ersten Bereich, der frei ist von Punkten, die auseinander durch Abbildungen der Gruppe hervorgehen, soweit als möglich zu erweitern. Es würde hier zu weit führen, dies eben angedeutete Verfahren zur Herstellung des Fundamentalbereiches einer gegebenen Gruppe weiter zu verfolgen. Es genügt für uns, noch ein paar Beispiele für Gruppen und ihre Fundamentalbereiche anzugeben.

1. Die Gruppe der Abbildungen $w = z + h$, h ganzzahlig, hat als Fundamentalbereich einen Streifen von der Breite eins, begrenzt z. B. von zwei Parallelen zur imaginären Achse, die im Abstand eins voneinander verlaufen.

2. $z' = z + 2h_1 + 2h_2\omega$ (h_1, h_2 ganzzahlig, ω nicht reelle komplexe Zahl). Fundamentalbereich ist ein Parallelogramm, das als Seiten die von Null ausgehenden Vektoren 1 und ω und zwei Parallele derselben hat.

3. $z' = -\frac{1}{z}$, $z' = e^{\frac{2i\pi}{n}} z$ und ihre zusammengesetzten. n ganzzahlig (Diedergruppe). Kreisbogendreieck mit den Ecken $e^{\frac{i\pi}{n}}$ und $e^{-\frac{i\pi}{n}}$; zwischen beiden als Begrenzung der über $z = 1$ führende Bogen des Einheitskreises, ferner als Grenze die Kreisradien von $z = 0$ nach $e^{\frac{i\pi}{n}}$ und nach $e^{-\frac{i\pi}{n}}$.

4. Die Drehgruppen der weiteren regulären Körper. Den unter Nummer 3 angegebenen Gruppen entsprechen nach S. 18/19 durch stereographische Projektion Gruppen von Kugeldrehungen, welche die Dieder in sich überführen; das sind Doppelpyramiden, mit Nord- und Südpol der Kugel als Spitze. Ebenso geben die anderen regulären Körper zu Gruppen von Drehungen Anlaß, die sie mit sich selbst zur Deckung bringen. Ihre Fundamentalbereiche sucht man am besten erst auf der Kugel auf, um dann durch Kugelabbildung zur Ebene überzugehen. Projiziert man zunächst die Begrenzungsdreiecke der Körper vom Mittelpunkt der Kugel aus auf ihre Oberfläche und zieht dann in allen diesen sphärischen Dreiecken die Höhen von den Ecken bis zu ihrem gemeinsamen Schnittpunkt, so hat man in den so entstandenen neuen Dreiecken die Fundamentalbereiche der Gruppe vor Augen. (Würfel und Dodekaeder können beiseite bleiben, weil ihre Gruppen schon bei Oktaeder und Ikosaeder vorkommen.)

5. Die Nebeneinanderlagerung der Fundamentalbereiche muß nicht immer wie in den oben behandelten Beispielen eine

Überdeckung der vollen Ebene liefern. Das kann auch mancher andere Teil der Ebene sein, z. B. das Innere eines Kreises oder die obere Halbebene. Diese wird z. B. durch die elliptische Modulgruppe in sich übergeführt. Sie ist durch Substitutionen $z' = \frac{az + b}{cz + d}$ gebildet. Hier sind a, b, c, d ganze rationale Zahlen, für die $ad - bc = 1$ ist. Diese Gruppe hat als Fundamentalbereich den außerhalb des Einheitskreises gelegenen Teil des Streifens zwischen den beiden Geraden $x = -\frac{1}{2}$ und $x = +\frac{1}{2}$ $(z = x + iy)$ (Zeichnung 8).

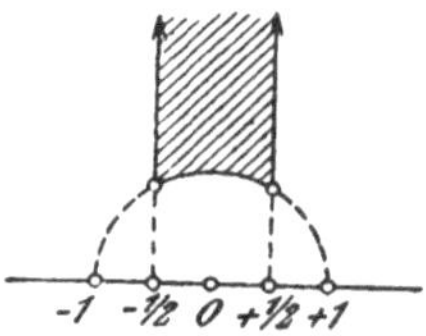

Zeichnung 8

Wegen des Beweises verweise ich auf umfassendere Darstellungen. Wir bemerken nur noch, daß man alle Abbildungen durch Zusammensetzung von zwei geeigneten derselben erhalten kann, nämlich der parabolischen $z' = z + 1$, die die beiden Begrenzungsgeraden ineinander überführt, und der elliptischen $w = -\frac{1}{z}$ mit den Fixpunkten $i, -i$, durch die die beiden Bogen von $+i$ bis $-\frac{1}{2} + \frac{i}{2}\sqrt{3}$ und von $+i$ bis $+\frac{1}{2} + \frac{i}{2}\sqrt{3}$ des Einheitskreises zusammenhängen.

Eine wichtige Disziplin der modernen Funktionentheorie ist die Theorie der **automorphen Funktionen.** Sie betrachtet die Funktionen, welche bei Gruppen linearer Funktionen ungeändert bleiben. Das sind Funktionen, die allen Funktionalgleichungen $f(z) = f(l_i(z))$ genügen, wenn wir mit $l_i(z)$ die Abbildungen der Gruppe bezeichnen. In einfachen Fällen lassen sich derartige Funktionen leicht angeben. Z. B. bleibt $w = z^n$ durch die Drehungen $z' = e^{\frac{2hi\pi}{n}} z$ ungeändert. Ebenso ist $w = z^n + \frac{1}{z^n}$ eine automorphe Funktion der Diedergruppe von Beispiel 3. Automorphe Funktionen der Gruppe 2 sind doppelperiodische Funktionen, von Gruppe 1 die Funktionen $w = e^{2i\pi z}$, von Gruppe 5 die elliptische Modulfunktion; bei Gruppe 4 erhält man leicht automorphe Funktionen in der

Gestalt $w = \sum_1^n {}^i r(l_i(z))$, wenn $r(z)$ eine passende Funktion ist und $l_i(z)$ die Abbildungen der Gruppe, n die Zahl ihrer Abbildungen, d. h. ihre Ordnung bedeuten.

Zweiter Abschnitt

Rationale Funktionen

§ 7. $w = z^n$

Im § 1 mußten vorläufig die singulären Stellen der Funktion oder ihrer Umkehrungsfunktion und daher auch die Nullstellen der Ableitung von der Betrachtung ausgeschlossen werden. Im § 3 haben wir durch Studium der Funktion $w = \frac{1}{z}$ einen ersten Schritt zur Ausfüllung dieser Lücke getan. Wir konnten auf beliebige Funktionen schließen, die irgendwo einen einfachen Pol haben. Die Untersuchung von $w = z^n$ wird zu neuen Einsichten führen.

$w = z^n$ hat bei $z = 0$ eine verschwindende Ableitung. Ihre Umkehrungsfunktion zeigt an dieser Stelle singuläres Verhalten. Sie hat dort einen **Verzweigungspunkt** n-ter Ordnung, wie wir sagen wollen. Um den Verlauf der Abbildung $w = z^n$ bei $z = 0$ zu erkennen, führen wir Polarkoordinaten ein, indem wir $z = re^{i\varphi}$, $w = \varrho e^{i\vartheta}$ setzen. Dann wird $\varrho = r^n$, $\vartheta = n\varphi$. Aus jedem Kreis $r =$ const. wird so bei der Abbildung wieder ein Kreis $\varrho =$ const.; aus jeder Geraden $\varphi =$ const. wieder eine Gerade $\vartheta =$ const. Es ist nun bequem und wird durch $\vartheta = n\varphi$ nahegelegt, zunächst nur einen Teil der w-Ebene heranzuziehen, nämlich das Zweieck $r \geqq 0$, $0 \leqq \varphi < \frac{2\pi}{n}$. Es hat die Ecken $z = 0, \infty$ und wird von den Geraden $\varphi = 0$ und $\varphi = \frac{2\pi}{n}$ begrenzt. Dies Zweieck wird nämlich auf die volle w-Ebene abgebildet. Denn ϱ und ϑ können beliebige Werte annehmen, wenn r und φ auf das Zweieck beschränkt bleiben. Die Geraden $\varphi = 0$ und $\varphi = \frac{2\pi}{n}$ gehen beide in die

bleiben. Die Geraden $\varphi = 0$ und $\varphi = \frac{2\pi}{n}$ gehen beide in die positive reelle Achse über. Hier gewinnen wir nun auch den Einblick in die besondere Natur des Punktes $z = 0$. Die Abbildung ist da nicht winkeltreu, sondern es geht vielmehr jeder Winkel der z-Ebene in den n-fachen Winkel der w-Ebene über. Genau das gleiche gilt, wie unser Zweieck zeigt, im Punkte $z = \infty$. Auch hier geht jeder Winkel in sein n-faches über. Und insbesondere bedeckt der Bildbereich unseres Zweiecks die ganze w-Ebene. Wenn aber so schon das Abbild eines n-tels der z-Ebene die ganze w-Ebene erfüllt, wo hat denn dann noch das Bild des Restes der z-Ebene Platz? Da bleibt nichts anderes übrig, als die w-Ebene ein zweites Mal zu überdecken. Und wirklich wird denn auch das Nachbarzweieck der z-Ebene, das von $\varphi = \frac{2\pi}{n}$ und $\varphi = 2\frac{2\pi}{n}$ begrenzt ist, wieder durch $w = z^n$ auf eine volle w-Ebene abgebildet. So erhalten wir den n Zweiecken entsprechend die w-Ebene volle n-mal bedeckt. Jeder Punkt der w-Ebene ist Abbild von n verschiedenen Punkten der z-Ebene. Sie werden durch die n Werte der Umkehrungsfunktion $z = \sqrt[n]{w}$ geliefert. Sie liegen also alle auf einem Kreis der z-Ebene um $z = 0$ und bilden da die Ecken eines regelmäßigen n-Ecks. Nur allein die Punkte $w = 0$, $w = \infty$ machen eine Ausnahme. Ihnen entspricht immer nur ein Punkt der z-Ebene, nämlich $z = 0$ und $z = \infty$. Diese beiden Punkte sind also gewissermaßen allen n Bedeckungen der w-Ebene gemeinsam. Seit Riemann ist es nun üblich, diese n Bedeckungen einzeln auf je einem besonderen Blatt der w-Ebene zu deuten. Diese n Blätter, die den n Zweiecken entsprechen, denkt man sich dann alle übereinandergelegt, so daß Punkte mit gleichem w sich decken. Dann heftet man sie auch in derselben Reihenfolge aneinander, wie dies bei den Zweiecken der Fall war. Um uns bequem ausdrücken zu können, wollen wir zwei Ufer der positiven reellen Achse der w-Ebene unterscheiden, ein rechtes und ein linkes. Das rechte ent-

unterscheiden, ein rechtes und ein linkes. Das rechte entspricht bei der Abbildung des Zweiecks zwischen $\varphi = 0$ und $\varphi = \frac{2\pi}{n}$ der Geraden $\varphi = \frac{2\pi}{n}$, das linke der Geraden $\varphi = 0$. Bei der Abbildung des nächsten Zweiecks, das an das erste längs $\varphi = \frac{2\pi}{n}$ angrenzt (Nr. 2 der Zeichnung 9), erhalten wir als Bild der Geraden $\varphi = \frac{2\pi}{n}$ das linke Ufer, als Bild von $\varphi = 2\frac{2\pi}{n}$ das rechte

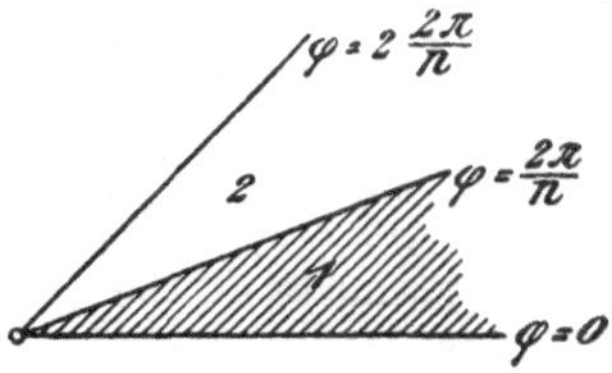

Zeichnung 9

Ufer. Gleiche Punkte von $\varphi = \frac{2\pi}{n}$ gehen dabei in einander gegenüberliegende Punkte der beiden Ufer über, da sie gleiches w haben. So wie aber nun die beiden Zweiecke aneinanderhängen, wollen wir die ihrer gemeinsamen Grenze entsprechenden beiden Ufer der positiven reellen Achse Punkt für Punkt aneinander befestigt denken. Wir erhalten damit einen Bereich, der zweifach die w-Ebene bedeckt. So wie eben mit dem zweiten Zweieck verfahren wir auch mit allen übrigen; wir denken uns die entsprechenden

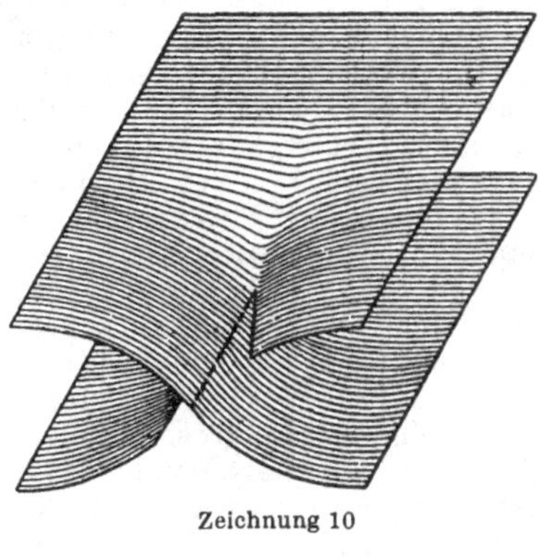

Zeichnung 10

Blätter über der w-Ebene aneinandergeheftet in den den gemeinsamen Grenzen der Zweiecke entsprechenden Punkten. Hätten wir nur zwei Zweiecke wie bei $w = z^2$, so müßten wir die noch freien Ufer in der Zeichnung 10 uns nun ihrerseits aneinandergeheftet denken. Daß es dabei nicht ohne eine Selbstdurchdringung der Fläche abgeht, ist zwar eine Schwierigkeit für die wirkliche Ausführung, nicht aber für die anschauliche Vorstellung. Die Durchdringungskurve zählt, wie auch sonst in der Flächentheorie, als zwei verschiedene Kurven der Fläche, die außer in der Zeichnung und einem Papiermodell, dessen Anfertigung wir dem Leser empfehlen, nichts miteinander zu tun haben. Wir erhalten so im allgemeinen Fall eine n-blättrige Fläche — **Riemannsche Fläche.** Zwei Punkte, die **Verzweigungspunkte** der Fläche, $w = 0$ und $w = \infty$, sind sämtlichen n Blättern gemeinsam. Daß diese längs der reellen Achse aneinandergeheftet wurden, ist nur ein zufälliger Umstand; eine Zerfällung in n Exemplare der w-Ebene kann noch durch mannigfache andere Arten der Zerschneidung erreicht werden. Diese werden dann einer anderen Zerlegung der z-Ebene in n Zweiecke entsprechen. Sie können auch krummlinig begrenzt sein.

Schon vor einer ganzen Weile hatten wir die Änderung erkannt, die in unserem Beispiel am Satz von der Winkeltreue angebracht werden muß, um den bei $w = 0, \infty$ vorliegenden Verhältnissen gerecht zu werden. Was wird aus dem Satz der Gebietstreue? Offenbar ändert sich daran nichts in der Umgebung eines beliebigen, von Null und Unendlich verschiedenen Punktes. Besonderheiten treten erst in der Umgebung dieser Punkte und beim Bild der ganzen z-Ebene ein. Die Riemannsche Fläche ist zwar eine abgeschlossene, zusammenhängende Punktmenge. Aber sie ist kein Gebiet in dem Sinne, in dem wir diesen Begriff in § 1 eingeführt haben. Man kann um den Punkt $w = 0$ der Riemannschen Fläche keinen Kreis legen, dessen einfach bedecktes Inneres ein Teilgebiet der Fläche wäre. Wohl aber ist der n-fach bedeckte Kreis mit $w = 0$ als Windungspunkt Teilbereich der Fläche. So gelangen wir zu einer **Erweiterung des Gebietsbegriffes.** Darnach sollen auch Punkte, in deren Umgebung sich das Gebiet so verhält, wie unsere Fläche bei $w = 0$, innere Punkte heißen. Es soll also die Umgebung eines jeden inneren Punktes durch einen ein- oder mehrfach bedeckten Kreis mit seinem Mittelpunkt als einzigem Windungspunkt erschöpft werden. Es soll somit immer möglich sein, die Umgebung eines jeden Flächenpunktes a, d. h. alle in einer gewissen Entfernung von ihm gelegenen Punkte, durch eine Funktion $z = \sqrt[n]{w - a}$ mit passendem ganzzahligem n auf die schlichte und volle Umgebung des Punktes $z = 0$ abzubilden. Dann und nur dann soll der Punkt a ein innerer Punkt der Fläche heißen. In der Umgebung von $w = \infty$ ist natürlich diese Erklärung unter Verwendung der schon in § 3 erörterten Richtlinien dahin zu verstehen, daß man statt der Funktion $z = \sqrt[n]{w - a}$ die Funktion $z = \sqrt[n]{\frac{1}{w}}$ zu verwenden hat. Wenn wir das tun, bleibt der Satz von der Gebietstreue auch für $w = z^n$ in vollem Umfang richtig.

Die vorhin betrachtete Riemannsche Fläche heißt Riemannsche Fläche der Funktion $z = \sqrt[n]{w}$, weil sie geeignet ist, den Verlauf der Funktion $z = \sqrt[n]{w}$ in großen Zügen anschaulich zu machen. Wenn wir nämlich an jedem Punkt der Riemannschen Fläche den z-Wert des Punktes anschreiben, aus dem er bei der konformen Abbildung $w = z^n$ entstanden ist, so ist die Funktion $\sqrt[n]{w}$ auf der Riemannschen Fläche eindeutig erklärt, während sie in der w-Ebene selbst nicht eindeutig, sondern n-deutig erklärt ist. Verfolgen wir die Werte, die z längs einer Flächenkurve bei dem bekannten Prozeß der analytischen Fortsetzung annimmt, so sind es gerade die eben angeschriebenen. Längs einer auf der Riemannschen Fläche geschlossenen Kurve kehrt die Funktion bei voller Durchlaufung zum Ausgangswert zurück, während dies in der einfach bedeckten w-Ebene nicht immer der Fall ist. Jedem der n Werte, die $z = \sqrt[n]{w}$ für denselben Wert w annimmt, entspricht genau ein Punkt in einem der n Blätter der Riemannschen Fläche.

Wie man auch bei **allgemeineren Funktionen** solche Riemannschen Flächen zur Veranschaulichung des Zusammenhangs der einzelnen Zweige der Funktion bilden kann, werden wir im Verlauf der folgenden Betrachtungen kennenlernen. Vorab können wir uns die Entstehungsweise der Riemannschen Fläche in unserem Sonderfall auch so denken, daß wir n Blätter der w-Ebene nehmen, die wir alle durch einen von Null nach Unendlich laufenden Schnitt längs der reellen Achse aufschneiden. Dann benutzen wir je ein solches Blatt zum Auftragen eines der Zweige unserer Funktion. Um diese Auftragung zu bewerkstelligen, können wir z. B. so vorgehen: Wir markieren zunächst an einem inneren Punkt, z. B. bei $w = i$, in jedem der n Blätter einen der n Werte der Funktion, so daß zu jedem derselben jetzt ein Blatt gehört. Dann denken wir uns von hier aus die einzelnen Zweige der Funktion analytisch fortgesetzt, soweit dies ohne Überschreitung des Einschnittes in jedem Blatt möglich ist. So werden die n Zweige der Funktion auf die n Blätter verteilt. Diese denken wir uns dann in den Stellen der reellen Achse auseinandergeheftet, an welchen die Funktion gleiche Werte annimmt. Dieses Aneinanderheften liefert uns die n-blättrige Riemannsche Fläche der Funktion $z = \sqrt[n]{w}$.

Das eingehende Studium der Funktion $w = z^n$, das wir eben abgeschlossen haben, ermöglicht uns auch einen genauen Einblick in die konforme Abbildung anderer Funktionen in der Umgebung von Nullstellen der Ableitung. Sei z. B. $w - b = a_n(z - a)^n + \cdots$ eine solche Funktion. Es sei $a_n \neq 0$. Um den Verlauf der Abbildung bei $z = a$, $w = b$ zu erkennen, führen wir durch die Gleichung $w - b = t^n$ eine Hilfsveränderliche ein. Dann wird $t^n = a_n(z - a)^n + \cdots$. Daraus folgt $t = \beta_1(z - a) + \beta_2(z - a)^2 + \cdots$. Es ist $\beta_1 = \sqrt[n]{a_n} \neq 0$. Es ist gleichgültig, für welchen Wert dieser n-ten Wurzel man sich entscheidet. Durch diese Wahl sind dann auch die weiteren Koeffizienten $\beta_2, \ldots$ bestimmt. Durch Auflösen finden wir

$$z - a = \alpha_1 t + \alpha_2 t^2 + \cdots.$$

So werden sowohl z als w eindeutige Funktionen von t in der

Umgebung von $t = 0$ und sind dort regulär. Dadurch wird die Abbildung $w - b = a_n(z - a)^n + \cdots$ in zwei Schritten ausgeführt, nämlich erstens wird durch $t = \beta_1(z - a) + \cdots$ die schlichte Umgebung von $z = a$ auf die schlichte Umgebung von $t = 0$ abgebildet. Diese wird durch $w - b = t^n$ in eine n-blättrige Windungsfläche um $w = b$ übergeführt. Alles in allem wird wieder ein schlichtes Stück der z-Ebene in ein Windungsstück der w-Ebene übergeführt. Wenn wir unsere Gebietsdefinition wie auf Seite 40 erweitern, so gilt nun der **Satz von der Gebietstreue** für alle bis auf Pole regulären Funktionen.

Noch in einer ein klein wenig anderen Weise lassen sich diese Darlegungen ausdeuten. Man nennt auf Grund des eben dargelegten Verhaltens die Veränderliche t eine **lokale uniformisierende Veränderliche** für den durch die Gleichung $w - b = a_n(z - a)^n + \cdots$ vermittelten Funktionszusammenhang, weil z und w in der Umgebung von $z = a$, $w = b$ eindeutige Funktionen von t werden. Diese Veränderliche spielt für die funktionentheoretische Aufgabe eine ähnliche Rolle wie die Zeit bei Problemen der Mechanik. Auch hier lassen sich die verwickeltsten Bewegungsvorgänge als eindeutige Funktionen der Zeit auffassen, nur mit dem Unterschied, daß in dem mechanischen Problem die Koordinaten *für alle Zeiten* eindeutige Funktionen der Zeit werden, während dies hier bei unserem funktionentheoretischen Problem im allgemeinen nur für die *nächste Umgebung* von $t = 0$ der Fall ist. Wir werden später noch die wichtige Aufgabe berühren, den Gesamtverlauf eines Funktionszusammenhangs $f(z, w) = 0$ durch eine Parameterdarstellung $z = z(t)$, $w = w(t)$ mit eindeutigen Funktionen $z(t)$, $w(t)$ darzustellen. Eben wurde durch die lokale uniformisierende Veränderliche t die Umgebung der Stelle $w = b$ auf der Riemannschen Fläche der durch $w - b = a_n(z - a)^n + \cdots$ erklärten Funktion $z(w)$ auf die schlichte Umgebung von $t = 0$ abgebildet. Dadurch wurde erreicht, daß w und z **in der Umgebung von $t = 0$** eindeutige Funktionen von t wurden. Bei dem allgemeineren Problem der vollständigen *Uniformisierung* der Funktion für ihren Gesamtverlauf wird es darauf ankommen, die ganze Riemannsche Fläche auf einen schlichten Bereich einer t-Ebene abzubilden. Dadurch werden alle auf der Riemannschen Fläche eindeutigen Funktionen, also namentlich z und w, in ihrem Gesamtverlauf eindeutige Funktionen in jenem Bildbereich der t-Ebene.

§ 8. Rationale Funktionen

Zur Ergänzung unserer Untersuchungen folgen einige Betrachtungen über den Gesamtverlauf der Abbildung durch rationale Funktionen. Wenn m der Grad der ganzen rationalen Funktion $w = f(z)$ ist, so nimmt w jeden beliebigen Wert an m Stellen der z-Ebene an. Wir werden also im ganzen m Blätter der w-Ebene brauchen, um den ganzen Bildbereich der z-Ebene zu erhalten. Diese sind dann noch in richtiger Weise zu einer Riemannschen Fläche zu vereinigen. Theoretisch kann man sich davon am besten Rechenschaft geben, wenn man zunächst alle die w-Werte bestimmt, die Verzweigungsstellen der Riemannschen Fläche werden können. Es sind die Stellen, an denen die Abbildung nicht winkeltreu ist. Dies ist der Fall, wenn $f'(z) = 0$ ist. Ferner hat man noch in bekannter Weise die mehrfachen Pole und $z = \infty$ zu betrachten. Die entsprechenden w-Werte denken wir uns alle in der w-Ebene markiert. An diesen Stellen kann nun die Umkehrungsfunktion $z = \varphi(w)$ in der einen oder der anderen Weise verzweigt sein. Wir numerieren die Verzweigungsstellen in irgendeiner Weise und verbinden sie vom ersten anfangend der Reihe nach bis zum letzten hin durch eine doppelpunktfreie stetige differentiierbare Kurve $\mathfrak{C}'$, längs der wir uns die w-Ebene aufgeschnitten denken. (Im Beispiel $w = z^n$ hatten wir von 0 nach ∞ längs der positiven reellen Achse aufgeschnitten.) In der so aufgeschnittenen w-Ebene ist $\varphi(w)$ eindeutig und an jeder inneren Stelle des von dieser Kurve begrenzten Bereiches bis auf Pole regulär. (An gegenüberliegenden Stellen der beiden Ufer unseres Einschnittes wird natürlich $z = \varphi(w)$ im allgemeinen verschiedene Werte annehmen.) Um herauszubekommen, wie die n Blätter der Riemannschen Fläche zusammenhängen, bestimmen wir zunächst das Original $\mathfrak{C}$ von $\mathfrak{C}'$ in der z-Ebene. Es wird aus mehreren Kurvenstücken bestehen. (Im Beispiel $w = z^n$ waren es die Geraden $\varphi = 2\frac{h i \pi}{n}$ von Null nach Unendlich.) Durch $\mathfrak{C}$ zerfällt die z-Ebene in n Gebiete, weil zu jedem w-Wert n Werte von z gehören. Wenn nun zwei dieser Bereiche der z-Ebene längs eines Kurvenstückes aneinanderstoßen, so haben wir die ihnen entsprechenden Blätter der Riemannschen Fläche längs des entsprechenden Kurvenstückes aneinander zu heften. Nach Befolgung dieser Vorschrift haben wir eine geschlossene Fläche erhalten, die Riemannsche Fläche der Funktion $z = \varphi(w)$. Diese Funktion ist dann auf der Fläche eindeutig erklärt und bildet sie umkehrbar eindeutig und, außer an den Verzweigungsstellen, auch winkeltreu auf die z-Ebene ab. Auf einen Umstand wollen wir noch besonders hinweisen. Es muß natürlich ganz und gar nicht jede der markierten Stellen in jedem Blatt eine Verzweigungsstelle sein. Das Verfahren kann unter Umständen bei voller Durchrechnung aller Einzelheiten langwierig werden, aber zu einem schematischen Überblick ist es gewöhnlich brauchbar. Wir wollen ein Beispiel vornehmen. Es sei vorgelegt:

$$w = z^3 + 3z^2 + 6z + 1.$$

Wir erkennen in $w = \infty$ einen dreiblättrigen Verzweigungspunkt. Suchen wir weiter die Stellen $w' = 0$, so haben wir aufzulösen:

$$3z^2 + 6z + 6 = 0.$$

Das liefert $z = -1 \pm i$. Als Verzweigungsstellen der w-Ebene finden wir: $\alpha = -3 - 2i$, $\beta = -3 + 2i$.

Als verbindende Kurve $\mathfrak{C}'$ der drei Verzweigungsstellen wählen wir die gerade Linie von α über ∞ nach β. Wir haben nun die dieser entsprechende Kurve $\mathfrak{C}$ der z-Ebene aufzusuchen. Diese besteht aus einer geraden Linie durch $-1+i$, $-1-i$, und ∞, und einer Hyperbel, welche diese Gerade zur Achse und ihre Scheitel bei $-1+i$ und $-1-i$ hat. Das erkennt man, indem man Reelles und Imaginäres trennt.

Für die gerade Linie der w-Ebene haben wir in Parameterdarstellung $w = -3 + it$, wobei t dem absoluten Betrag nach größer als 2 zu nehmen ist. Als Bedingung für die entsprechende Kurve der z-Ebene finden wir:

$$-3 = x^3 - 3xy^2 + 3x^2 - 3y^2 + 6x + 1,$$

$t = 3x^2y - y^3 + 6xy + 6y$. Man sieht, daß die Gerade $x = -1$ der Kurve angehört. Die Gesamtkurve ist aber von der dritten Ordnung. Daher bleibt noch ein Kegelschnitt übrig, in dem man eine Hyperbel der angegebenen Art erkennt. Sie hat die Gleichung

$$3y^2 - (x + 1)^2 = 3.$$

Wir numerieren in der Zeichnung 11 die den drei Blättern der Riemannschen Fläche entsprechenden Bereiche mit römischen Ziffern.

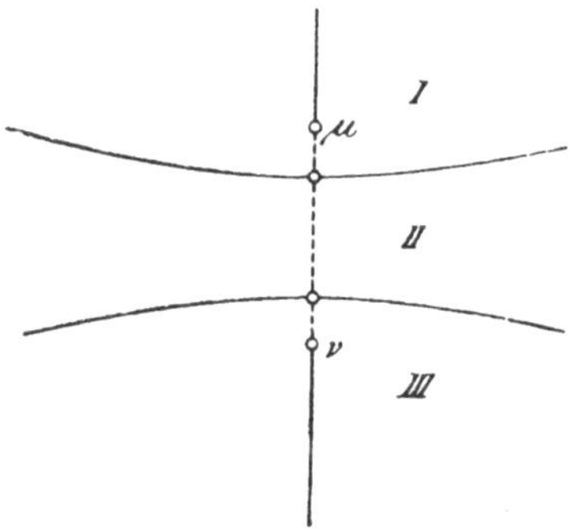

Zeichnung 11

Das punktierte endliche Stück der Geraden $x = -1$ zwischen $\mu = -1 + 2i$ und $\nu = -1 - 2i$ liefert, wie man leicht aus $t = y(3 - y^2)$ erkennt, den endlichen Teil unserer Geraden in der w-Ebene, der zwischen α und β liegt, also keinen Teil unseres Schnittes. Wesentlich für den Aufbau der Riemannschen Fläche sind nun nur allein die beiden Hyperbeläste. Die geradlinigen Stücke verlaufen ganz in einem der drei Bereiche, sind also nicht gemeinsame Grenze zweier Blätter. Beim Zusammenheften wird nur ein Schlitz in einem Blatt geschlossen. Die Blätter I und II der Riemannschen Fläche hängen längs des geradlinigen Stückes der w-Ebene von $-3 + 2i$ nach ∞ zusammen, die Blätter II und III längs der Geraden von $-3 - 2i$ bis ∞. Alle nun noch verbleibenden Schlitze sind in den einzelnen Blättern für sich zu schließen. Damit ist der Aufbau der Riemannschen Fläche vollendet.

Wir wollen nun noch bemerken, daß das hier behandelte Beispiel typisch ist für die Abbildungen ganzer rationaler Funktionen vom dritten Grade. Denn alle Riemannschen Flächen, die wir erhalten, haben im Unendlichen einen Verzweigungspunkt der dritten Ordnung, und für die endlichen Verzweigungsstellen findet man eine Gleichung zweiten Grades in z. Daher liegen ein für allemal die drei w-Werte, die als Verzweigungsstellen in Betracht kommen, auf einer Geraden der w-Ebene. Bei der Abbildung in die z-Ebene geht diese durch die drei Blätter der Riemannschen Fläche erstreckte Gerade jedenfalls in eine Kurve dritter Ordnung über, wie man ohne weiteres durch Trennung von Realteil und Imaginärteil sieht. Durch jeden endlichen Verzweigungspunkt geht aber unsere Gerade zweimal hindurch. Ein solcher Verzweigungspunkt geht daher in einem Doppelpunkt der Kurve dritter Ordnung über. Diese müßte zwei endliche Doppelpunkte haben. Da ihre Verbindungslinie in mindestens vier Punkten schneidet, so gehört diese ganz der Kurve an. Sie zerfällt in eben diese Gerade und einen Kegelschnitt, in dem man eine Hyperbel erkennt. Nur in dem besonderen Fall, daß die beiden endlichen Verzweigungsstellen zusammenfallen, zerfällt diese selbst wieder in zwei Gerade. Das entspricht der ganzen rationalen Funktion $w = z^3$. In allen anderen Fällen bekommen wir eine Riemannsche Fläche gleicher Bauart wie die in diesen Paragraphen betrachtete, mit nur an anderen Stellen gelegenen endlichen Verzweigungspunkten.

Das eben dargelegte Verfahren bedarf nur gewisser Abänderungen, um es auf beliebige a l g e b r a i s c h e F u n k t i o n e n anwenden zu können. Das sind Funktionen, die man durch Auflösen einer algebraischen Gleichung $f(z, w) = 0$ zwischen z und w gewinnt. Das Neue liegt jetzt darin, daß wir zwei Riemannsche Flächen betrachten müssen, eine für die Funktion $w = w(z)$ über der z-Ebene, und eine für die Funktion $z = z(w)$ über der w-Ebene. Die erstere war in unseren bisherigen einfachen Sonderfällen rationaler Funktionen mit der schlichten z-Ebene identisch. Denn $w(z)$ war eindeutig. Aber wie in unseren Sonderfällen erscheinen dann die beiden Riemannschen Flächen durch die beiden Funktionen $w(z)$ und $z(w)$ umkehrbar eindeutig und konform aufeinander abgebildet. So wird z. B. durch $w^n = z^m$ (n, m teilerfremde ganze Zahlen) eine bei 0 und ∞ verzweigte m-blättrige Fläche über der w-Ebene auf eine bei 0 und ∞ verzweigte n-blättrige über der z-Ebene abgebildet.

Ein Beispiel mag diesen Paragraphen beschließen. Die Riemannsche Fläche der Funktion

$$w = \sqrt{(z-a)(z-b)(z-c)(z-d)}$$

hat ihre Verzweigungspunkte bei $z = a, b, c, d$; denn z. B. bei $z = a$ läßt sich w nicht nach ganzen Potenzen von $z - a$ entwickeln. Die Fläche ist zweiblättrig über der z-Ebene ausgebreitet. Wir erhalten sie, wenn wir die beiden Blätter längs zwei Kurvenstücken aneinander heften, die je zwei Verzweigungspunkte verbinden, etwa a und b das eine, c und d das andere, ohne jedoch die übrigen Verzweigungspunkte zu treffen. Sie wird durch $w = w(z)$ auf eine vierblättrige Riemannsche Fläche über der w-Ebene abgebildet. Es ist nicht möglich, sie durch eine andere passend gewählte Funktion auf eine schlichte Ebene umkehrbar eindeutig abzubilden, solange die a, b, c, d alle voneinander verschieden sind. Denn wenn wir in einem Blatt eine Kurve ziehen, die in ihrer Projektion auf die z-Ebene a und b umschlingt, c, d dagegen ausschließt, so zerlegt diese Kurve die Fläche nicht in zwei Teile. Denn man kann durch einen passend gewählten Linienzug die beiden Seiten dieser Kurve miteinander verbinden, ohne die Kurve dabei zu überschreiten (vgl. Zeichnung 12). Wäre nun die Fläche auf die z-Ebene umkehrbar eindeutig abbildbar, so müßte es auch in der z-Ebene geschlossene Kurven geben, welche die Ebene nicht zerlegen. Daß dem nicht so ist, entnehmen wir hier einfach der Anschauung. Wir wollen ja den Leser nur beiläufig auf einen Umstand aufmerksam machen, der für manche tiefergreifenden Fragen

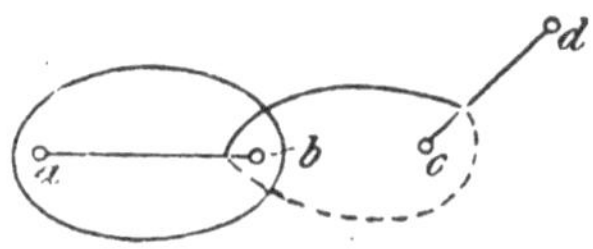

Zeichnung 12

der Funktionentheorie, z. B. die der Uniformisierung, die wir noch öfter streifen werden, von entscheidender Bedeutung ist. Denn bei diesem Problem handelt es sich ja gerade, wie wir schon Seite 44 sahen, um die konforme Abbildung der Riemannschen Fläche auf ein schlichtes Ebenenstück. Hier ahnen wir nun, daß das nicht immer durch umkehrbar eindeutige Abbildung möglich sein wird, wie das bei den Riemannschen Flächen der Fall war, auf die wir bei Betrachtung der rationalen Funktion $w = f(z)$ und ihrer Umkehrungsfunktion $z = \varphi(w)$ geführt wurden. Diese waren ja schon nach ihrer ganzen Herleitung durch die Funktion $z = \varphi(w)$ auf die schlichte z-Ebene umkehrbar eindeutig abgebildet. Jede auf der Riemannschen Fläche eindeutige Funktion von w konnte hier als eindeutige Funktion von z aufgefaßt werden.

Dritter Abschnitt

Prinzip des Randes und Spiegelungsprinzip

§ 9. Beziehung zwischen der konformen Abbildung am Rande eines Bereiches und in seinem Innern

Schon mehrfach spielte in unsere Betrachtungen ein Satz hinein, dessen ausdrückliche Verwendung wir allerdings angesichts der Einfachheit unserer Beispiele nicht nötig hatten: Es sei ein schlichter, einfach zusammenhängender, ganz im Endlichen gelegener Bereich G der z-Ebene gegeben. Sein Rand bestehe aus einer einzigen geschlossenen doppelpunktfreien stetigen Kurve[1] $\mathfrak{C}$. In G sei $w = f(z)$ regulär. Außerdem sei $f(z)$ in der Vereinigungsmenge $G \cup \mathfrak{C}$ stetig. Durch $w = f(z)$ möge die Randkurve $\mathfrak{C}$ des Bereiches G umkehrbar eindeutig auf eine geschlossene doppelpunktfreie Kurve[1] $\mathfrak{C}'$ abgebildet werden. Dann

[1]) Umkehrbar eindeutiges stetiges Bild einer vollen Kreisperipherie: sogenannte geschlossene Jordankurve. Der Jordansche Kurvensatz sagt aus, daß eine solche Kurve die Ebene in zwei Gebiete zerlegt: das im Endlichen gelegene Innere und das ∞ enthaltende Äußere. Das umkehrbar eindeutige stetige Bild eines Kreisperipheriebogens heißt Jordanscher Kurvenbogen: doppelpunktfreier stetiger Kurvenbogen.

wird, wie ich behaupte, der Bereich G durch die Funktion $w = f(z)$ umkehrbar eindeutig auf einen endlichen schlichten, von $\mathfrak{C}'$ begrenzten Bereich abgebildet **(Prinzip des Randes).** Die Bedeutung dieses Satzes liegt darin, daß er es erlaubt, von der Schlichtheit der Abbildung am Rand eines Gebietes auf die Schlichtheit der Abbildung im Gebietsinneren zu schließen.

Der Einfachheit halber wollen wir es als bekannt ansehen, daß die Kurve $\mathfrak{C}'$ die w-Ebene in genau zwei Gebiete zerlegt, ein endliches, ihr Inneres, und ein unendliches, ihr Äußeres[1]). Dann ist sofort klar (Satz von der Gebietstreue), daß der Bildbereich G' mit einem dieser beiden Gebiete ein Gebiet gemeinsam haben muß und daß seine volle Grenze von der Kurve $\mathfrak{C}'$ geliefert wird. Dann kann er aber mit dem Außengebiet von $\mathfrak{C}'$ keinen Gebietsteil gemeinsam haben, weil sonst G', das unendlich nicht enthält, außerhalb von $\mathfrak{C}'$ noch Randpunkte haben müßte. Also hat jedenfalls G' mit dem Innengebiet von $\mathfrak{C}'$ einen Gebietsteil gemeinsam. Wieder schließt man leicht aus dem Satz von der Gebietstreue zusammen mit der vorausgesetzten Stetigkeit von $f(z)$ im abgeschlossenen Gebiet, daß G' das Innengebiet J von $\mathfrak{C}'$ völlig bedeckt. Weiter schließt man, daß G' jeden Punkt von J endlich oft bedeckt. Wäre nämlich $f(z_\nu) = w_0$ für unendlich viele $z_\nu \in G$ und ein $w_0 \in G'$, so wäre für jeden Häufungspunkt z_∞ der z_ν ebenfalls $f(z_\infty) = w_0$. Es ist aber z_∞ ein innerer Punkt von G, weil sonst w_0 nicht in G', sondern auf $\mathfrak{C}$ läge. Da aber $f(z)$ bei z_∞ holomorph ist, so müßte bekanntlich $f(z)$ konstant sein. Weiß man, daß G' jeden Punkt von J endlich oft bedeckt, so schließt man wieder aus dem Satz von der Gebietstreue, daß alle Punkte von J gleich oft bedeckt werden. Diese Bedeckungszahl sei n. Man ziehe in J eine Jordankurve Γ, die zwei Randpunkte von J verbindet und über der kein Verzweigungspunkt von G' liegen möge. Über Γ liegen auf G' genau n Kurven, die außer ihren Endpunkten auf $\mathfrak{C}'$ keinen Punkt gemein haben. Ihnen entsprechen n in G punktfremde Kurven, die zwei Punkte von $\mathfrak{C}$ verbinden.

[1]) Das bedeutet: $\mathfrak{C}'$ enthält selbst kein Gebiet. Die Komplementärmenge von $\mathfrak{C}'$ besteht aus zwei Gebieten.

Für $n \geqq 2$ begrenzen mindestens einmal zwei derselben einen Teilbereich T von G, der mit $\mathfrak{C}$ nur zwei Randpunkte gemein hat. Bei der Abbildung durch $f(z)$ muß aus T ein Bereich T' werden, der von zwei auf G' übereinanderliegenden Kurven begrenzt ist und der mit $\mathfrak{C}'$ nur zwei Randpunkte gemein hat. Man überzeugt sich leicht, daß es solche Bereiche T' nicht gibt. Daher ist $n = 1$, und das Prinzip des Randes ist bewiesen. Der Satz kann auf den Fall ausgedehnt werden, daß die eine oder die andere der Kurven $\mathfrak{C}$, $\mathfrak{C}'$ den unendlich fernen Punkt enthält, wofern nur die Funktion $f(z)$ im Bereich selbst keinen Pol besitzt. Diese letztere Voraussetzung ist allerdings wesentlich für das Bestehen des Satzes. Dafür werden wir bald Beispiele kennenlernen, z. B. in § 12, wo wir die Funktion $w = z + \frac{1}{z}$ betrachten werden.

§ 10. Das Schwarzsche Spiegelungsprinzip

Ein zweiter, nicht minder wichtiger Satz, den wir oft zu verwenden haben werden, ist das Schwarzsche Spiegelungsprinzip. Es erlaubt, unter gewissen Voraussetzungen unmittelbar aus dem Verhalten der Abbildung in einem Gebiet auf das Verhalten derselben Abbildung in einem anderen Gebiet zu schließen. Der einfachste Fall ist der, daß bei der konformen Abbildung eines Gebietes ein Stück einer Geraden wieder in ein Stück einer Geraden übergeht, während auf der Geraden selbst die Abbildung regulär ist. Wir wollen zunächst beide Geraden als Stücke der reellen Achse annehmen. Dann ist klar, daß zur reellen Achse spiegelbildliche Punkte bei der Abbildung wieder in zur reellen Achse spiegelbildliche Punkte übergehen. Denn sei a ein Punkt der reellen Achse, der einer Strecke angehört, auf der $w = f(z) = \mathfrak{P}(z - a)$ reelle Werte annimmt, so sind die Koeffizienten von $\mathfrak{P}(z - a)$ reell, denn das sind bis auf reelle Faktoren die Ableitungen von $f(z)$ bei $z = a$. Sie sind reell, wie $f(z)$ selbst. Dann nimmt aber $f(z)$ für konjugiert komplexe Werte von z konjugiert komplexe Werte an. Das gilt zunächst für Punkte im Inneren des Konvergenzkreises der Potenzreihe. Durch analytische Fortsetzung auf zur reellen Achse symmetrischen Wegen erhält man aber dann wieder Potenzreihen mit konjugiert komplexen Koeffizienten, so daß unser Satz für jedes Gebiet gilt, in das wir überhaupt von der ersten Entwicklung bei $z = a$ aus unsere Funktion analytisch fortsetzen können. Jetzt können wir sofort den entsprechenden Satz für den Fall beweisen, daß bei der Abbildung ein Stück irgendeiner Geraden G_z in ein Stück irgendeiner anderen Geraden G_w übergeht. Denn dann gibt es sicher lineare Funktionen (Bewegungen) $z = \alpha z_1 + \beta$ und $w = a w_1 + b$ derart, daß reellen Werten von z_1 oder w_1 Punkte jener beiden Geraden entsprechen. Zur reellen z_1-Achse symmetrischen Punkten entsprechen dann durch diese Hilfsfunktionen symmetrische Punkte zu jenen Geraden. Zwischen w und z bestehe nun die Beziehung $w = f(z)$. Dann haben wir für z_1 und w_1 die Gleichung $w_1 = \frac{f(\alpha z_1 + \beta) - b}{a}$. Hier entsprechen sich bei der Abbildung zwei Stücke der reellen Achse. Daher entsprechen nunmehr auch konjugiert komplexen z_1-Werten konjugiert komplexe w_1-Werte. Haben wir also $w_1 = \frac{f(\alpha z_1 + \beta) - b}{a}$, so gilt auch $\bar{w}_1 = \frac{f(\alpha \bar{z}_1 + \beta) - b}{a}$. Schreiben wir nun wieder $z = \alpha z_1 + \beta$, $w = a w_1 + b$, so folgt, daß bei der Abbildung zur Geraden G_z spiegelbildliche Punkte in zur Geraden G_w spiegelbildliche übergehen. Bei Bewegungen gehen doch Punkte, die zu einer Geraden spiegelbildlich sind, in Punkte über, die zur Bildgeraden spiegelbildlich sind.

Mit Überlegungen analog denen, durch die wir eben unseren Satz auf den Fall verallgemeinerten, daß bei der Abbildung irgend zwei geradlinige Stücke einander entsprechen, können wir ihn auch für den noch allgemeineren beweisen, daß bei der Abbildung irgend zwei Kreisbogen einander entsprechen. Dazu erinnern wir uns daran, daß wir unter Spiegelung an einem Kreis die Abbildung durch reziproke Radien verstanden (Seite 16) und daß wir oben sahen, daß bei der linearen Abbildung einer Geraden auf einen Kreis Spiegelbilder an beiden Kurven einander entsprechen (Seite 30).

Wir kommen so zu dem folgenden allgemeinen Satz (**Schwarzsches Spiegelungsprinzip**):

Wenn $w = f(z)$ auf dem Kreisbogen k der z-Ebene analytisch ist und Werte annimmt, die auf einem Kreisbogen K der w-Ebene liegen, so nimmt w in Punkten, die zu k spiegelbildlich liegen, Werte an, die zu K spiegelbildlich liegen.

Von der Voraussetzung, daß $f(z)$ auf dem Kreisbogen k analytisch ist, kann man sich frei machen. Es genügt anzunehmen, daß im Inneren eines Gebietes, an dessen Grenze der Bogen k teil hat, $f(z)$ analytisch ist und daß es in dem durch Hinzunahme der Punkte von k erweiterten Bereiche stetig ist. Das analytische Verhalten von $f(z)$ auf k ist eine Folge dieser Annahme. Wegen des schon herangezogenen Satzes von S. 30 genügt es, die Behauptung für den Fall zu beweisen, daß k ein Stück der reellen Achse ist, daß $f(z)$ auf k reelle Werte annimmt und daß es im Inneren und auf dem krummen Rande eines Halbkreises, dessen Mittelpunkt auf k liegt, analytisch und in dem durch Hinzunahme der Punkte von k erweiterten Bereich noch stetig ist. Der Beweis beruht dann darauf, daß man $f(z)$ für z-Werte aus dem Inneren des Halbkreises durch die über den Rand des Halbkreises erstreckte Cauchysche Integralformel darstellen kann. Dies folgt durch Grenzübergang, indem man erst k durch eine benachbarte parallele Sehne ersetzt. Erklären wir dann in dem Spiegelbild, das man aus dem Halbkreis durch Spiegelung an k erhält, eine analytische Funktion $f(z)$ durch die Festsetzung $f_1(z) = \overline{f(\bar{z})}$, so stimmt $f_1(z)$ auf k mit $f(z)$ überein. Integriert man nun über den neuen Halbkreis im positiven Sinn und wählt z aus seinem Inneren, so kommt wieder

$$f_1(z) = \frac{1}{2\pi i}\int \frac{f_1(\zeta)}{\zeta - z}\,d\zeta.$$

Wählt man in dieser Formel z außerhalb des neuen Halbkreises, also z. B. im Inneren des alten, so kommt nach dem Cauchyschen Integralsatz links Null heraus. Entsprechendes gilt für den alten Halbkreis, wenn man in der über den alten Halbkreis erstreckten Integralformel

$$\frac{1}{2\pi i}\int\frac{f(\zeta)}{\zeta - z}\,d\zeta$$

z aus dem Inneren des neuen wählt. Addiert man beide Darstellungen, so erhält man

$$\frac{1}{2\pi i}\int\frac{f(\zeta)}{\zeta - z}\,d\zeta + \frac{1}{2\pi i}\int\frac{f_1(\zeta)}{\zeta - z}\,d\zeta.$$

Dabei ist das erste Integral über den alten, das zweite über den neuen Halbkreis im positiven Sinn zu erstrecken. Die Integralsumme stellt $f(z)$ dar, wenn z im alten Halbkreis liegt und stellt $f_1(z)$ dar, wenn z im neuen Halbkreis liegt. Da aber auf k, wie wir wissen, $f_1(z) = f(z)$ gilt und da in beiden Integralen über k in verschiedenem Sinn integriert wird, so kann man die Integralsumme als Integral über den Rand eines Vollkreises schreiben. Sie stellt aber dann eine in seinem vollen Inneren reguläre Funktion dar, die im alten Halbkreis mit $f(z)$, in neuem mit $f_1(z)$ und daher wegen Stetigkeit auf k mit beiden übereinstimmt. Also ist $f(z)$ auf k doch analytisch

Vierter Abschnitt

Weitere Abbildungen durch gegebene Funktionen

§ 11. Über einige durch die Funktion $w = z^2$ vermittelte Abbildungen

Wie wir schon im Paragraphen 7 gesehen haben, bildet die Funktion $w = z^2$ die z-Ebene auf eine zweiblättrige, bei 0 und ∞ verzweigte Riemannsche Fläche über der w-Ebene ab. Um nun etwas genauer in den Verlauf der Abbildung einzudringen, wollen wir Realteil und Imaginärteil trennen. Das ist eine Methode, die man auch beim Studium anderer Funktionen mit Erfolg verwenden kann. Setzen wir $w = u + iv$ und $z = x + iy$, so haben wir: $u = x^2 - y^2$, $v = 2xy$.

Den Geraden $u =$ const. entsprechen die gleichseitigen Hyperbeln $c = x^2 - y^2$, den Geraden $v =$ const. die dazu orthogonalen gleichseitigen Hyperbeln $c = 2xy$. Die beiden Äste einer Hyperbel entsprechen dabei den beiden Geraden, die in den beiden Blättern der Riemannschen Fläche übereinander liegen. Denn der Verzweigungspunkt $w = \infty$ trennt diese beiden Geraden voneinander, so wie $z = \infty$ die beiden Äste trennt. Die beiden Geraden unterscheiden sich nur durch das Vorzeichen von z, während ein gleichzeitiger Vorzeichenwechsel von x und y die beiden Variablen u und v ungeändert läßt. In der Zeichnung 13 bringen wir die Hyperbeln $u = c$ für positives und negatives c zur Anschauung. Ein von einem solchen Hyperbelast begrenztes Gebiet der z-Ebene, welches $z = 0$ nicht enthält, wird durch die Funktion $w = z^2$ auf eine von einer Geraden begrenzte Halbebene abgebildet, die dadurch bestimmt ist, daß sie $w = 0$ nicht enthält. Diese Abbildung ist für die genannten Gebiete umkehrbar eindeutig und winkeltreu. Der vom anderen Hyperbelast begrenzte Bereich wird auf dieselbe Halbebene abgebildet (anderes Blatt der Riemannschen Fläche). Wir haben damit gelernt, das Innere einer gleichseitigen Hyperbel auf eine Halbebene abzubilden, und da wir Halbebenen bereits auf das Innere von Kreisen abbilden können, so sind wir auch imstande, das Innere einer **gleichseitigen Hyperbel** konform auf das Innere eines Kreises abzubilden.

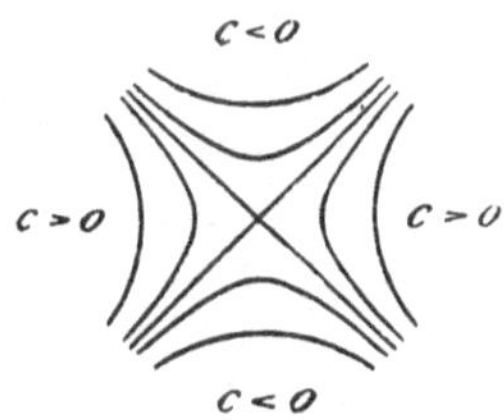

Zeichnung 13

Man kann die Gleichungen $u = x^2 - y^2$, $v = 2xy$, die die Abbildung $w = z^2$ zum Ausdruck bringen, auch benutzen, um die Bilder der Geraden $x =$ const., $y =$ const. aufzusuchen. Aus $x = c$ folgt $y = \frac{v}{2c}$, also $u = c^2 - \frac{v^2}{4c^2}$ oder $v^2 = 4c^2(c^2 - u)$. Das ist aber die Gleichung einer Parabel, die $v = 0$ zur Achse hat, nach der Seite $u < 0$ offen ist, und deren Brennpunkt bei $u = 0$, $v = 0$ liegt. Aus den Geraden $y = c$ werden die Parabeln $v^2 = 4c^2(u + c^2)$. Sie haben gleichfalls die Gerade $v = 0$ als Achse, sind nach $u > 0$ offen und haben ebenfalls den Brennpunkt $u = 0$, $v = 0$.

Das Äußere einer solchen **Parabel** der w-Ebene (in der Zeichnung 14 schraffiert) wird durch die Funktion $w = z^2$ konform auf eine $z = 0$ nicht enthaltende Halbebene abgebildet, während die Abbildung des Innern bei $z = 0$ eine Unterbrechung der Winkeltreue erfährt. Betrachten wir daher nur die obere Hälfte des Parabelinneren, d. h. soweit sie im Gebiet der positiven v liegt, also das Gebiet der Zeich-

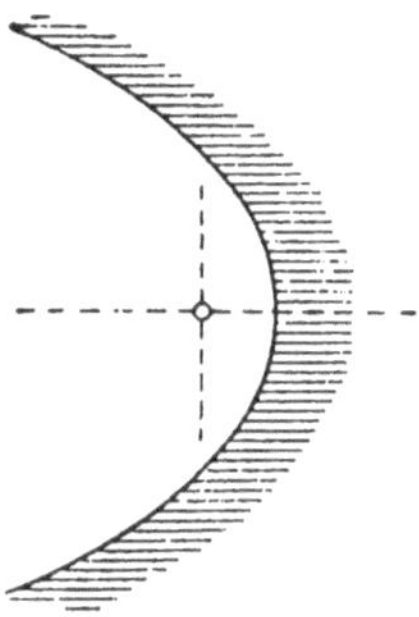

Zeichnung 14

Zeichnung 15

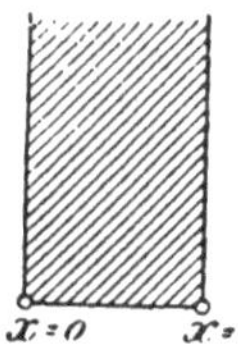

Zeichnung 16

nung 15. Aus der reellen Achse $u < 0$ wird die positive und die negative imaginäre z-Achse; wir wählen den Zweig der Funktion, der die positive imaginäre Achse liefert. Durchlaufen wir dann $u < 0$ von Null nach Unendlich, so durchläuft ein Punkt des Bildbereiches die positive imaginäre Achse von Null nach Unendlich. Der Bildbereich der Parabelhälfte muß daher auf der rechten Seite ($x > 0$) der imaginären Achse liegen. Aus dem Stück der positiven reellen Achse von $w = 0$ bis zum Parabelscheitel bei $w = c^2$ wird daher ein Stück der positiven reellen Achse von $z = 0$ bis $z = |c|$. Aus dem Parabelbogen selbst wird aber die obere Hälfte ($y > 0$) der Geraden $x = |c|$. Die Parabelhälfte erscheint somit auf den in der Zeichnung 16 schraffierten Halbstreifen abgebildet.

Was wird nun bei der Abbildung aus der anderen Hälfte des Parabelinneren? Da die Gerade $v = 0$, $u < 0$ bei der Abbildung in die imaginäre Achse der z-Ebene übergeht und da die Parabel zu dieser Geraden ($v = 0$, $u < 0$) symmetrisch ist, so erhalten wir nach dem Spiegelungsprinzip das Bild der anderen Parabelhälfte, in dem wir den Halbstreifen an dem ihn begrenzenden Teil der imaginären Achse spiegeln. Die ganze Parabel erscheint so auf einen Doppelhalbstreifen abgebildet, der oberhalb der reellen Achse liegt und der von $x = -|c|$ bis $x = +|c|$ reicht. Die senkrechten Begrenzungsgeraden entsprechen dabei der Parabelkurve; das Stück der reellen w-Achse von $w = 0$ bis $w = c^2$ entspricht der Strecke von $x = -|c|$ bis $x = +|c|$. Vom Scheitel bis zum Brennpunkt muß man sich die Parabel aufgeschnitten denken, wenn man nur einen Zweig der Funktion $z = \sqrt{w}$ in Betracht ziehen will. Statt des eben benutzten können wir aber auch den anderen heranziehen. Dann würde die, wie angegeben, aufgeschnittene Parabel auf das Spiegelbild unseres Doppelhalbstreifens unterhalb der reellen Achse abgebildet erscheinen. Schließlich kann man wieder von der Abbildung der Parabelhälfte auf Zeichnung 16 ausgehen und beachten, daß das geradlinige Stück von $w = 0$ bis $w = c^2$ in ein Stück ($0 < x < |c|$) der reellen Achse übergeht. Dann würde man wie vorhin erkennen, daß die gesamte, längs $u < 0$ aufgeschnittene Parabel durch den einen Zweig von $\sqrt{w}$ auf den Streifen $0 < x < |c|$, durch den anderen Zweig von $\sqrt{w}$ auf den Streifen $-|c| < x < 0$ abgebildet wird. Diese Betrachtung wird in § 15 Nr. 10 fortgesetzt.

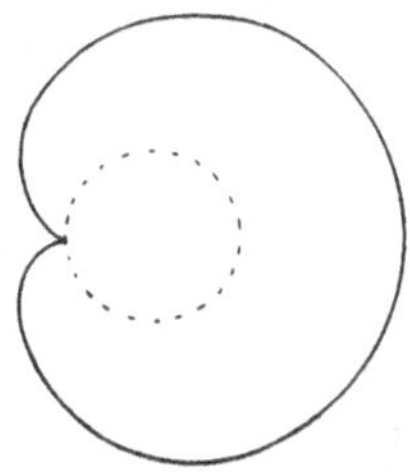

Zeichnung 17

Der Kreis $(x - r)^2 + y^2 = r^2, r > 0$ wird durch $w = z^2$ auf $(u^2 + v^2)^2 - 4r^2 u(u^2 + v^2) - 4r^4 v^2 = 0$ abgebildet (Kardioide). Sie ist Epizykloide des in Zeichnung 17 punktierten Kreises vom Radius r^2, wenn man auf diesem einen Kreis vom gleichen Radius rollen läßt. Bei unserer Abbildung geht das

Innere des Kreises $|z| < r$ umkehrbar eindeutig in das Innere der Kardioide über. Endlich sei noch bemerkt, daß die Parabel $4r^4y^2 + 4r^2x - 1 = 0$ durch $w = 1/z$ auf die Kardioide abgebildet wird, Parabeläußeres auf Kardioideninneres.

§ 12. $w = z + \frac{1}{z}$.

Zu jedem Wert w gehören zwei Werte z. Also wird die z-Ebene auf eine zweiblättrige Riemannsche Fläche über der w-Ebene abgebildet. Sie hat ihre Verzweigungspunkte bei $w = \pm 2$. Ihnen entsprechen die Punkte $z = \pm 1$.

Um etwas mehr ins einzelne einzudringen, empfiehlt es sich, $w = u + iv$, $z = \varrho e^{i\varphi}$ zu setzen und dann Reelles und Imaginäres zu trennen. Dann bekommen wir: $u = \left(r + \frac{1}{r}\right)\cos\varphi$, $v = \left(r - \frac{1}{r}\right)\sin\varphi$. Aus den Kreisen $r = \text{const.}$ der z-Ebene werden Ellipsen mit den Halbachsen $r + \frac{1}{r}$, $\left|r - \frac{1}{r}\right|$. Jeweils zwei Kreise mit den Radien $r \neq 1$ und $\frac{1}{r}$ liefern dieselbe Ellipse, den beiden Blättern der Riemannschen Fläche entsprechend. Dem Kreise $r = 1$ indessen entspricht das geradlinige Stück von $w = -2$ bis $w = +2$, also die Verbindungsstrecke der Brennpunkte der Ellipsen.

Aus den Geraden $\varphi = \text{const.}$ werden Hyperbeln $\frac{u^2}{\cos^2\varphi} - \frac{v^2}{\sin^2\varphi} = 4$. Ihre Halbachsen sind $2|\cos\varphi|$, $2|\sin\varphi|$. Die Brennpunkte sind wieder die beiden Punkte $w = -2$ und $w = +2$. Den Halbgeraden $\varphi = 0$ und $\varphi = \pi$ entspricht das Stück der reellen Achse von $w = +2$ über ∞ nach $w = -2$. Jedes andere Paar von Halbgeraden $\varphi = a$ und $\varphi = -a$ liefert die beiden Äste derselben Hyperbel. In unserem Kegelschnittsystem haben wir ein System konfokaler Kegelschnitte vor uns.

Die Inverse unserer Funktion bildet das verzweigungspunktfreie, von zwei Ästen ein und derselben Hyperbel begrenzte Gebiet auf ein Gebiet ab, das von zwei 0 mit ∞ verbindenden Halbgeraden begrenzt ist. Die Halbgeraden sind durch $\varphi = \alpha$ und $\varphi = \pi - \alpha$ gegeben. Das von zwei Ästen zweier verschiedenen Hyperbeln begrenzte Gebiet auf der Riemannschen Fläche wird auf ein von zwei Halbgeraden begrenztes, von Null nach unendlich reichendes Zweieck abgebildet. Ebenso leicht ist die Abbildung des Äußeren einer unserer Ellipsen zu übersehen. Das ist ein verzweigungspunktfreies Gebiet, das bei der Abbildung je nach dem Blatt, dem es angehört, in das Innere oder das Äußere eines Kreises übergeht. Als wichtigen Sonderfall erwähnen wir die Abbildung der vollen, von $w = -2$ nach $w = +2$ längs der reellen Achse aufgeschnittenen w-Ebene auf das Innere oder Äußere des Kreises $|z| = 1$.

Zeichnung 18

Untersuchen wir aber die Abbildung des Inneren unserer Kegelschnitte, so führt die Betrachtung unserer Funktion nicht zu einem gleich vollkommenen Ziel. Gerade wie im vorigen Paragraphen treten da wieder die Verzweigungspunkte der Riemannschen Fläche hindernd in den Weg. Wir wollen daher zunächst die oberhalb der reellen Achse gelegenen Hälften unserer Kegelschnitte betrachten. Nehmen wir eine Ellipse vor. Eine **Ellipsenhälfte** (Zeichnung 18) wird auf ein Kreisbogenviereck abgebildet. Zwei Halbkreise oberhalb der reellen z-Achse gehören seiner Begrenzung an, nämlich vor allem der Einheitskreis als Bild des Stückes der reellen w-Achse zwischen -2 und $+2$, ferner ein Halbkreis eines damit konzentrischen Kreises, der je nach dem Blatt der Riemannschen Fläche, in der wir uns die Ellipse denken, oder je nach dem Zweige der Funktion, den wir zur Abbildung benutzen wollen, einen größeren oder einen kleineren Halbmesser als der Einheitskreis besitzt. Die beide Halbkreise verbindenden Stücke der reellen Achse machen die Begrenzung vollständig (s. Zeichnung 18, 19; entsprechende Punkte sind mit gleichen Buchstaben bezeichnet). Halbachsen der Ellipse $r + \frac{1}{r}$, $\left| r - \frac{1}{r} \right|$. Radien der Kreise 1, r.

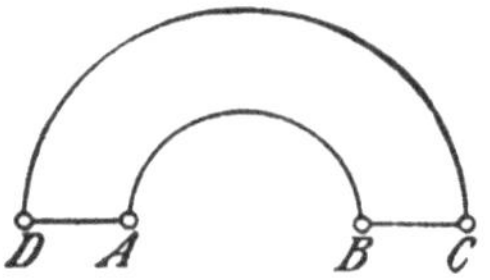

Zeichnung 19

Ähnlich steht es bei der **Hyperbel.** Ihre obere Hälfte wird auf ein Kreisbogendreieck abgebildet, das von einem Stück der reellen Achse, einem Stück einer anderen nach $z = 0$ hinzielenden Geraden und endlich einem Bogen des Einheitskreises begrenzt ist (siehe Zeichnung 20, 21).

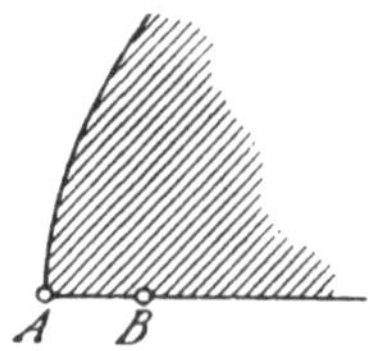

Zeichnung 20

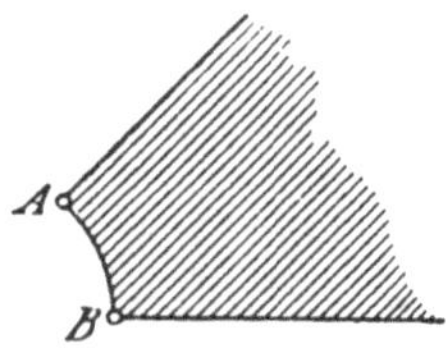

Zeichnung 21

Um in beiden Fällen die anderen Hälften der Bildbereiche zu erhalten, spiegeln wir nach § 10 am Einheitskreis der Zeichnung 19 sowie an der Strecke AB der reellen Achse von Zeichnung 18 und erhalten als Bild der von den Brennpunkten nach den Scheiteln aufgeschnittenen Ellipse das in der Zeichnung 23 zur Darstellung gebrachte Kreisbogenviereck (in Zeichnung 22, 23 tragen zusammengehörige Punkte gleiche Bezeichnung).

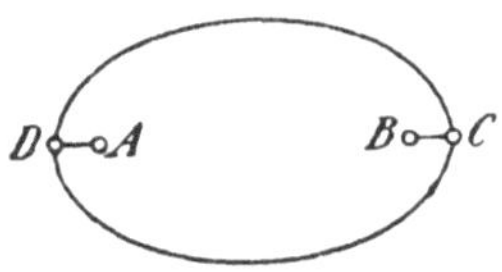

Zeichnung 22

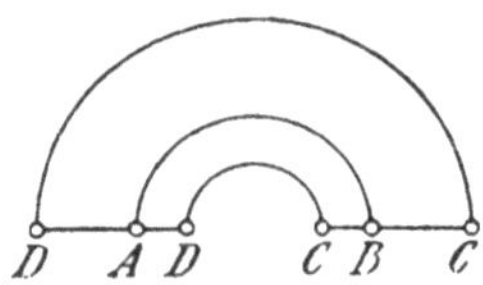

Zeichnung 23

Wir können aber auch an den beiden Stücken AD und BC der reellen Achse spiegeln und erhalten als Bild der zwischen den beiden Brennpunkten geradlinig aufgeschnittenen Ellipse einen Kreisring (Zeichnungen 24, 25).

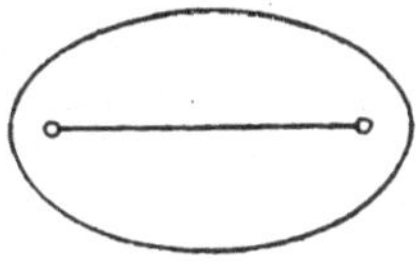

Zeichnung 24

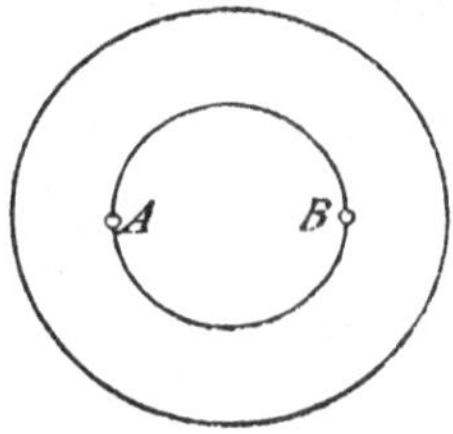

Zeichnung 25

Ähnlich können wir bei der Hyperbel verfahren und erhalten so die beiden Zeichnungspaare (26, 27, 28, 29).

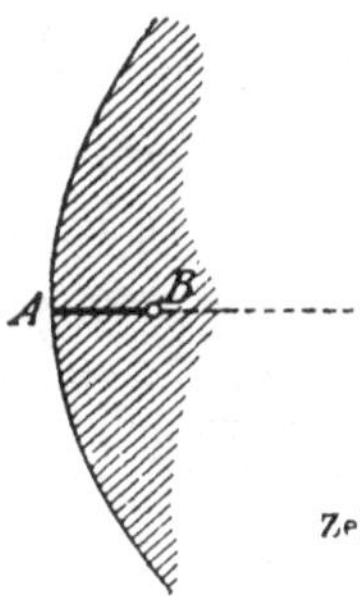

Zeichnung 26

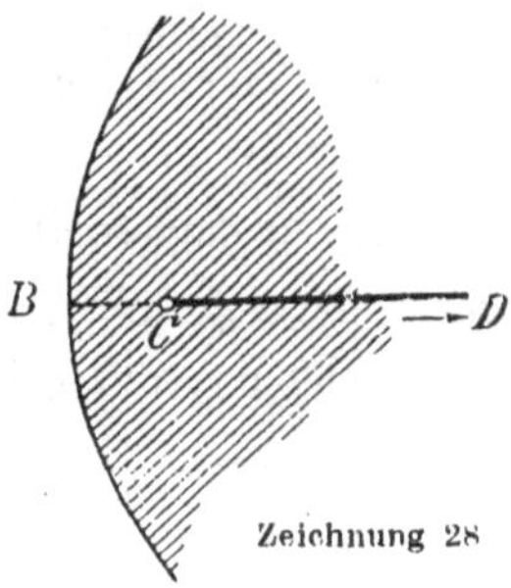

Zeichnung 28

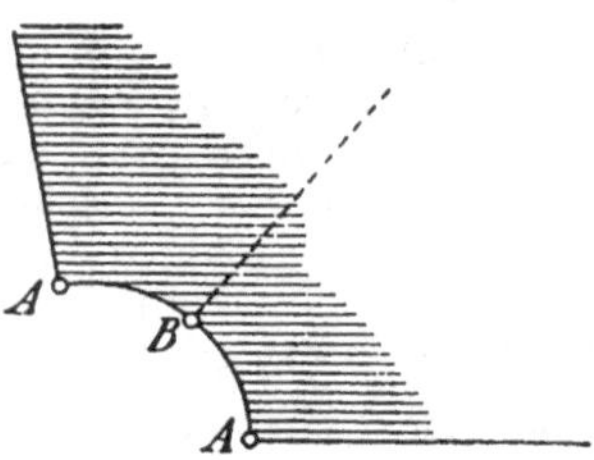

Zeichnung 27

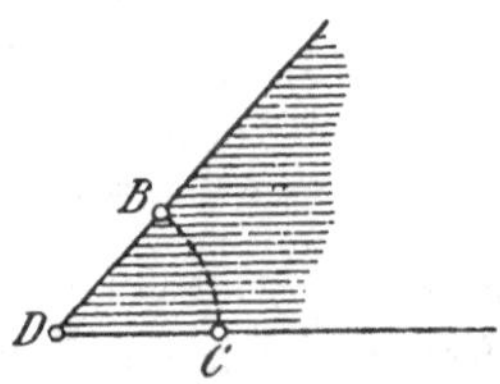

Zeichnung 29

Die Funktion $y = z^{\frac{\pi}{\delta}}$ wird den Bereich der Zeichnung 29 in eine Halbebene überführen, wenn wir mit δ den Winkel des Zweiecks am Punkte D bezeichnen.

Wir betrachten nun noch das durch $w = z + 1/z$ vermittelte Bild eines durch $z = -1$ gelegten Kreises K. Bei $z = 1$ und bei $z = -1$ hört die Abbildung auf, winkeltreu zu sein. Es wird daher auch darauf ankommen, ob $z = 1$ innerhalb, außerhalb oder auf dem Kreis liegt. Wir können an die Abbildung des Kreises durch $w_1 = \mathfrak{z}^2$ anknüpfen. Setzen wir nämlich $\mathfrak{z} = \frac{z+1}{z-1}$, so ist $w = 2\frac{w_1+1}{w_1-1}$. Man erhält daher die Bildkurve des Kreises der z-Ebene, indem man die Kardioide der Zeichnung 17 in der w_1-Ebene nimmt und auf sie die Abbildung $w = 2\frac{w_1+1}{w_1-1}$ anwendet. Man kann auch die Gestalt der Bildkurve des Kreises der z-Ebene unmittelbar gewinnen, wenn man z den abzubildenden Kreis K umlaufen läßt und dann die Vektoren z und $\frac{1}{z}$ addiert. Das Ergebnis ist in Zeichnung 30 dargestellt. K' ist dort der Kreis, in den K durch $\frac{1}{z}$ übergeht. E ist der Einheitskreis. Die Zeichnung 30 bezieht sich auf den Fall, daß K den Punkt $z = 1$ ausschließt. Dann wird das Innere der in Zeichnung 30 angegebenen Kurve das schlichte Abbild des Inneren von K. Enthält K den Punkt $z = 1$, so wird das Äußere von K auf das Äußere einer solchen Kurve schlicht abgebildet. Denn durch $\mathfrak{z} = \frac{z+1}{z-1}$ geht dann das Äußere von K in das Innere eines Kreises durch $z = 0$ über, welcher seinerseits den Punkt $z = +1$ als Bild von $z = \infty$ enthält. Durch $w_1 = \mathfrak{z}^2$ geht das In-

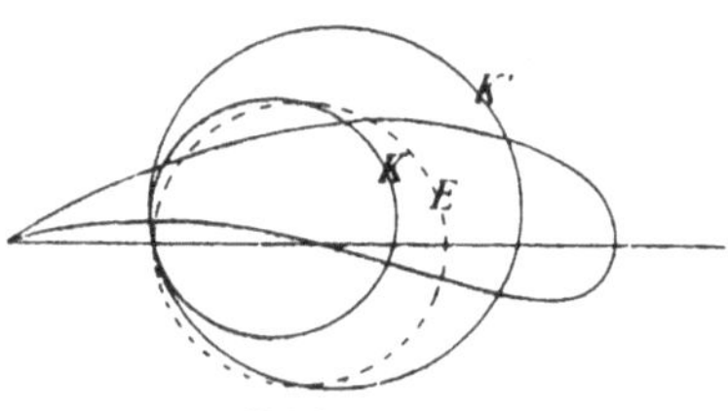

Zeichnung 30

nere dieses Kreises in das Innere einer $w_1 = 1$ enthaltenden Kardioide über. Da $w = 2\frac{w_1+1}{w_1-1}$ den Punkt $w_1 = 1$ nach $w = \infty$ bringt und da die Gestalt des Bildes der Peripherie von K in Zeichnung 30 schon feststeht, so kommt tatsächlich das Äußere der Kurve von Zeichnung 30 als Bild des Äußeren von K heraus.

Die Kurve der Zeichnung 30 spielt in der Strömungslehre unter dem Namen Schukowskisches Profil eine Rolle. Es ist eine der möglichen Formen für den Querschnitt der Tragfläche eines Flugzeuges. Durch die angegebene Abbildung des Profiläußeren auf ein Kreisäußeres wird die Frage nach den Strömungen eines inkompressiblen Mediums um das Profil auf die Frage nach den Strömungen um ein kreisförmiges Profil zurückgeführt. Denn die in Betracht kommenden Strömungen werden durch Potentialfunktionen dargestellt, die bekanntlich durch konforme Abbildung wieder in Potentialfunktionen übergehen. Potentialfunktionen sind nämlich Realteile analytischer Funktionen. Siehe auch § 20.

§ 13. Die Exponentialfunktion und die trigonometrischen Funktionen

Die Funktion $w = e^{iz}$ ist eine periodische Funktion von der Periode 2π, denn es ist $e^{iz+2i\pi} = e^{iz}$. Sie nimmt also alle Werte, deren sie fähig ist, schon in einem Teile der Ebene an, nämlich in dem Streifen zwischen den Geraden $x = 0$ und $x = 2\pi$ der $z = x + iy$-Ebene. Um die Abbildung dieses Streifens auf die w-Ebene besser zu übersehen, setzen wir $w = re^{i\varphi}$, $z = x + iy$ und haben dann $r = e^{-y}$, $\varphi = x$. Aus den Geraden $x = \text{const.}$ werden so die Halbgeraden $\varphi = \text{const.}$ der w-Ebene. Aus den Geraden $y = \text{const.}$ die Kreise $r = \text{const.}$ der w-Ebene. So wird die ganze w-Ebene gerade einmal vom Bildbereich dieses Streifens bedeckt. Aus den Begrenzungsgeraden des Streifens wird die doppelt zählende positive reelle Achse. Denken wir uns dann die ganze z-Ebene in kongruente Streifen von der Breite 2π zerlegt, die sich neben den eben betrachteten lagern, so liefert die Abbildung eines jeden derselben wieder ein volles Exemplar der w-Ebene. So erscheint als Bild der gesamten z-Ebene eine unendlich vielblättrige Riemannsche Fläche, die ihre Verzweigungspunkte bei 0 und ∞ hat. Diese Riemannsche Fläche wird durch die Funktion $z = -i \log w$ auf die schlichte z-Ebene abgebildet. Jede auf der Riemannschen Fläche eindeutige Funktion, d. h. jede nur bei 0 und ∞, dort aber irgendwie verzweigte Funktion von w kann also, wie wir im Hinblick auf die Erörterungen eines späteren Paragraphen anmerken wollen, als eine eindeutige Funktion von z aufgefaßt werden. Wir können insbesondere die eben besprochene Abbildung auf das Kreisbogenviereck (Zeichnung 23) anwenden, auf das wir im vorigen Paragraphen das aufgeschnittene Innere einer Ellipse abbildeten. Wir denken es in der $w = e^{iz}$-Ebene gelegen und bilden es mit der Funktion $z = -i \log w$ auf die z-Ebene ab. Dann wird daraus ein Rechteck; aus der Begrenzungsgeraden, die der positiven reellen Achse angehört, wird ein Stück, sagen wir, der Geraden $x = 2\pi$, aus den beiden Kreisbogen werden Geradenstücke $y = 0$ und $y = \log\left(\frac{1}{r}\right)$ (da 1 und r die Radien jener Kreise waren). Aus dem Geradenstück endlich, das die Begrenzung unseres Kreisbogenvierecks der negativen reellen Achse entnimmt, wird die Gerade $x = 0$.

Die bisher angestellten Betrachtungen erlauben uns auch einen Einblick in die Abbildungen durch **trigonometrische Funktionen.** Wir brauchen nur daran zu denken, daß

$$\sin z = \frac{e^{iz} - e^{-iz}}{2i}, \quad \cos z = \frac{e^{iz} + e^{-iz}}{2}, \quad \operatorname{tg} z = \frac{e^{iz} - e^{-iz}}{(e^{iz} + e^{-iz})\, i}.$$

Dann kommen wir durch geeignete Verbindung der schon betrachteten Abbildungen zum Ziel. Um nämlich die Abbildung $w = \cos z$ zu übersehen, bilden wir die z-Ebene erst durch $\mathfrak{z} = e^{iz}$ auf eine $\mathfrak{z}$-Ebene ab und diese dann durch $\mathfrak{w} = \mathfrak{z} + \frac{1}{\mathfrak{z}}$ auf eine $\mathfrak{w}$-Ebene, diese durch $w = \frac{\mathfrak{w}}{2}$ auf die w-Ebene. Dann haben wir im ganzen $w = \cos z$. Daher gehen durch die Abbildung $w = \cos z$ die Geraden und Kreise der z-Ebene, die wir vorhin schon bei $w = e^{iz}$ betrachteten, in die konfokalen Ellipsen und Hyperbeln mit den Brennpunkten $w = \pm 1$ über.

$\sin z$ erledigen wir sofort, wenn wir daran denken, daß $\sin z = \cos\left(\frac{\pi}{2} - z\right)$, und $w = \operatorname{tang} z$ beherrschen wir, wenn wir $\mathfrak{z} = 2z$, $Z = e^{i\mathfrak{z}}$, $\mathfrak{w} = \frac{Z-1}{Z+1}$, $w = -i\mathfrak{w}$ setzen. Aus den Parallelen zur imaginären Achse der z-Ebene werden hier die durch $w = +1$ gehenden Kreise, aus den Parallelen zur reellen Achse der z-Ebene das zum ebengenannten senkrechte Kreisbüschel.

§ 14. Das elliptische Integral erster Gattung

$$w = \int^{z} \frac{dz}{\sqrt{(z-a_1)\,(z-a_2)\,(z-a_3)\,(z-a_4)}}.$$

Wir haben schon oben (S. 48) die Riemannsche Fläche der unter dem Integral stehenden Quadratwurzel betrachtet. Sie ist zweiblättrig über der z-Ebene ausgebreitet. Ihre Verzweigungspunkte liegen bei a_1, a_2, a_3, a_4. Wir wollen die Abbildung der Fläche durch das Integral untersuchen. Dabei wollen wir uns auf den Fall reeller Verzweigungspunkte beschränken. Man erkennt sofort, daß unser Integral an jeder Stelle der Fläche sich nach ganzen Potenzen der zum betreffenden Flächenpunkt gehörigen lokalen uniformisierenden Variablen entwicklen läßt. Das ist $\sqrt{z-\alpha}$ in der Umgebung eines der Verzweigungspunkte, $z - \alpha$ in der Umgebung eines gewöhnlichen Flächenpunktes, $\frac{1}{z}$ in der Umgebung von $z = \infty$ oder $1/\sqrt{z}$ für den auch hierher gehörigen Fall, daß unter der Wurzel statt des Polynomes vierten Grades eines vom dritten Grade steht. Ein Verzweigungspunkt liegt dann im Unendlichen. Man sieht das alles sofort ein, wenn man zunächst die Potenzreihenentwicklung für die Wurzel

$$W = \sqrt{(z-a_1)\,(z-a_2)\,(z-a_3)\,(z-a_4)}$$

ansetzt. Sie lautet z. B. bei $z = a_1$ so:

$$W = \sqrt{z - a_1} \cdot \mathfrak{P}(z - a_1).$$

Dann hat man gliedweise zu integrieren und findet

$$w = \sqrt{z - a_1} \cdot \mathfrak{P}_1(z - a_1).$$

Hier bedeuten, wie üblich, $\mathfrak{P}$ und $\mathfrak{P}_1$ Potenzreihen von der Form $c_0 + c_1(z - a) + \cdots$. Gleichzeitig erkennt man hierbei, daß unsere Funktion auf der ganzen Riemannschen Fläche überall endlich ist. Trotz dieser lokalen Eindeutigkeit ist, wie sich gleich zeigen wird, das Integral keine eindeutige Funktion auf der Fläche. Um die Abbildung zu übersehen, zerschneiden wir zunächst die Fläche, deren a_i wir reell angenommen haben, längs der reellen Achse durch beide Blätter hindurch in vier Halbebenen. Wir wollen zunächst eine derselben, etwa eine obere, abbilden. Die Abbildung der anderen wird sich dann daraus nach dem Spiegelungsprinzip ergeben. Um Klares vor Augen zu haben, müssen wir zunächst angeben, welchen Wert der Wurzel wir in unserer Halbebene verwenden wollen. Wir wollen die $a_1 < a_2 < a_3 < a_4$ der Größe nach geordnet nehmen und wollen $z - a_k = r_k e^{i\varphi_k}$ $(k = 1, 2, 3, 4)$ setzen. Dabei sollen die Winkel φ_k zwischen 0 und π liegen (Zeichnung 31).

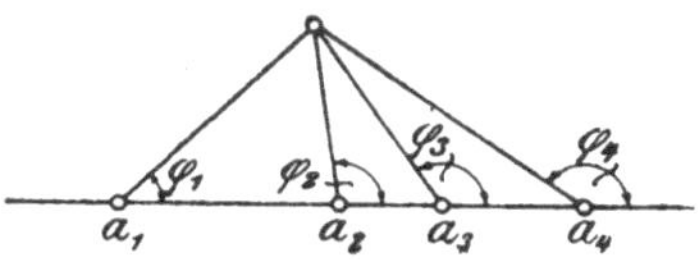

Zeichnung 31

Dann erklären wir für unsere Halbebene $\sqrt{z - a_k} = r_k^{1/2} e^{i\frac{\varphi_k}{2}}$. Wenn man dies festsetzt, dann erkennt man, daß zwischen a_1 und a_2 der Integrand positiv imaginär ist, daß er zwischen a_2 und a_3 negativ reell, zwischen a_3 und a_4 negativ imaginär und zwischen a_4 und a_1 endlich positiv reell ist. Betrachten wir nun das Integral und legen seine untere Grenze in den Punkt a_4. Wenn dann z von a_4 über ∞ nach a_1 läuft, so ist nach dem eben Gesagten das Integral w ständig positiv und wächst; w geht daher auf der reellen Achse in derselben

Richtung von 0 bis zu einem Punkte ω_1. Wandert dann z von a_1 nach a_2 weiter, so erfährt unser Integral positiv imaginäre Zuwüchse. Wieder wird sich also w in gleichbleibender Richtung parallel zu der rein imaginären Achse bewegen bis zu einem Punkte $\omega_1 + \omega_2$. Wenn dann z weiter nach a_3 wandert, bewegt sich w wieder zur reellen Achse parallel auf die imaginäre Achse zu, und endlich, während z von a_3 nach a_4 wandert, bewegt sich w der imaginären Achse parallel auf die reelle zu. Dabei muß aber w schließlich wieder im Punkte $w = 0$ ankommen, weil ja nach dem Cauchyschen Integralsatz unser Integral längs der ganzen reellen Achse erstreckt, den Wert Null liefert. Bei der eben beschriebenen einmaligen Umlaufung des Rechtecks, das wir damit erhalten haben, bleibt sein Inneres ständig zur Linken liegen, wie die obere Halbebene bei der entsprechenden Bewegung von z zur Linken bleibt; und da, wie wir sahen, das Integral überall endlich ist, so muß es nach den Ergebnissen von § 9 die umkehrbar eindeutige Abbildung der Halbebene auf unser Rechteck vermitteln. Die Längen der Rechteckseiten sind dabei $|\omega_1|$ und $|\omega_2|$. Spiegeln wir nun die obere Halbebene an dem Stück a_4 über ∞ bis a_1 der reellen Achse, so erhalten wir daraus eine untere Halbebene und durch Spiegelung unseres Rechteckes an der entsprechenden Geraden von 0 bis ω_1 das Bild der unteren Halbebene. Wollen wir von hier zur ganzen Riemannschen Fläche aufsteigen, so haben wir nur das ganze eben erhaltene Blatt z. B. an den beiden Ufern der Geraden a_2 bis a_4 zu spiegeln. Die eben genannte Gerade wird dann die Übergangslinie der beiden Blätter, längs der sie kreuzweise aneinander geheftet sind. Das Bild der vollen Riemannschen Fläche erhalten wir dann durch Spiegelung des bisher erhaltenen Rechtecks an der Geraden $-\omega_2$ bis $+\omega_2$. Das Bild der Riemannschen Fläche

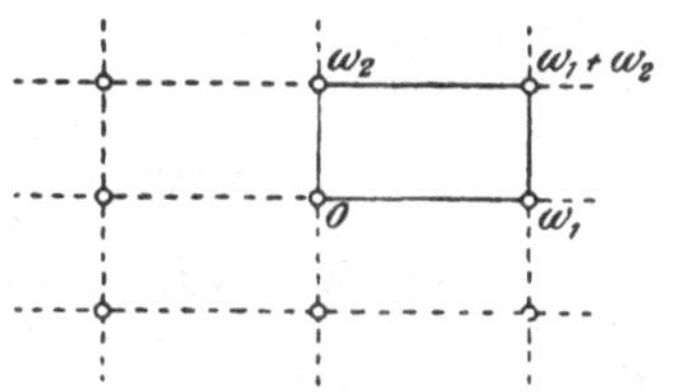

Zeichnung 32

ist somit ein großes Rechteck mit den Ecken $-\omega_1 - \omega_2$, $\omega_1 - \omega_2$, $\omega_1 + \omega_2$, $-\omega_1 + \omega_2$, aufgebaut aus vier kleinen Rechtecken entsprechend den vier Halbebenen, aus welchen sich die Riemannsche Fläche zusammensetzt. Jetzt erkennen wir auch, daß unser Integral keine eindeutige Funktion auf unserer Riemannschen Fläche ist. Denn um aus dem bis jetzt aus vier Halbebenen aufgebauten Bereich die geschlossene Riemannsche Fläche zu erhalten, müssen wir die den Rechteckseiten entsprechenden noch freien Stücke der reellen Achse erst noch miteinander verbinden. Betrachten wir etwa die reelle Achse zwischen a_2 und a_3. Hier haben wir die in jedem der beiden Blätter noch offenen Schlitze zu schließen. In dem so zusammenkommenden, bisher einander gegenüberliegenden Punkten der beiden Ufer nimmt aber ersichtlich das Integral Werte an, die sich um $2\omega_2$ voneinander unterscheiden. Denn nach der Entstehungsweise unseres großen Rechtecks aus den kleinen liefern gerade irgend zwei Punkte des Rechteckrandes, die sich nur um $2\omega_2$ unterscheiden, denselben Punkt der Riemannschen Fläche. Ebenso steht es mit dem anderen Seitenpaar des Rechtecks. Zwei Punkte, die sich um $2\omega_1$ unterscheiden, liefern denselben Punkt der Riemannschen Fläche. Dem Zusammenheften der Riemannschen Fläche, wie wir es soeben ausgeführt dachten, können wir in der Anschauung am Rechteck dadurch nachkommen, daß wir seine Ränder zusammengebogen denken und sie in den Punkten zusammenheften, die gleiche Punkte der Riemannschen Fläche liefern. Freilich müssen wir bei diesem Prozeß die Ebene verlassen und das Zusammenbiegen des Rechtecks zu einer geschlossenen Fläche im Raume bewerkstelligen. Dabei erhalten wir eine Torusfläche, nämlich, wenn wir erst zwei gegenüberliegende Rechteckseiten zusammenbringen, zunächst eine Art von Schlauch und durch Zusammenbiegen der Schlauchenden einen Torus. Auf diesen erscheint so die Riemannsche Fläche umkehrbar eindeutig und stetig bezogen. Er ist wohl gut geeignet, eine anschauliche Vorstellung von der gestaltlichen Struktur der Riemannschen Fläche zu geben. Ganz anders wie etwa eine Kugelfläche, auf die wir ja seinerzeit (§ 3) die schlichte Ebene abbildeten, zerfällt er durch manche auf ihm gezogene geschlossene Linie ebensowenig wie die Riemannsche Fläche. Auf dem Vorhandensein solcher Kurven beruht es denn auch letzten Endes, daß unser Integral zwar auf der ganzen Fläche überall regulär und doch keine eindeutige Funktion ist. Knüpfen wir an Zeichnung 12 von S. 48 an, so bemerken wir, daß sich w bei Durchlaufung der dort ausgezogenen Kurve gerade um $2\omega_2$ ändert. Diese Kurve zerlegt aber nach S. 48 die Fläche nicht.

Wir haben uns nun noch eine Vorstellung vom Gesamtverlauf des Integrals erster Gattung auf der Riemannschen Fläche zu verschaffen. Dazu führt uns die Vorstellung, daß wir unser Rechteck an jeder seiner Seiten erneut spiegeln können. Dem muß ein Spiegeln an den entsprechenden Geraden auf der Riemannschen Fläche entsprechen. So erhalten wir nach und nach alle Werte, die das Integral in einem Punkte der Riemannschen Fläche annehmen kann. Durch das fortgesetzte Spiegeln erhalten wir eine einfache und lückenlose Bedeckung der ganzen w-Ebene mit lauter kongruenten Rechtecken. Verfolgt man den Spiegelungsprozeß, so erkennt man, daß die Werte, die so w nach und nach in ein und demselben Punkte der Riemannschen Fläche annehmen kann, durch $w = w_1 + 2h\omega_1 + 2k\omega_2$ gegeben sind. Dabei ist w_1 einer dieser Werte; h und k sind irgendwelche ganze Zahlen. Die entsprechenden Punkte der w-Ebene erhält man aus einem derselben w_1, indem man das erste Rechteck, in dem etwa w_1 liegen möge, so parallel um $2h\omega_1 + 2k\omega_2$ verschiebt, daß es mit einem anderen der Rechtecke unserer Ebeneneinteilung zur Deckung kommt. Wenn wir das Integral nicht gerade auf der zweiblättrigen Riemannschen Fläche betrachten wollen, so hindert uns nichts, eine besondere Riemannsche Fläche des Integrals zu betrachten, die aus lauter kongruenten Exemplaren der Wurzelfläche aufzubauen ist, wie das aus der Zerlegung der Ebene in Rechtecke im einzelnen abzulesen ist. Die w-Ebene wird dann ein umkehrbar eindeutiges winkeltreues Bild der neuen Riemannschen Fläche, wir wollen sagen, der Überlagerungsfläche der gegebenen Riemannschen Wurzelfläche.

Jede Funktion, die auf der Riemannschen Wurzelfläche überall vom Charakter einer rationalen Funktion[1]) der jeweiligen lokalen uniformisierenden Variablen ist, wird offenbar als Funktion von w aufgefaßt, überall eine Funktion von rationalem Charakter. w ist für alle Stellen der Riemannschen Fläche zugleich eine lokale uniformisierende Variable, nach der früher gegebenen Definition, weil ja das Integral erster Gattung die Umgebung eines jeden Flächenpunktes auf ein schlichtes Gebiet der w-Ebene abbildet. Eine solche Funktion von w, die an allen endlichen Stellen der w-Ebene vom rationalen Charakter ist, ist aber auch eine eindeutige Funktion[2]). Daher werden alle auf der Wurzelfläche überall unverzweigten Funktionen eindeutige Funktionen von w, wenn wir in sie statt der unabhängigen Variablen z die Variable w einführen. Die Riemannsche Fläche des Integrals erster Gattung ist nämlich die Riemannsche Fläche der ganzen Klasse aller der eben angegebenen Funktionen. Als solche kann sie auch von vornherein ohne vorherige Kenntnis der Eigenschaften des Integrals erster Gattung aufgebaut werden. Jede Funktion, die sie auf einen schlichten Bereich abbildet, kann ebenso wie das Integral erster Gattung als uniformisierende Funktion der ganzen genannten Funktionenklasse aufgefaßt werden. (Daß alle diese Funktionen lineare Funktionen des Integrals erster Gattung sind, kümmert uns hier nicht.)

Namentlich müssen sich nach diesen Erörterungen z und die Wurzel W als eindeutige Funktionen von w darstellen lassen. Diese Funktionen haben aber noch eine weitere hervorragende Eigenschaft. Sie sind nämlich **doppelperiodische Funktionen.** Denn da den Werten $w_1 + 2h\omega_1 + 2k\omega_2$ der-

---

[1]) Eine Funktion heißt von rationalem Charakter in der Umgebung einer Stelle a, wenn sie in a entweder regulär ist oder dort einen Pol besitzt.

[2]) Dies lehrt der Monodromiesatz. Er lautet: Ist eine analytische Funktion an allen Stellen eines einfach zusammenhängenden Bereiches bis auf Pole regulär, so ist sie im Bereich eindeutig. Man kann sich das so klar machen: Gäbe es eine geschlossene Kurve im Bereich, bei deren Durchlaufung die Funktion eine Wertänderung erfährt, so bliebe eine solche Wertveränderung auch dann vorhanden, wenn man die Kurve im Bereich auf einen Punkt zusammenzieht. Dies widerspricht aber der Voraussetzung, daß die Funktion an allen Stellen bis auf Pole regulär sein soll.

selbe Punkt der Riemannschen Fläche entspricht wie dem Punkte w_1, so müssen $z(w)$ und $W(w)$ in diesen Punkten gleiche Werte annehmen. Also gelten die Funktionalgleichungen $z(w + 2h\omega_1 + 2k\omega_2) = z(w)$, $W(w + 2h\omega_1 + 2k\omega_2) = W(w)$. Das meinen wir, wenn wir $z(w)$ und $W(w)$ doppelperiodische Funktionen nennen.

Um die Beziehung zu der Theorie der doppelperiodischen Funktionen aufzuweisen, wollen wir noch auf die formelmäßige Darstellung von $z(w)$ und $W(w)$ eingehen. Zu dem Zwecke wollen wir zunächst durch eine passende lineare Transformation von z die zweiblättrige Riemannsche Fläche und ihr Integral erster Gattung auf eine besonders bequeme Gestalt bringen, die sogenannte **Weierstraßsche Normalform.** Sie hat die Gestalt

$$w = \int_{\infty}^{z} \frac{d\mathfrak{z}}{\sqrt{4\mathfrak{z}^3 + g_2\mathfrak{z} + g_3}}.$$

Da liegt ein Verzweigungspunkt im Unendlichen, die drei anderen haben $z = 0$ als Schwerpunkt (d. h. Summe der drei Verzweigungsstellen ist Null, weil der Koeffizient von z^2 unter der Wurzel verschwindet). Unter diesen Annahmen werden

$$z(w) = \wp(w) = \frac{1}{w^2} + \sum_{h,k}\left[\frac{1}{(w-\omega)^2} - \frac{1}{\omega^2}\right],$$

$$\sqrt{4z^3 + g_2 z + g_3} = \wp'(w) = -\frac{2}{w^3} - 2\sum_{h,k}\frac{1}{(w-\omega)^3},$$

$$\omega = 2h\omega_1 + 2k\omega_2,\ h^2 + k^2 \neq 0.$$

Das sind aber gerade die in der Theorie der doppelperiodischen Funktionen unter diesen Bezeichnungen bekannten Funktionen. Um das einzusehen, erinnern wir uns vor allem daran, daß jedenfalls $z(w)$ eine doppelperiodische Funktion ist, die bei $w = 0$ einen Pol besitzt. Denn der Verzweigungspunkt a_4, der bei der Abbildung $w = 0$ lieferte, liegt jetzt im Unendlichen. Wenn es noch gelingt, den Hauptteil[1]) der

[1]) Hauptteil einer Laurententwicklung ist die Summe der Glieder mit negativen Exponenten in der Potenzreihenentwicklung.

Potenzreihenentwicklung von $z(w)$ in der Umgebung dieses Poles zu bestimmen, so kennen wir $z(w)$ bis auf eine additive Konstante. Um diesen Hauptteil zu gewinnen, gehen wir von der Entwicklung von $w(z)$ im Unendlichen aus. Wir erhalten

$$w(z) = -z^{-\frac{1}{2}}\left(1 - \frac{g_2}{40}z^{-2} + \cdots\right),$$

und daraus finden wir $\frac{1}{w^2} = z\left(1 + \frac{g_2}{20}z^{-2} + \cdots\right)$. Der Hauptteil ist also $\frac{1}{w^2}$. Denn es ist $\lim\limits_{z\to\infty}\left(\frac{1}{w^2} - z\right) = 0$. Daher ist $z(w) - \wp(w)$ eine doppelperiodische Funktion ohne Pol und daher eine Konstante c. Um einzusehen, daß diese Konstante Null ist, betrachten wir nochmals den Grenzwert $\lim\limits_{w\to 0}\left(\frac{1}{w^2} - z\right)$. Für diesen fanden wir den Wert Null.

Ferner aber entnehmen wir aus der Darstellung von $\wp(w)$, daß auch $\lim\limits_{w\to 0}\left(\wp(w) - \frac{1}{w^2}\right) = 0$. Da wir aber ansetzten $z(w) - \wp(w) = c$, so finden wir

$$c = \lim_{w\to 0}(z(w) - \wp(w)) = \lim_{w\to 0}\left(z(w) - \frac{1}{w^2} - \left(\wp(w) - \frac{1}{w^2}\right)\right)$$

$$= \lim_{w\to 0}\left(z(w) - \frac{1}{w^2}\right) - \lim_{w\to 0}\left(\wp(w) - \frac{1}{w^2}\right) = 0.$$

Damit haben wir das Ergebnis

$$z(w) = \wp(w) = \frac{1}{w^2} + \sum\left[\frac{1}{(w-\omega)^2} - \frac{1}{\omega^2}\right].$$

Diese damit explizite dargestellte Funktion bildet, wie wir uns für eine spätere Anwendung noch merken wollen, das Rechteck mit den Ecken $0, \omega_1, \omega_1 + \omega_2, \omega_2$ auf eine obere Halbebene der reellen Achse ab. Nun wollen wir auch noch $\sqrt{4z^3 + g_2 z + g_3}$ als Funktion von w darstellen. Aus

$$\int\limits_{\infty}^{z} \frac{d\mathfrak{z}}{\sqrt{4\mathfrak{z}^3 + g_2\mathfrak{z} + g_2}}$$

finden wir durch Differentiieren

$$\frac{dw}{dz} = \frac{1}{\sqrt{4z^3 + g_2 z + g_3}}$$

und daraus

$$\sqrt{4z^3 + g_2 z + g_3} = \frac{dz}{dw} = \wp'(w) = \frac{-2}{w^3} - 2\sum \frac{1}{(w-\omega)^3}.$$

Auf die Abbildung der Riemannschen Fläche durch ein Integral erster Gattung für den Fall, daß die Verzweigungspunkte nicht alle auf einem Kreise liegen, gehen wir nicht näher ein. Nur soviel sei gesagt: Bei passender Wahl der Zerschneidung auf der Riemannschen Fläche erhalten wir die Abbildung der Fläche auf ein Periodenparallelogramm. Auch jetzt werden $z(w)$ und die Wurzel doppelperiodische Funktionen. Auch hier löst das Integral erster Gattung die entsprechende Uniformisierungsaufgabe.

Fünfter Abschnitt

Abbildung gegebener Gebiete

§ 15. Abbildung eines gegebenen Gebietes auf das Innere eines Kreises

(Zusammenstellung von Beispielen)

Riemann hat in seiner Dissertation vom Jahre 1851 den Satz ausgesprochen, es lasse sich ein jeder einfach zusammenhängende Bereich mit mindestens zwei Randpunkten umkehrbar eindeutig und winkeltreu auf das Innere eines Kreises abbilden. Mit dem Beweise dieses Satzes werden wir uns in den nächsten Paragraphen beschäftigen. Vorab wollen wir nur Beispiele solcher Abbildungen zusammenstellen, wie sie sich aus den Entwicklungen der vorigen Paragraphen ergeben. Wir werden bald Funktionen angeben, die den Bereich auf das Innere des Einheitskreises abbilden, bald solche, die ihn auf die obere Halbebene der reellen Achse abbilden. Das kommt im Wesen der Sache auf dasselbe hinaus; denn die Funktion $w = \frac{1+iz}{1-iz}$ bildet die obere Halbebene $\mathfrak{J}z > 0$ auf das Innere des Kreises $|w| < 1$ ab.

1. $w = z^n$ bildet das **Zweieck** $0 < \varphi < \frac{2\pi}{n}$, $z = re^{i\varphi}$ auf die obere Halbebene $\mathfrak{J}w > 0$ ab.

2. Der **Halbkreis** $|z| < 1$, $y > 0$ $(z = z + iy)$ wird durch $w = \left(\frac{z+1}{z-1}\right)^2$ auf die obere Halbebene abgebildet. Denn $\mathfrak{z} = \frac{1+z}{1-z}$ bildet ihn auf das Zweieck $0 < \varphi < \frac{\pi}{2}$, $\mathfrak{z} = re^{i\varphi}$ ab, und dieses wird nach Nr. 1 weiter abgebildet.

3. Der **Kreissektor** $|z| < 1$ $\left(0 < \varphi < \frac{\pi}{n}\right)$ wird durch $w = \left(\frac{z^n+1}{z^n-1}\right)$ auf die obere Halbebene abgebildet.

4. Durch $w = \left(\frac{z-a}{z-b}\right)^n$ wird ein **Kreisbogenzweieck** mit den Ecken $z = a$, $z = b$ und dem Winkel $\frac{\pi}{n}$ auf eine Halbebene abgebildet.

5. Der **Parallelstreifen** $0 < y < \pi (z = x + iy)$ wird durch $w = e^z$ auf die obere Halbebene abgebildet. Das folgt aus den Entwicklungen von § 13.

6. Jetzt beherrschen wir die Abbildung der **Kreisbogensichel.** Sie werde von zwei einander im Punkte $z = 0$ berührenden Kreisen begrenzt. Die Funktion $w = \frac{1}{z}$ bildet die Sichel auf einen von zwei parallelen Geraden begrenzten Streifen ab, den man durch eine Drehung in die unter Nr. 5 angenommene Lage bringen und dann nach ähnlicher Vergrößerung oder Verkleinerung wie dort weiter abbilden kann.

7. Auch **Halbstreifen** können wir abbilden. Sie werden aus Parallelstreifen erhalten, indem man zur Grenze außer Stücken der parallelen Geraden noch ein zwischen beiden verlaufendes, zu beiden senkrechtes Geradenstück hinzunimmt. Die zur Streifenrichtung senkrechten Geraden gehen aber bei

der Abbildung durch die Exponentialfunktion in Kreise mit dem Mittelpunkt $w = 0$ über, so daß der Halbstreifen auf einen Halbkreis abgebildet erscheint. Dieser kann nach Nr. 2 weiter abgebildet werden.

8. Das **Rechteck** mit den Ecken $0, \omega_1, \omega_2, \omega_1 + \omega_2$ (ω_1 positiv reell, ω_2 positiv imaginär) wird durch

$$w = \wp(z; \omega_1, \omega_2) = \frac{1}{z^2} + \sum_{h,k} \left[\frac{1}{(z-\omega)^2} - \frac{1}{\omega^2}\right]$$

$$\begin{pmatrix} \omega = 2\,h\omega_1 + 2\,k\omega_2 \\ h, k = 0, 1, 2, \ldots, h^2 + k^2 \neq 0 \end{pmatrix}$$

auf die obere Halbebene abgebildet (§ 14).

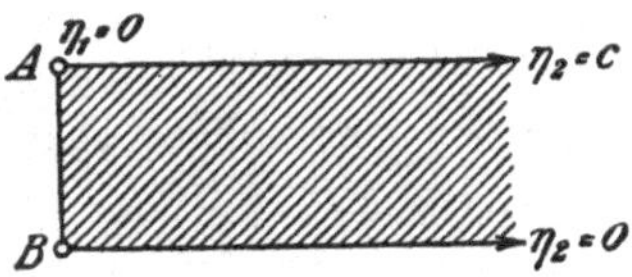

Zeichnung 33

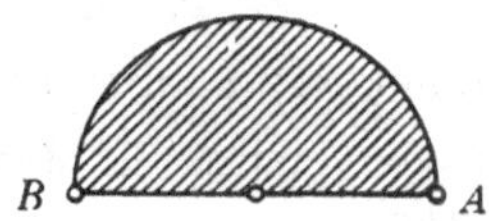

Zeichnung 34

9. Die **Parabel** $y^2 = 4\,c^2\,(x + c^2)$ hat den Brennpunkt $z = x + iy = 0$. Das **äußere**, $z = 0$ nicht enthaltene Gebiet derselben wird durch $w = \sqrt{z}$ auf die obere Halbebene der Geraden $\eta_2 = c > 0$ ($w = \eta_1 + i\eta_2$) abgebildet (§ 11).

10. Die gleiche Funktion bildet die oberhalb der reellen Achse gelegene Hälfte des **Inneren** der gleichen **Parabel** ab auf einen Halbstreifen, begrenzt von der Geraden $\eta_2 = c > 0$ (entsprechend dem Parabelbogen), von der Geraden $\eta_2 = 0$ (entsprechend der positiven reellen Achse) und einer Strecke der Geraden $\eta_1 = 0$ (entsprechend der geradlinigen Verbindung von Scheitel und Brennpunkt) (Zeichnung 33).

Den Halbstreifen bilden wir weiter durch $\mathfrak{z} = -e^{-\frac{\pi w}{c}}$ ab; so erhalten wir den Halbkreis der Zeichnung 34. Der Kreis hat den Radius 1, und dem Scheitel der Parabel entspricht $\mathfrak{z} = +1$; $w = \infty$ liefert $\mathfrak{z} = 0$.

Die Funktion

$$\zeta = \left(\frac{\mathfrak{z}+1}{\mathfrak{z}-1}\right)^2 = \mathfrak{Tang}^2\left(\frac{\pi\sqrt{z}}{2c}\right)$$

bildet die Halbparabel auf eine obere Halbebene (Zeichnung 35) ab.

Die Strecke 1 bis ∞ entspricht dabei der Parabelkurve, während die Gerade von 1 über 0 nach ∞ der geradlinigen Be-

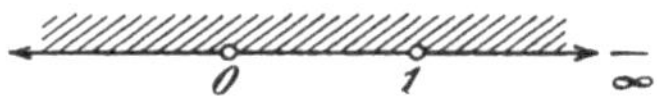

Zeichnung 35

grenzung der Parabelhälfte entspricht. Daher wird nach dem Spiegelungsprinzip die ganze Parabel durch $\zeta = \mathfrak{Tang}^2\left(\frac{\pi\sqrt{z}}{2c}\right)$ auf die von 1 nach ∞ aufgeschlitzte Ebene abgebildet. Diese wieder bilden wir durch die Wurzel $w = \frac{1}{\sqrt{\zeta-1}} = i\,\mathfrak{Cof}\left(\frac{\pi\sqrt{z}}{2c}\right)$ auf die obere Halbebene ab. So finden wir das Resultat: Das Innere der Parabel $y^2 = 4c^2(x+c^2)$ $(z = x+iy)$ wird durch die Funktion $w = i\,\mathfrak{Cof}\left(\frac{\pi\sqrt{z}}{2c}\right)$ auf die obere Halbebene der reellen w-Achse abgebildet.

11. **Ellipse und Hyperbel** können wir durch ähnliche Überlegungen behandeln. Wir haben dabei an die Funktion $w = z + \frac{1}{z}$ anzuknüpfen. Sie bildet nach §12 das Zwischengebiet zwischen den beiden Ästen der Hyperbel

$$\frac{u^2}{(2\cos a)^2} - \frac{v^2}{(2\sin a)^2} = 1 \left(w = u+iv,\ 0 < a < \frac{\pi}{2}\right) \tag{1}$$

auf das Zweieck $a < \varphi < \pi - a$ sowie auf das Zweieck $a + \pi < \varphi < 2\pi - a$ ab. Um das erste der beiden Zweiecke zu erhalten, muß man in der Umkehrungsfunktion $z = \frac{w+\sqrt{w^2-4}}{2}$ das Vorzeichen der Wurzel so wählen, daß

$z = i$ und $w = 0$ einander entsprechen. Dieses Zweieck kann dann auf die obere $\mathfrak{z}$-Halbebene abgebildet werden. Als Ergebnis finden wir die Funktion

$$\mathfrak{z} = \left(e^{-i\alpha}\frac{w + \sqrt{w^2 - 4}}{2}\right)^{\frac{\pi}{\pi - 2\alpha}}$$

12. Um das Innere eines Astes der Hyperbel (1) auf das Innere des Einheitskreises abzubilden, nehme man zunächst wie in § 12 nur die oberhalb der reellen Achse gelegene Hälfte vor. Wir wollen die $u > 0$, $v > 0$ angehörige Hälfte nehmen. Sie wird durch die Inverse von $w = z + \frac{1}{z}$ auf den Sektor $-\alpha < \varphi < 0$, $|z| < 1$ abgebildet, wofern man denjenigen Zweig der Umkehrungsfunktion $z = \frac{w + \sqrt{w^2 - 4}}{2}$ wählt, der $\sqrt{w^2 - 4} < 0$ für $w > 2$ liefert. Spiegelung an $|z| = 1$ läßt erkennen, daß das längs $w > 2$ aufgeschlitzte Hyperbelinnere auf das Zweieck $-\alpha < \varphi < 0$ abgebildet ist, wobei $\varphi = -\alpha$ der Hyperbel, $\varphi = 0$ dem Schlitz entspricht. Zwei gleichen w des Schlitzes entsprechende Punkte liegen bei z und $\frac{1}{z}$ auf $\varphi = 0$. Wir bilden durch $\mathfrak{z} = z^{\frac{\pi}{2\alpha}}$ ab. Das längs $w > 2$ aufgeschlitzte Hyperbelinnere geht in den Quadranten $-\frac{\pi}{2} < \arg \mathfrak{z} < 0$ über. Auch jetzt entsprechen je zwei Stellen $\mathfrak{z}$ und $\frac{1}{\mathfrak{z}}$ demselben Punkt des Schlitzes. Durch $\mathfrak{w} = \frac{\mathfrak{z} - 1}{\mathfrak{z} + 1}$ wird der Quadrant auf den Halbkreis $|\mathfrak{w}| < 1$, $\mathfrak{J}\mathfrak{w} < 0$ abgebildet, und zwar so, daß $-1 < \mathfrak{w} < 1$ dem Schlitz entspricht und daß zwei nur ums Vorzeichen verschiedene Punkte dieser Strecke denselben Punkt des Schlitzes liefern. $\mathfrak{w}^2$ liefert dann endlich die Abbildung des Inneren des Hyperbelastes auf das Innere eines Einheitskreises.

13. Das **Äußere der Ellipse** $\frac{u^2}{a^2} + \frac{v^2}{b^2} = 1$, $a = r + \frac{1}{r}$, $b = \frac{1}{r} - r$, $r < 1$ wird durch die Inverse von $w = z + \frac{1}{z}$

auf das Innere des Kreises $|w| = r < 1$ abgebildet. ($w = u + iv$.)

14. Die gleiche Funktion bildet die oberhalb der reellen Achse gelegene Hälfte des **Inneren derselben Ellipse** auf ein Kreisbogenviereck ab, begrenzt von den beiden oberhalb der reellen Achse gelegenen Halbkreisen $|z| = 1$ und $|z| = r < 1$ und zwei Stücken der reellen Achse, wofern man denjenigen Zweig der Umkehrungsfunktion

$$z = \frac{w + \sqrt{w^2 - 4}}{2}$$

verwendet, der bei $w = 0$, $z = i$ liefert. $\mathfrak{z} = \log z$ bildet dies Viereck auf das Rechteck $\log r < \Re\mathfrak{z} < 0$, $0 < \Im\mathfrak{z} < \pi$ ab, und dieses wird durch $\wp(\mathfrak{z}, \log r, i\pi)$ auf eine Halbebene abgebildet.

15. **Polygone.** Die Halbebene $\Im(z) > 0$ wird durch

$$w = \int_0^z \frac{dt}{(t - a_1)^{\alpha_1}(t - a_2)^{\alpha_2}(t - a_3)^{\alpha_3}}, \quad \begin{matrix} \alpha_1 + \alpha_2 + \alpha_3 = 2 \\ \alpha_1 > 0, \alpha_2 > 0, \alpha_3 > 0 \end{matrix}$$

auf ein **Dreieck** mit den Außenwinkeln $\alpha_1\pi$, $\alpha_2\pi$, $\alpha_3\pi$ abgebildet. Man erkennt dies durch eine ähnliche Betrachtung wie S. 66ff beim elliptischen Integral erster Gattung, indem man beachtet, daß auf jedem Intervall zwischen zweien der drei reellen Punkte, a_1, a_2, a_3 das Argument des Integranden konstant ist. Die angegebene Formel ist ein Sonderfall der allgemeinen Schwarz-Christoffelschen Funktion

$$w = \int_0^z \frac{dt}{\Pi(t - a_k)^{\alpha_k}}, \quad \Sigma\alpha_k = 2,$$

welche die Abbildung von $\Im z < 0$ auf ein **Polygon** mit den Außenwinkeln $\alpha_k\pi$ liefert.

Vermittels einer auf t ausgeübten linearen Transformation erkennt man, daß Integrale der gleichen Bauart auch die Abbildung von $|z| < 1$ auf ein Polygon der w-Ebene liefern. Als Sonderfall sei die Abbildung von $|z| < 1$ auf ein **reguläres n-Eck** durch

$$w = \int_0^z \frac{dt}{(1 - t^n)^{\frac{2}{n}}}$$

hervorgehoben.

Die α_k sind in der Schwarz-Christoffelschen Formel durch die Winkel des Polygons bestimmt, die a_k aber müssen aus den Seitenlängen des Polygons ermittelt werden. Dabei ist zu beachten, daß noch ein Faktor vor das Integral treten und auch noch eine additive Konstante dazukommen kann, um alle Polygone zu erhalten. Durch lineare Transformation von t kann man dreien der a_k gegebene Werte verschaffen. So ist z. B.

$$w = a \int^z \frac{dt}{(t+1)^{\alpha_1} t^{\alpha_2} (t-1)^{\alpha_3}} + b$$

die allgemeine Abbildung von $\Im z > 0$ auf ein Dreieck mit den Außenwinkeln $\alpha_k \pi$. $|a|$ ist dann so zu bestimmen, daß eine Dreiecksseite die vorgeschriebene Länge bekommt. $\arg a$ und b bestimmen sich dann aus der Lage des Dreiecks in der w-Ebene.

Noch sei angemerkt, daß

$$w = \int^z \frac{(t-a_1)^{\alpha_1} \cdots (t-a_n)^{\alpha_n}}{t^2}\, dt, \quad \Sigma \alpha_k = 2, \quad \Sigma a_k \alpha_k = 0$$

den Kreis $|z| > 1$ auf das Äußere eines Polygones mit den Außenwinkeln $\alpha_k \pi$ abbildet. Dabei sind die $|a_k| = 1$ angenommen. Ähnlich bildet

$$w = \int_0^z \frac{(t-a_1)^{\alpha_1} \cdots (t-a_n)^{\alpha_n}}{(1+t^2)^2}\, dt$$

die Halbebene $\Im z > 0$ auf das Äußere eines Polygons mit den Außenwinkeln $\alpha_k \pi$ ab.

Das elliptische Integral zweiter Gattung

$$w = \int_0^z \sqrt{\frac{t}{(t-e_1)(t-e_2)}}\, dt$$

bildet die Halbebene $\mathfrak{J}z > 0$ auf einen aus Zeichnung 36 ersichtlichen Bereich ab. Die Ecken entsprechen den Punkten $\infty, -1, 0, 1$ der reellen z-Achse. Mehrfache Anwendung der Spiegelung ergibt, daß die zweiblättrige Riemannsche Fläche mit den vier Verzweigungspunkten $\infty, -1, 0, 1$ durch das Integral zweiter Gattung auf das Äußere eines Rechtecks (Zeichnung 37) abgebildet wird. Wenn man diese Abbildung mit der von § 14 bekannten durch elliptische Integrale erster Gattung in Verbindung bringt, so ist damit auch die Abbildung einer Halbebene auf das Rechteckäußere geleistet.

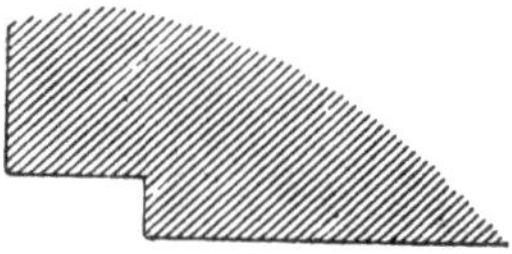

Zeichnung 36

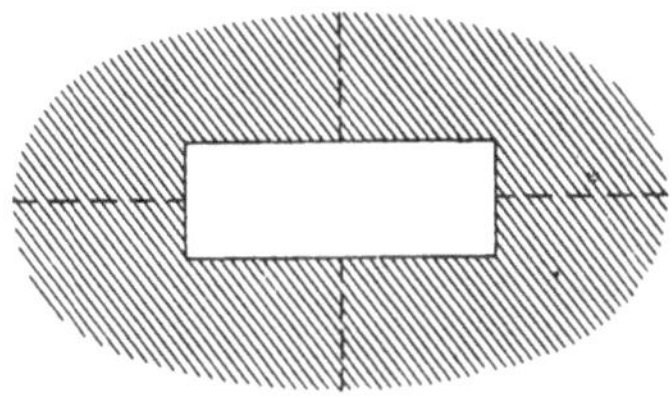

Zeichnung 37

16. **Schlitzbereiche.** $\mathfrak{w} = z + \frac{1}{z}$ bildet nach § 12 den $|z| < 1$ auf die längs $-2 < \mathfrak{R}\mathfrak{w} < +2$ aufgeschlitzte $\mathfrak{w}$-Ebene ab. Daraus folgt durch Kombination mit $w = \frac{1}{\mathfrak{w} + 2}$, daß $w = \frac{z}{(1 + z)^2}$ den $|z| < 1$ auf die längs $\mathfrak{R}w > \frac{1}{4}$ aufgeschlitzte w-Ebene abbildet.

$$w = \frac{1 + i\mathfrak{w}}{1 - i\mathfrak{w}}, \quad \mathfrak{w} = z + \frac{1}{z}$$

bildet den $|z| < 1$ auf einen Bereich ab, der aus der vollen w-Ebene durch Weglassen eines auf der Peripherie des $|w| = 1$ befindlichen Schlitzes hervorgeht. Dieser Schlitz reicht von $\frac{-3 + 4i}{5}$ über 1 bis $\frac{-3 - 4i}{5}$.

Der von a bis 1, $0 < a < 1$, radial aufgeschlitzte $|z| < 1$ wird durch $w = z + \sqrt{(z-a)\left(z - \frac{1}{a}\right)}$ auf ein rechtwinkliges Kreisbogenzweieck abgebildet. Daraus folgt durch Kombination mit 4. die Abbildung der radial aufgeschlitzten Kreisscheibe auf eine volle Kreisscheibe. Man kann diese Abbildung auch dadurch bewirken, daß man die aufgeschlitzte Kreisscheibe erst durch $w = \frac{1}{2}(z + 1/z)$ auf die volle von -1 über 0 bis $\frac{1}{2}(a + 1/a)$ aufgeschlitzte Ebene abbildet, die man dann, wie eingangs dieser Nr. 16 beschrieben, auf eine Kreisscheibe abbildet.

§ 16. Der Vitalische Doppelreihensatz

Im § 18 werden wir uns dem Beweis des Riemannschen Abbildungssatzes zuwenden, den wir schon im § 15 formuliert und an Beispielen erläutert haben. Der Beweis wird sich besonders mühelos gestalten, wenn wir ihm einen allgemeinen Konvergenzsatz vorausschicken. Der Weierstraßsche Doppelreihensatz ist wohl bekannt. Wir formulieren ihn so: In $|z| < r$ seien die Funktionen $f_\nu(z)$ regulär, und es sei $\Sigma f_\nu(z)$ in $|z| \leqq \varrho < r$ für jedes ϱ gleichmäßig konvergent. Dann ist $f(z) = \Sigma f_\nu(z)$ in $|z| < r$ regulär. Verschiedene Forscher — vor allem Stieltjes, Osgood, Vitali, Montel — haben diesem Satz Kriterien zugefügt, aus denen sich die gleichmäßige Konvergenz ergibt. Das am weitesten reichende ist der **Vitalische Doppelreihensatz:** Es sei $s_n(z) = \sum_0^n f_\nu(z)$. In $|z| < r$ sei $|s_n(z)| \leqq M$ für alle n und M sei von n unabhängig. Es konvergiere $\Sigma f_\nu(z) = \lim_{\nu\to\infty} s_n(z)$ an den Stellen $z = z_\varkappa (\varkappa = 1, 2, \ldots)$, die sich bei $z = 0$ häufen. Dann ist $\Sigma f_\nu(z)$ in $|z| \leqq \varrho < r$ für jedes ϱ gleichmäßig konvergent.

Zum Beweise sei ϱ in $0 < \varrho < r$ beliebig angenommen und es sei $\varrho < \varrho_1 < r$. Ferner sei $\lim_{n\to\infty} s_n(z_\varkappa) = s(z_\varkappa)$. Für alle ν ist

$$|s_\nu(z) - s_\nu(0)| \leqq |s_\nu(z)| + |s_\nu(0)| < 2M.$$

Daher ist nach dem Schwarzschen Lemma S. 31

$$|s_\nu(z_\varkappa) - s_\nu(0)| \leqq \frac{2M}{r}|z_\varkappa|.$$

Nun sei $\varepsilon > 0$ beliebig gegeben; man wähle ein $|z_\varkappa| < \frac{\varepsilon r}{4M}$, und wähle dann N so, daß für $\nu \geqq N$

$$|s_\nu(z_\varkappa) - s(z_\varkappa)| < \frac{\varepsilon}{2}$$

ist. Dann ist

$$\begin{aligned}|s_\nu(0) - s(z_\varkappa)| &= |s_\nu(0) - s_\nu(z_\varkappa) + s_\nu(z_\varkappa) - s(z_\varkappa)| \\ &\leqq |s_\nu(0) - s_\nu(z_\varkappa)| + |s_\nu(z_\varkappa) - s(z_\varkappa)| \\ &< \frac{\varepsilon}{2} + \frac{\varepsilon}{2} = \varepsilon.\end{aligned}$$

Ist daher $\mu \geqq N$, $\nu \geqq N$, so ist

$$|s_\nu(0) - s_\mu(0)| < 2\varepsilon,$$

und daher existiert

$$\lim_{\nu \to \infty} s_\nu(0) = s_0,$$

und es ist $|s_0| \leqq M$. Wir wenden nun vollständige Induktion an. Ich setze

$$s_\nu(z) = \Sigma s_{\nu\lambda} \cdot z^\lambda$$

und nehme an, daß für $\lambda = 0, 1 \ldots n$ die Existenz der Grenzwerte

$$\lim_{\nu \to \infty} s_{\nu\lambda} = s_\lambda$$

und die Abschätzung $|s_\lambda| \leqq \frac{M}{r^\lambda}$ erwiesen sei. Wir wollen dies dann für $\lambda = n + 1$ beweisen. Dazu betrachte man die Funktionen

$$S_\nu(z) = \frac{s_\nu(z) - \sum_0^n s_{\nu\lambda} z^\lambda}{z^{n+1}}.$$

Sie sind in $|z| < r$ regulär. Da nach dem Cauchyschen Koeffizientensatz $|s_{\nu\lambda}| \leqq \frac{M}{r^\lambda}$ in $|z| < r$ ist und da $S_\nu(z)$ in $|z| \leqq$

ϱ_1 sein Maximum auf $|z| = \varrho_1$ annimmt, so ist

$$|S_\nu(z)| \leqq \frac{M + \sum_0^n \frac{M}{r^\lambda} r^\lambda}{\varrho_1^{n+1}} \text{ in } |z| \leqq \varrho_1.$$

Da dies für alle $\varrho_1 > \varrho$ gilt, so ist für $\varrho_1 \to r$

$$|S_\nu(z)| \leqq \frac{(n+2)M}{r^{n+1}}, \text{ in } |z| < r.$$

Weiter existiert

$$\lim_{\nu \to \infty} S_\nu(z_\varkappa) \text{ für } \varkappa = 1, 2 \ldots.$$

Daher existiert nach der schon benutzten Schlußweise auch

$$\lim_{\nu \to \infty} S_\nu(0) = \lim_{\nu \to \infty} s_{\nu, n+1} = s_{n+1},$$

und es ist $|s_{n+1}| \leqq \frac{M}{r^{n+1}}$, weil für alle ν nach dem Cauchyschen Koeffizientensatz $|s_{\nu,n+1}| \leqq \frac{M}{r^{n+1}}$ gilt.

Daher stellt die Reihe

$$\sum_0^\infty s_\nu z^\nu$$

eine in $|z| < r$ reguläre Funktion $s(z)$ dar. Ich betrachte nun

$$s(z) - s_\nu(z) = \sum_0^\lambda (s_\mu - s_{\nu\mu}) z^\mu + \sum_{\lambda+1}^\infty (s_u - s_{\nu\mu}) z^\mu$$

in $|z| \leqq \varrho$. Da $|s_u| \leqq \frac{M}{r^\mu}$ und $|s_{\nu\mu}| \leqq \frac{M}{r^\mu}$ gilt, so ist

$$\left| \sum_{\lambda+1}^\infty (s_\mu - s_{\nu\mu}) z^\mu \right| \leqq 2M \sum_{\lambda+1}^\infty \left(\frac{\varrho}{r}\right)^\mu \text{ für } |z| \leqq \varrho.$$

Daher kann man λ so wählen, daß

$$2M \sum_{\lambda+1}^\infty \left(\frac{\varrho}{r}\right)^\mu < \frac{\varepsilon}{2}$$

wird, wie auch $\varepsilon > 0$ vorgegeben ist. Nachdem λ bestimmt ist, wähle man ν so groß, daß

$$\left|\sum_0^\lambda (s_\mu - s_{\nu\mu})z^\mu\right| < \frac{\varepsilon}{2}$$

wird. Dies geht, weil für alle μ doch $\lim\limits_{\nu\to\infty} s_{\nu\mu} = s_\mu$ ist. Daher ist für hinreichend große ν

$$|s(z) - s_\nu(z)| < \varepsilon$$

in $|z| \leqq \varrho$, womit der Vitalische Doppelreihensatz bewiesen ist. Das aus der analytischen Fortsetzung bekannte Kreiskettenverfahren führt sofort zu der folgenden Verallgemeinerung:

In einem Bereiche B seien die $f_\nu(z)$ eindeutig und regulär. Es sei $\sum\limits_0^\mu f_\nu(z) = s_\mu(z)$ und $|s_u(z)| < M$ in B für alle n. Es sei $\Sigma f_\nu(z_\varkappa)$ konvergent an Stellen $z_\varkappa$, die einen dem Bereichinneren angehörigen Häufungspunkt besitzen. Dann ist $\Sigma f_\nu(z)$ in jeder dem Inneren von B angehörigen abgeschlossenen Punktmenge gleichmäßig konvergent.

Auswahlsatz: Ist in einem Bereiche B eine Folge von Funktionen $s_n(z)$ gegeben, deren absoluter Betrag in B unterhalb der von n unabhängigen Schranke M bleibt, so kann man eine Teilfolge der $s_n(z)$ herausziehen, die in jedem abgeschlossenen Teilbereich von B gleichmäßig gegen eine Grenzfunktion konvergiert.

Zum Beweise wähle man eine Stelle z_0 aus B beliebig und dazu unendlich viele Punkte $z_\varkappa$ aus B, für die $\lim\limits_{\varkappa\to\infty} z_\varkappa = z_0$ sei. Wegen $|s_n(z)| < M$ besitzen die Zahlen $s_n(z_1)$ einen Häufungspunkt, und es sei

$$s_{1,1}(z), s_{2,1}(z) \ldots$$

eine Teilfolge der $s_n(z)$, für die $\lim\limits_{n\to\infty} s_{n,1}(z_1)$ diesem Häufungswert gleich ist. Aus dieser Folge wähle man eine Teilfolge aus, die auch bei z_2 einen Grenzwert hat. Dies sei

$$s_{1,2}(z), s_{2,2}(z) \ldots$$

usw. Die Diagonalfolge $s_{1,1}(z)$, $s_{2,2}(z) \ldots$ besitzt dann an allen Stellen $z_\varkappa$ Grenzwerte. Denn sie ist von ihrem n-ten Gliede an ja eine Teilfolge der Folge $s_{1,n}(z) \cdots$, die bei $z = z_1$, $z = z_2 \cdots z = z_n$ je einen Grenzwert hat. Diese Diagonalfolge besitzt daher nach Vitali die behauptete Eigenschaft der gleichmäßigen Konvergenz.

§ 17. Ein Limessatz über schlichte Abbildungen

Es sei ein Gebiet B der z-Ebene vorgelegt. $f_1(z)$, $f_2(z), \ldots$ sei eine Folge von Funktionen, deren jede in B eindeutig und regulär ist und deren jede eine schlichte Abbildung von B vermittelt. In jedem abgeschlossenen Teilbereich von B mögen weiter die $f_n(z)$ gleichmäßig gegen eine Grenzfunktion $f(z)$ konvergieren; diese sei nicht konstant. Dann vermittelt auch $f(z)$ eine schlichte Abbildung von B.

Wäre das nicht der Fall, so gäbe es in B zwei verschiedene Stellen z_1 und z_2, wo $f(z_1) = f(z_2)$ ist. Es sei $f(z_1) = f(z_2) = \alpha$. Ich lege um jede dieser Stellen als Mittelpunkt einen Kreis vom Radius δ. δ sei so klein, daß die Kreisscheiben keinen Punkt gemeinsam haben, und δ sei außerdem so gewählt, daß auch auf den Kreisperipherien keine Stelle liegt, wo $f(z) = \alpha$ ist. Es sei vielmehr $\varepsilon > 0$ eine Zahl derart, daß auf den Kreisperipherien $|f(z) - \alpha| > \varepsilon$ sei. Ferner sei n so groß, daß am Rande der Kreise $|f_n(z)| < \varepsilon$ ist.

Wir beweisen, daß dann für genügend großes n auch $f_n(z)$ in jedem der beiden Kreise je eine α-Stelle besitzt. Das widerspricht aber der Schlichtheit von $f_n(z)$ in B. Der Beweis ergibt sich ohne weiteres aus dem Satz von Rouché der Funktionentheorie. Zur Bequemlichkeit des Lesers bringe ich nachstehend die Beweisführung gleich für den vorliegenden Fall zugeschnitten. Es ist

$$\frac{1}{2\pi i}\int \frac{f_n'(z)}{f_n(z) - \alpha}\, dz$$

erstreckt im positiven Sinn über eine der beiden Kreisperipherien gleich der Anzahl der α-Stellen von $f_n(z)$ innerhalb der Kreisscheibe. Das Integral hat einen Sinn, weil auf der

Kreisperipherie

$$\begin{aligned} |f_n(z) - \alpha| &= |f_n(z) - f(z) + f(z) - \alpha)| \\ &\geqq |f(z) - \alpha| - |f_n(z) - f(z)| \\ &> \varepsilon - \varepsilon = 0 \end{aligned}$$

ist. Nun aber hängt

$$\frac{1}{2\pi i}\int \frac{f'(z) + \lambda[f_n'(z) - f'(z)]}{f(z) + \lambda[f_n(z) - f(z)] - \alpha}\, dz$$

erstreckt über denselben Kreis für $0 \leqq \lambda \leqq 1$ stetig von λ ab. Denn es ist stets

$$\begin{aligned} |f(z) + \lambda[f_n(z) - f(z)] - \alpha| &\geqq |f(z) - \alpha| - \lambda|f_n(z)| \\ &> \varepsilon - \varepsilon = 0. \end{aligned}$$

Für $\lambda = 1$ hat man aber die Zahl der α-Stellen von $f_n(z)$, für $\lambda = 0$ die Zahl der α-Stellen von $f(z)$. Beide ganze Zahlen sind einander gleich, da eine stetige Funktion von λ, die stets ganzzahlige Werte besitzt, konstant sein muß. Lägen also in beiden Kreisen α-Stellen von $f(z)$, so lägen in beiden auch α-Stellen von $f_n(z)$. Da beide Kreise punktfremd sind, so widerspricht das der Schlichtheit der durch $f_n(z)$ vermittelten Abbildung.

§ 18. Beweis des Riemannschen Abbildungssatzes

Der zu beweisende Satz lautet: Jedes einfach zusammenhängende schlichte Gebiet G mit mindestens zwei Randpunkten läßt sich durch eine in G reguläre analytische Funktion umkehrbar eindeutig auf die Fläche eines Kreises abbilden. Die Abbildung kann auf genau eine Weise so bestimmt werden, daß $f(z_0) = 0$, $f'(z_0) = 1$ gilt an einer gegebenen Stelle $z_0 \in G$.

Zunächst bemerke ich, daß man sich auf Gebiete beschränken darf, die vollständig dem Innern einer endlichen Kreisscheibe angehören. Denn wäre dem nicht so, so seien a und b zwei verschiedene Randpunkte. Durch $w = \sqrt{\dfrac{z-a}{z-b}}$

wird die zweiblättrige bei a und b verzweigte Riemannsche Fläche auf die volle schlichte w-Ebene abgebildet. Da das schlichte Gebiet G ein echter Teil der Riemannschen Fläche ist, so läßt sein Bild ein Teilgebiet der w-Ebene unbedeckt, und man kann das Bildgebiet dann leicht mittels einer linearen Funktion auf einen Teil einer endlichen Kreisscheibe abbilden. Wir betrachten nun solch ein beschränktes Gebiet G, das ganz einer Kreisscheibe angehört. Wir untersuchen die Menge $\mathfrak{M}$ aller in ihm regulären Funktionen $f(z)$, deren absoluter Betrag in G eine von $f(z)$ abhängige endliche obere Grenze $\mu(f)$ besitze; außerdem soll jedes f eine schlichte Abbildung von G vermitteln, und es soll an einer festen Stelle z_0 aus G für jede Funktion $f(z_0) = 0$, $f'(z_0) = 1$ sein. Es sei ϱ die unterere Grenze aller $\mu(f)$. Sollte es keine Funktion φ in $\mathfrak{M}$ geben, für die $\mu(\varphi) = \varrho$ ist, so gibt es doch jedenfalls eine Teilmenge $f_1, f_2 \cdots$ in $\mathfrak{M}$ derart, daß $\lim\limits_{n \to \infty} \mu(f_n) = \varrho$ ist. Die absoluten Beträge dieser f_n liegen in G unterhalb einer von n unabhängigen Schranke, weil für große n ja $\mu(f_n)$ nur wenig größer als ϱ ist.

Daher konvergiert nach § 16 eine passende Teilfolge der f_n gleichmäßig gegen eine Grenzfunktion. Wir dürfen annehmen, daß die f_n schon so ausgewählt sind, daß sie konvergieren. Die Grenzfunktion sei $f(z)$. Für sie ist $f(z_0) = 0$, $f'(z_0) = 1$. Sie ist daher nicht konstant und vermittelt daher nach § 17 eine schlichte Abbildung von G. Weiter ist $\mu(f) \leqq \varrho$; denn f ist Grenzfunktion von Funktionen $f_n(z)$, deren $\mu(f_n)$ für große n das ϱ beliebig wenig übertrifft. Daher gehört $f(z)$ zur Menge $\mathfrak{M}$. Es ist $\mu(f) = \varrho$. Denn ϱ war die untere Grenze aller in $\mathfrak{M}$ vorkommenden μ. Es ist auch $\varrho > 0$.

Ich behaupte nun, daß $w = f(z)$ das Gebiet G auf den vollen Kreis $|w| < \varrho$ abbildet. Bisher wissen wir nur, daß das Bildgebiet über diesen Kreis nicht herausragt. Wäre er mit diesem Kreise nicht identisch, so müßten Randpunkte desselben dem Inneren des Kreises angehören. Dann kann man aber, wie gezeigt werden soll, eine in G reguläre Funktion $\varphi(z)$ angeben, die bei $z = z_0$ verschwindet, die dort die Ableitung Eins besitzt, die G schlicht abbildet, und deren $\mu(\varphi)$

$< \varrho$ ist. Dies widerspricht aber der Definition von ϱ. Es genügt in dem durch $w = f(z)$ erhaltenen Bildgebiet G' von G eine entsprechende Funktion $\varphi(w)$ zu ermitteln. Es ist $0 = f(z_0)$, und α mit $|\alpha| < \varrho$ sei Randpunkt von G'. Dann ist jeder Zweig von

$$w_1 = \varrho \sqrt{\frac{\varrho(w-\alpha)}{\varrho^2 - \alpha w}}$$

in $|w| < \varrho$ regulär und schlicht, und hat wieder $\mu(w_1) = \varrho$. Denn jeder Randpunkt von G' auf $|w| = \varrho$ bleibt auf $|w_1| = \varrho$ liegen. Ich entscheide mich für einen Zweig dieser Funktion und bilde

$$w_2 = \frac{\varrho^2(w_1 - w_1(0))}{\varrho^2 - w_1(0)\,w_1}.$$

Dies ist betrachtet als Funktion von z eine in G reguläre und schlichte Funktion, für die $w_2(0) = 0$ ist und für die in G auch $\mu(w_2) = \varrho$ ist. Aber sie gehört noch nicht zu $\mathfrak{M}$, weil ihre Ableitung bei $w = 0$ nicht Eins ist. Diese Ableitung ist nämlich

$$\frac{\varrho + |\alpha|}{2\sqrt{-\alpha\varrho}}.$$

Ihr absoluter Betrag ist größer als Eins. Daher ist

$$w_3 = \frac{2 w_2 \sqrt{-\alpha\varrho}}{\varrho + |\alpha|} = h(w, \varrho, \alpha)$$

eine Funktion der Menge $\mathfrak{M}$, deren $\mu(w_3) < \varrho$ ist. Daher leistet $w = f(z)$ die Abbildung auf den vollen Kreis $|w| < \varrho$ und der Riemannsche Satz ist bewiesen. Daß $f(z)$ durch $f(z_0) = 0$, $f'(z_0) = 1$ bestimmt ist, ergibt sich nämlich aus § 5.

Bemerkung: Für einfach zusammenhängende Gebiete mit nur einem Randpunkt ist der Satz wegen des Liouvilleschen Satzes aus der Funktionentheorie natürlich nicht richtig.

§ 19. Über die tätliche Ausführung der konformen Abbildung eines Gebietes auf die Fläche eines Kreises

Man wird es als einen Mangel der Beweisführung des vorigen Paragraphen empfinden, daß sie anscheinend kein Verfahren zur wirklichen Erstellung der Abbildung liefert. Man bemerkt aber sofort, daß man durch wiederholte Verwendung der Funktion $h(w, \varrho, \alpha)$ des vorigen Paragraphen ein solches Verfahren gewinnen kann. Denn es möge das abzubildende Gebiet G den Punkt $z = 0$ enthalten und in der Kreisscheibe $|z| < \varrho$ Platz genommen haben. $z = \alpha$ sei einer der zunächst bei $z = 0$ gelegener Randpunkte von G. Dann erhält man durch $z_1 = h(z, \varrho, \alpha)$ ein Gebiet G, das $z_1 = 0$ enthält und in einer Kreisscheibe $|z_1| < \varrho_1 < \varrho$ Platz hat. $z = \alpha_1$ sei sein zunächst bei $z_1 = 0$ gelegener Randpunkt. Dann ist $\frac{|\alpha_1|}{\varrho_1} > \frac{|\alpha|}{\varrho}$. Um das einzusehen, hat man nur festzustellen, daß bei Abbildung von G durch

$$z' = h(z, \varrho, \alpha) \cdot \frac{\varrho + |\alpha|}{2\sqrt{-\bar{\alpha}\varrho}}$$

ein zunächst bei $z' = 0$ gelegener Randpunkt α' der Relation $|\alpha'| > |\alpha|$ genügt. Dies folgt aus dem Schwarzschen Lemma, wenn man es auf die Umkehrungsfunktion von z' anwendet. Diese Andeutung mag genügen, um erkennen zu lassen, daß man durch wiederholte Anwendung des Verfahrens dazu gelangen kann, das Gebiet G so abzubilden, daß sein voller Rand in einem Kreisring mit einem von Eins beliebig wenig verschiedenen Radienverhältnis Platz hat. Man nennt das Abbildungsverfahren das Schmiegungsverfahren.

Praktische Verwendung hat dies Verfahren bisher nicht gefunden, obwohl die einzelnen Schritte auch einer zeichnerischen Behandlung bequem zugänglich sind. Eine nähere Betrachtung zeigt nämlich eine im allgemeinen recht langsame Konvergenz.

Man gelangt indessen zu einem praktisch brauchbaren Verfahren, wenn man nach dem Vorgang von F. Ringleb soweit als möglich die eben beschriebenen Einzelschritte durch die Abbildung von Kreisbogenzweiecken ersetzt, welche gleichfalls G enthalten. Wenn nämlich ein Bogen von $|z| = \varrho$ am Rande von G nicht teil hat, so wird es möglich sein, von $|z| < \varrho$ ein Kreisbogenzweieck abzutrennen, das zu G punktfremd ist. Es bleibt ein G enthaltendes Kreisbogenzweieck von $|z| < \varrho$ übrig. Dies bilde man nach § 15 unter Erhaltung des Nullpunktes auf $|z| < \varrho$ ab. Dabei wird wieder nach dem Schwarzschen Lemma die Nullpunktentfernung eines jeden Punktes von G vergrößert. Der Umstand, daß dabei ein kleinerer Teilbereich von $|z| < \varrho$ als beim Schmiegungsverfahren der Kreisabbildung unterzogen wird, hat zur Folge, daß die Randpunkte von G rascher als beim Schmiegungsverfahren der Peripherie von $|z| < \varrho$ zugedrängt werden. Außerdem ist die Abbildung im Gegensatz zum Schmiegungsverfahren in jedem Randpunkt von G winkeltreu, so daß das Auftreten von Ecken vermieden wird. Daher wird sich jetzt der Rand von G auch der Richtung nach besser der Peripherie von $|z| < \varrho$ nähern und so auch der Umfang von G sich dem Umfang des Kreises nähern. J. Heinhold (Sitzber. Bayr. Akad. 1948) verwendet statt der G enthaltenden Kreisbogenzweiecke Bereiche, die ebenfalls G enthalten und die aus dem Einheitskreis durch Weglassen eines Radienstückes entstehen, das von der Peripherie bis zu einem Randpunkt von G reicht. (Vgl. § 15, Nr. 16). R. Albrecht verallgemeinert das Ringlebsche und das Heinholdsche Verfahren in Zamm 32 dahin, daß ein G enthaltendes Kreisbogendreieck verwendet wird. Es wird begrenzt von einem Bogen des Einheitskreises und zwei sich in einem Randpunkt P von G begegnenden zum Einheitskreis senkrechten Kreisbogen. Bilden sie in P einen Außenwinkel α, so ist $\alpha = \pi$ das Ringlebsche und $\alpha = 2\pi$ das Heinholdsche Verfahren.

Ein anderes praktisch brauchbares Verfahren beruht auf dem folgenden Satz über das Verhalten des Flächeninhaltes bei konformer Abbildung.

Wenn durch

$$f(z) = z + a_2 z^2 + \cdots$$

der $|z| < r$ auf ein Gebiet G abgebildet wird, so ist der Inhalt J von G durch

$$J = \pi(r^2 + 2\,|a_2|^2 r^4 + \cdots + n\,|a_n|^2 r^{2n} + \cdots)$$

gegeben, ist also jedenfalls größer als der Inhalt des abgebildeten Kreises.

Es ist nämlich

$$J = \int_0^r \int_0^{2\pi} | f'(z) |^2 \varrho \, d\varrho \, d\varphi,$$

wo $z = \varrho e^{i\varphi}$ gesetzt ist. Denn für $f(z) = u + iv$, $z = x + iy$ wird bekanntlich

$$J = \int\int_{|z| < r} \begin{vmatrix} u_x & u_y \\ v_x & v_y \end{vmatrix} dx \, dy.$$

Nach den Cauchy-Riemannschen Differentialgleichungen ist dies aber dem vorhin angeschriebenen Doppelintegral gleich. Nun ist $| f'(z) |^2 = f'(z) \cdot \overline{f'(z)}$. Daher wird

$$J = \int_0^r \int_0^{2\pi} (1 + 2a_2 z + \cdots)(1 + 2a_2 z + \cdots) \varrho \, d\varrho \, d\varphi$$

$$= \int_0^r \int_0^{2\pi} (1 + 2a_2 \varrho e^{i\varphi} + \cdots)(1 + 2a_2 \varrho e^{-i\varphi} - \cdots) \varrho \, d\varrho \, d\varphi.$$

Dies Integral kann man auswerten, wenn man erst die Integration nach φ ausführt und dazu beachtet, daß die beim Ausmultiplizieren entstehenden Glieder $e^{hi\varphi}$ bei der Integration nach φ zwischen den Grenzen 0 und 2π Null ergeben, wenn nicht $h = 0$ ist. So findet man den im Satz angegebenen Wert von J.

Von diesem Ergebnis kann man nun für die tätliche Ausführung der konformen Kreisabbildung Gebrauch machen. Denn man entnimmt ihm, daß die konforme Abbildung von G auf eine schlichte Kreisscheibe, welche in einem gegebenen Punkt des Gebietes verschwindet und dort die Ableitung Eins hat, das Gebiet zugleich so abbildet, daß das Bild einen möglichst kleinen Flächeninhalt bekommt. Liegt also das Gebiet in der w-Ebene und ist $w = 0$ der vorgegebene Punkt, so ist

$$z = \varphi(w) = w + c_2 w^2 + \cdots$$

so zu bestimmen, daß das

$$\int\int_B | \varphi'(w) |^2 \, du \, dv$$

$(w = u + iv)$ möglichst klein wird. Das kann man nun ja auch rechnerisch ausführen, wenn man sich auf endlich viele Glieder der Potenzreihe beschränkt, die $\varphi(w)$ in der Umgebung von $w = 0$ darstellt. Man sucht dann unter allen ganzen rationalen Funktionen eines gegebenen Grades diejenige, welche G auf ein Gebiet von möglichst kleinem Flächeninhalt abbildet. Die Praxis hat bei Anwendung auf nahezu kreisförmige Gebiete mit diesem Verfahren gute Ergebnisse erzielt (Man vgl. z. B. Höhndorf in Ztschr. f. angew. Math. u. Mechanik, Bd. 6, S. 265ff.).

Ich erwähne ohne Beweis zwei Sätze, die es erlauben, die Güte der erreichten Näherung der Kreisabbildung zu beurteilen. Der erste lautet: Es sei G ein schlichtes einfach zusammenhängendes Gebiet, L die Länge seiner Randkurve. Es sei $|L - 2\pi| < \varepsilon \cdot 2\pi (0 < \varepsilon < 1)$, und es gebe zwei konzentrische Kreise um $z = 0$ von den Radien $1 - \varepsilon$ und $1 + \varepsilon$, derart, daß die Randkurve völlig zwischen ihnen verläuft. $f(z)$ sei diejenige analytische Funktion, welche $|z| < 1$ auf G so schlicht abbildet, daß $f(0) = 0$, $f'(0) > 0$ ist. Dann gilt in $|z| \leqq 1$, d. h. im Einheitskreis einschließlich des Randes

$$|f(z) - z| < 2{,}2 \cdot \pi \sqrt{2\varepsilon}\, |z|.$$

Diese Schranke ist insofern genau, als man $\sqrt{\varepsilon}$ nicht durch eine höhere Potenz von ε ersetzen kann. (L. Bieberbach, Sitzber. Berl. Akad. Wiss. 1924; E. Landau, Jber. DMV 34 [1926]).

Weiter gilt: Die Randkurve C eines schlichten einfach zusammenhängenden Bereiches B sei eine Jordankurve, die in Polarkoordinaten durch $\varrho = \varrho(\varphi)$, $0 \leqq \varphi < 2\pi$ dargestellt sei. Es gebe ein ε aus $0 < \varepsilon < 1$, so daß 1. $1 < \varrho(\varphi) < 1 + \varepsilon$ und 2. $|\varrho(\varphi + \tau) - \varrho(\varphi)| \leqq \varrho(\varphi)\, \varepsilon\, |\tau|$ ist. $w = f(z)$, $f(0) = 0$, $f'(0) > 1$ sei in $|z| < 1$ holomorph und bilde den $|z| < 1$ schlicht auf B ab. Dann gibt es eine absolute Konstante k, so daß $|f(z) - z| \leqq k\varepsilon\, |z|$ in $|z| \leqq 1$ gilt. (A. R. Marchenko, Dokl. Nauk 1 [1935]. Warschafski, Proc. Am. math. Soc. 1 [1950].)

In der Praxis wird zur Verbesserung einer schon nahezu kreisförmigen Abbildung das Verfahren von Theodorsen und Garrick benutzt, das auf einer singulären Integralgleichung beruht. $w = f(z)$, $f(0) = 0$, $f'(0) > 0$ sei in $|z| < 1$ holomorph und bilde den $|z| < 1$ schlicht auf ein Gebiet G ab. $f(z)$ sei in $|z| \leq 1$ stetig. Die Randkurve C von G sei durch $\log \varrho = P(\varphi)$ dargestellt. Bei der Abbildung wird $\varphi = \varphi(\vartheta)$ eine Funktion von ϑ, $z = re^{i\vartheta}$, und es gilt

$$\Re \frac{\log f(z)}{z} = P\{\varphi(\vartheta)\}, \quad \Im \frac{\log f(z)}{z} = \varphi(\vartheta) - \vartheta + 2m\pi.$$

Unter Benutzung der im § 20 darzustellenden Beziehungen zur Potentialtheorie, findet man für $\varphi(\vartheta)$ die singuläre Integralgleichung

$$\varphi(\vartheta) - \vartheta = -\frac{1}{2\pi}\int_0^\pi [P\{\varphi(\vartheta + t)\} - P\{\varphi(\vartheta - t)\}] \operatorname{cotg} \frac{t}{2}\, dt.$$

Auf ihrer Auflösung durch sukzessive Approximationen beruht das Verfahren von Theodorsen und Garrick. Wegen der Konvergenz vgl. man A. Ostrowski, in Constr. and Appl. of conf. maps Washington 1952. Vgl. auch die Bemerkungen bei L. Bieberbach, Einf. in die Funktionentheorie, 1952.

§ 20. Potentialtheoretische Betrachtungen

Unter Potentialfunktionen verstehen wir die der Differentialgleichung

$$\Delta u = \frac{\partial^2 u}{\partial x^2} + \frac{\partial^2 u}{\partial y^2} = 0$$

genügenden Funktionen. Die Cauchy-Riemannschen Differentialgleichungen (1) von S. 5 lehren, daß die Realteile analytischer Funktionen: $f(z) = u + iv (z = x + iy)$ Potentialfunktionen sind. Umgekehrt lernt man in der Funktionentheorie, daß jede Potentialfunktion Realteil einer analytischen Funktion ist.

Ich beginne mit einer Umformung der Cauchyschen Integralformel. Es werde ein einfach zusammenhängendes Gebiet

G der ζ-Ebene zugrunde gelegt, welches mindestens zwei Randpunkte besitzt. $w = f(\zeta, z)$ sei eine analytische Funktion, welche G so schlicht auf $|w| < 1$ abbildet, daß $\zeta = z$ in $w = 0$ übergeht. Wir setzen überdies voraus, daß der Rand von G aus einer analytischen Kurve besteht und daß auf dem Rand noch $f(\zeta, z)$ regulär ist[1]) — so wie dies in den Beispielen von § 15 der Fall ist. Unter einem analytischen Kurvenbogen verstehen wir dabei einen Kurvenbogen $\zeta = \zeta(t)$, $\alpha \leqq t \leqq \beta$, für den sich $\zeta(t)$ in der Umgebung eines jeden Wertes $t = t_0$ nach Potenzen von $t - t_0$ entwickeln läßt.

Bei $\zeta = z$ gilt eine Entwicklung

$$f(\zeta, z) = a_1(\zeta - z) + \cdots \quad (a_1 \neq 0).$$

Daher ist

$$\frac{f'(\zeta, z)}{f(\zeta, z)} = \frac{1}{\zeta - z} + f_1(\zeta, z). \tag{1}$$

Hier ist $f_1(\zeta, z)$ im Bereich G und auf dem Rand eine reguläre Funktion von ζ.

In G sei weiter eine Funktion $f(\zeta)$ gegeben, die in G regulär und im abgeschlossenen G stetig sei. Dann ist

$$f(z) = \frac{1}{2\pi i}\int f(\zeta)\frac{1}{\zeta - z}\,d\zeta, \quad z \in G, \tag{2}$$

wenn man das Integral über den Gebietsrand im positiven Sinn erstreckt, d. h. so, daß das Innere zur Linken bleibt. Wegen (1) folgt aus (2)

$$f(z) = \frac{1}{2\pi i}\int f(\zeta)\frac{f'(\zeta, z)}{f(\zeta, z)}\,d\zeta - \frac{1}{2\pi i}\int f(\zeta)\,f_1(\zeta, z)\,d\zeta.$$

Das zweite Integral der Summe ist aber nach dem Cauchyschen Integralsatz Null. Also haben wir

$$f(z) = \frac{1}{2\pi i}\int f(\zeta)\frac{f'(\zeta, z)}{f(\zeta, z)}\,d\zeta. \tag{3}$$

Setzt man

$$\log f(\zeta, z) = -(g + ih),$$

[1]) Wir werden bald lernen, daß der analytische Charakter der Abbildung am Rande sich stets als Folge des analytischen Charakters der Randkurve ergibt.

so nennt man die reelle Funktion g die zum Gebiete G und zur Stelle z gehörige Greensche Funktion. Sie ist eine Potentialfunktion, welche in G außer an der Stelle z regulär, d. h. Realteil einer sonst überall regulären analytischen Funktion ist. Sie ist eindeutig und unterscheidet sich bei $\zeta = z$ von einer regulären Funktion um das Zusatzglied $-\log|\zeta - z|$. Am Rande des Gebietes ist $g = 0$, so daß g, von der Stelle $\zeta = z$ abgesehen, im abgeschlossenen Gebiet stetig ist. Dies folgt daraus, daß $g = -\log|f(\zeta, z)|$ ist und daß $|f(\zeta, z)|$ im Gebiete stetig ist; am Rande ist $|f(\zeta, z)| = 1$.

Trägt man nun

$$\log f(\zeta, z) = -(g + ih)$$

in (3) ein, so wird

$$\frac{f'}{f}\,d\zeta = -\left(\frac{\partial g}{\partial s} + i\frac{\partial h}{\partial s}\right) ds,$$

wo $\frac{\partial}{\partial s}$ eine Differentiation nach der Bogenlänge bedeutet. Die Bogenlänge wächst in Richtung der angenommenen positiven Durchlaufungsrichtung. Da aber, wie wir sahen, g am Rande konstant ist, so haben wir $\frac{\partial g}{\partial s} = 0$, und da weiter $\frac{\partial g}{\partial n} = -\frac{\partial h}{\partial s}$ gilt, wenn $\frac{\partial g}{\partial n}$ die Ableitung von g nach der in das Gebiet zeigenden Normalen des Randes bedeutet[1]), so wird endlich $f(z) = \frac{1}{2\pi}\int f(\zeta)\frac{\partial g}{\partial n}\,ds$. Trennt man hier den Realteil u von $f(z)$ ab und setzt noch $\zeta = \xi + i\eta$, so wird

$$(4) \qquad u(x, y) = \frac{1}{2\pi}\int u(\xi, \eta)\frac{\partial g}{\partial n}\,ds, \quad z = x + iy \in G.$$

Dies ist die sogenannte Greensche Formel, welche die Werte einer in G regulären und am Rande stetigen Potentialfunktion durch ihre Randwerte ausdrückt.

---

[1]) ξ und η sind mit s und n gleich orientiert, d. h. so, daß man an jeder Randstelle das Achsenpaar ξ, η durch Bewegung in das Achsenpaar s, n überführen kann. Dann ist $g + ih$ wegen des analytischen Charakters der Randkurve eine analytische Funktion von $\zeta = s + in$.

Wir wenden dies nun für den Sonderfall an, daß G der Kreis $|\zeta| < R$ ist, der durch $w = f(\zeta, z)$ so auf $|w| < 1$ abgebildet wird, daß die Stelle $\zeta = z$ in den Mittelpunkt übergeht. Dann kann man

$$f(\zeta, z) = \frac{R(\zeta - z)}{R^2 - \zeta \bar{z}}$$

setzen. Für $\zeta = Re^{i\vartheta}$, $z = re^{i\psi}$ ist

$$\frac{f'}{f} d\zeta = \frac{i\zeta}{\zeta - z} d\vartheta + \frac{\bar{z} i \zeta}{R^2 - \zeta \bar{z}} d\vartheta =$$

$$= \left(\frac{Re^{i\vartheta}}{Re^{i\vartheta} - re^{i\psi}} + \frac{re^{-i\psi} e^{i\vartheta}}{R - e^{i\vartheta} re^{-i\psi}} \right) i\,d\vartheta =$$

$$= \left(\frac{Re^{i\vartheta}}{Re^{i\vartheta} - re^{i\psi}} + \frac{re^{-i\psi}}{Re^{-i\vartheta} - re^{-i\psi}} \right) i\,d\vartheta =$$

$$= \frac{R^2 - r^2}{R^2 + r^2 - 2r\,R\cos(\vartheta - \psi)} i\,d\vartheta.$$

Daher wird nach (3)

$$u(x, y) = \frac{1}{2\pi} \int_{-\pi}^{+\pi} u(\vartheta) \frac{(R^2 - r^2)\,d\vartheta}{R^2 + r^2 - 2r\,R\cos(\vartheta - \psi)}, \tag{5}$$

wo mit $u(\vartheta)$ die Randwerte von u bezeichnet sind.

Man nennt diesen Sonderfall der Greenschen Formel die Poissonsche Integralformel.

Nimmt man insbesondere $r = 0$, so liefert (5)

$$u(0, 0) = \frac{1}{2\pi} \int_{-\pi}^{+\pi} u(\vartheta)\,d\vartheta, \tag{5a}$$

woraus folgt, daß eine nicht konstante Potentialfunktion im Inneren des Regularitätsbereiches weder ein Maximum noch ein Minimum haben kann. Hätte sie z. B. ein Maximum, so lege man einen Kreis von einem solchen Radius R um diese Stelle als Mittelpunkt, daß sie auf seiner Peripherie keine größeren, aber u. a. auch kleinere Werte als im Mittelpunkt annimmt, und man kommt sofort in Widerspruch mit der hergeleiteten Formel.

Da der Faktor von $u(\vartheta)$ im Integranden von (5) der Realteil von $\frac{\zeta+z}{\zeta-z}$ ist, so stellt (5) immer dann eine Potentialfunktion von x, y dar, wenn $|u(\vartheta)|$ beschränkt ist und $\int\limits_{-\pi}^{+\pi} |u(\vartheta)| \, d\vartheta$ existiert, da dann das Integral

$$(6) \qquad f(z) = \frac{1}{2\pi} \int\limits_{-\pi}^{+\pi} u(\vartheta) \frac{\zeta+z}{\zeta-z} d\vartheta.$$

eine reguläre analytische Funktion von z für alle $|z| < R$ ist. Man erkennt dies aus dem Vitalischen Doppelreihensatz, wenn man ihn auf eine Folge von Näherungssummen anwendet, die gegen das Integral (6) konvergiert. Für (5) kann man also schreiben

$$(5') \qquad u(x, y) = \frac{1}{2\pi} \int\limits_{-\pi}^{\pi} u(\vartheta) \, \Re \frac{\zeta+z}{\zeta-z} d\vartheta$$

(6) ist diejenige analytische Funktion mit dem Realteil (5'), für die $f(0) = u(0, 0)$ ist. [Vgl. (5a).]

Wenn wir nun noch zeigen können, daß unter den eben angeführten Annahmen über $u(\vartheta)$ das Poissonsche Integral eine Funktion darstellt, welche die gegebenen Randwerte $u(\vartheta)$ besitzt, so haben wir gezeigt, daß die sogenannte erste Randwertaufgabe der Potentialtheorie für den Fall des Kreises stets eine Lösung besitzt, d. h. daß es stets Potentialfunktionen gibt, die im Kreise regulär sind, und bei Annäherung an die Stelle ϑ des Randes gegen den dort vorgeschriebenen Randwert konvergieren. Tatsächlich trifft dies für jede Stelle ϑ zu, in der $u(\vartheta)$ stetig ist, wofern man sich dieser Stelle ϑ zwischen den Schenkeln eines Winkels nähert, der von der Stelle ϑ abgesehen in der Nähe von ϑ dem Kreisinneren angehört. Man kann dann von dem Winkelraum für jedes $\varepsilon > 0$ durch einen Kreis um die Stelle ϑ einen Sektor so abtrennen, daß in demselben

$$|u(x, y) - u(\vartheta)| < \varepsilon$$

bleibt.

Zum Beweis der Behauptung schreibe ich das Poissonsche Integral wieder in der Form (3), wo nun

$$f(\zeta, z) = \frac{R(\zeta - z)}{R^2 - z\zeta}$$

zu setzen ist. In Betracht kommen dabei die Werte der Funktion f für $|\zeta| = R$. Hier ist aber $|f| = 1$. Man kann also

$$f = e^{i\omega}, \quad \omega \text{ reell}$$

setzen. Nun wird

$$\frac{f'}{f}\frac{d\zeta}{ds} = \frac{d}{ds}\log f = i\frac{d\omega}{ds},$$

und daher kann man das Poissonsche Integral auch in der folgenden Form schreiben

$$(7) \qquad u(x, y) = \frac{1}{2\pi}\int_{-\pi}^{+\pi} U(\omega)\,d\omega, \quad U(\omega) = u(\vartheta(\omega)).$$

Die Bedeutung des Winkels ω wird klar, wenn man bedenkt, daß $w = f(\zeta, z)$ den Kreis $|\zeta| < R$ so auf $|w| < 1$ abbildet, daß dabei $\zeta = z$ in $w = 0$ übergeht. Dieser Umstand lehrt, daß der Winkel ω derjenige ist, den die Kreise durch die Punkte z und $\frac{R^2}{\bar{z}}$ im Punkte z mit einer festen Ausgangsrichtung bilden. Dabei sind die Linienelemente des Kreisbüschels im positiven Drehsinn um z zu durchlaufen. Diese Kreise sind die durch den Punkt z gehenden, welche auf $|\zeta| = R$ senkrecht stehen. Man erkennt also, daß der Mittelwertsatz (5a) nun ein spezieller Fall dieser allgemeineren Umformung ist. Aus dieser neuen Form (7) entnimmt man nun bequem die Behauptung über die Randwerte. Dann betrachten wir eine Stetigkeitsstelle ϑ_0 von $u(\vartheta)$ und grenzen um dieselbe einen Peripheriebogen ab, auf dem $|u(\vartheta) - u(\vartheta_0)| < \varepsilon$ ist. Hält man den Punkt z fest, so kann man ω als Parameter auf der Kreisperipherie betrachten, welcher von $-\pi$ bis $+\pi$ variiert. Da man von vornherein $f(\zeta, z)$ noch mit einem Faktor vom Betrag Eins versehen kann, darf man annehmen, daß dem Punkte ϑ_0 der Wert $\omega = 0$ entspricht. Wählt man nun z hinreichend nahe bei $R\exp(i\vartheta_0)$ und wählt man den Sektor des Winkelraums hinreichend klein und z in demselben, so gehören dem Intervall um ϑ_0 jedenfalls alle ω-Werte aus $-\pi + \varepsilon < \omega < \pi - \varepsilon$ an. Dabei gilt $\varepsilon \to 0$ für $z \to R\exp(i\vartheta_0)$. Dies bringt die geometrische Tatsache zum Ausdruck, daß bei der angegebenen Abbildung die ganze Peripherie dicht an $w = 1\,(\omega = 0)$ herangeschoben wird, und leuchtet geometrisch leicht ein. Schreibt man daher

$$u(x, y) = \frac{1}{2\pi}\int\limits_{-\pi+\varepsilon}^{\pi-\varepsilon} U(\omega)\, d\omega + \frac{1}{2\pi}\int\limits_{-\pi}^{-\pi+\varepsilon} U(\omega)\, d\omega + \\ + \frac{1}{2\pi}\int\limits_{\pi-\varepsilon}^{\pi} U(\omega)\, d\omega,$$

so wird wegen der Beschränktheit von $U(\omega)$ das zweite Integral mit ε zugleich gegen Null streben, ebenso das dritte, während das erste sich von

$$\frac{1}{2(\pi-\varepsilon)}\int\limits_{-\pi+\varepsilon}^{\pi-\varepsilon} U(0)\, d\omega = U(0) = u(\vartheta_0)$$

um eine Zahl unterscheidet, die mit ε zugleich gegen Null strebt. Damit ist der gewünschte Nachweis erbracht. Das Poissonsche Integral stellt also für beschränkte absolut integrable Randwerte $u(\vartheta)$ eine Potentialfunktion dar, die an jeder Stetigkeitsstelle ϑ_0 von $u(\vartheta)$ bei Annäherung durch einen Winkelraum aus dem Kreisinneren den Randwert $u(\vartheta_0)$ besitzt.

Aus der Formel (7) entnimmt man auch erneut, daß das Poissonsche Integral für den Fall beschränkter Randwerte eine Potentialfunktion liefert, deren Werte stets zwischen Maximum und Minimum der Randwerte liegen.

Man kann die eben angestellte Betrachtung auch für die Umgebung von sprunghaften Unstetigkeiten der Randfunktion verwenden. Nähert man sich auf irgendeinem der beiden Peripheriebogen einer solchen Stelle, so hat die Randfunktion einen endlichen Grenzwert. Unsere Betrachtung lehrt dann, daß sie in einem hinreichend kleinen Sektor zwischen Werten liegt, die höchstens um ε kleiner als der kleinere der beiden Grenzwerte und höchstens um ε größer als der größere der beiden Grenzwerte sind.

Bilden die Randwerte eine längs eines Bogens stetige Funktion, so entnimmt man unseren Betrachtungen auch, daß die durch das Poissonsche Integral dargestellte Funktion in dem um diesen Bogen erweiterten Kreise stetig ist. Zum Beweis grenzen wir durch zwei Radien einen Sektor ab, der in seiner Mitte den Radius nach einer Stelle ϑ_0 dieses Bogens haben mag. Wir trennen durch einen konzentrischen Kreis von dem Sektor ein Kreisbogenviereck ab, das sich an die Peripherie des Kreises $|\zeta| = R$ anschließt. Wir haben zu zeigen, daß bei hinreichend kleiner Wahl dieses Vierecks die Potentialfunktion in demselben von $u(\vartheta_0)$ um weniger als eine beliebig gegebene positive Zahl ε abweicht. Wir wählen zunächst den Winkel des Sektors so klein, daß auf dem Peripheriebogen $|u(\vartheta) - u(\vartheta_0)| < \frac{\varepsilon}{2}$ ist. Alsdann wissen wir, daß wir in jedem Punkte ϑ dieses Peripheriebogens einen Sektor nach Art des früher angegebenen anbringen können, in dem $u(x, y)$ von dem zum Scheitel des Sektors gehörigen Randwert um weniger als $\frac{\varepsilon}{2}$ abweicht. Daher unterscheidet sich in diesen Sektoren $u(x, y)$ von $u(\vartheta_0)$ um weniger als ε. Aus dem vorhin geführten Beweis ergibt sich aber, daß der Radius der zu verwendenden Sektoren oberhalb einer von Null verschiedenen Schranke gewählt werden kann, die allein von dem Maximum des absoluten Betrages der Randwerte abhängt. Wählt man nun den das Kreisbogenviereck bestimmenden konzentrischen Kreis so nahe am Kreise vom Radius R, daß die Radiendifferenz kleiner als dieser Sektorradius wird, so gehört jeder Punkt aus dem Inneren eines solchen Kreisbogenvierecks auch dem Inneren eines Sektors an, und daher ist in dem Viereck tatsächlich $|u(x, y) - u(\vartheta_0)| < \varepsilon$. Damit ist für den Fall stetiger Randwerte die Stetigkeit der durch das Poissonsche Integral dargestellten Potentialfunktion im abgeschlossenen Kreise bewiesen.

Es ergibt sich weiter, daß im Falle stetiger Randwerte außer dieser durch das Poissonsche Integral dargestellten Potentialfunktion keine andere im abgeschlossenen Kreise stetige Potentialfunktion mit den gleichen Randwerten existiert. Denn die Differenz beider wäre gleichfalls im abgeschlossenen Kreise stetig und am Rande Null. Wäre sie also nicht überall Null, so müßte ihr Maximum sowohl wie ihr Minimum entgegen einer früheren Feststellung im Kreisinneren zu finden sein.

Es ist hiernach klar, daß diese Bestimmtheit durch die Randwerte stets dann vorliegt, wenn eine Potentialfunktion in einem Bereich (d. h. abgeschlossenen Gebiet) stetig ist.

Bei konformer Abbildung eines Gebietes G der ζ-Ebene auf ein Gebiet G' der w-Ebene durch die analytische Funktion $\zeta = \zeta(w)$ wird aus einer in G regulären Potentialfunktion $u(\xi, \eta) = \Re f(\zeta)$ eine in G' reguläre Potentialfunktion $\Re f\{\zeta(w)\}$. Auf dieser einleuchtenden Bemerkung beruht die Wichtigkeit des Riemannschen Abbildungssatzes für die Anwendungen der konformen Abbildung in der Strömungslehre und anderwärts. Wenn z. B. bekannt ist, daß die Beziehung zwischen G und G' im abgeschlossenen Bereich stetig ist, so wird durch die konforme Abbildung die Lösung der Randwertaufgabe für den Bereich G aus der Lösung der entsprechenden Randwertaufgabe für G' gewonnen. Ist G' insbesondere ein Kreis, so finden wir Anschluß an unsere Betrachtungen über das Poissonsche Integral.

Aus diesen Bemerkungen ergibt sich, welchen Nutzen es auch für die Potentialtheorie hat, wenn wir nun in der Folge etwas näher untersuchen, wie sich die konforme Kreisabbildung am Rande des abgebildeten Bereiches verhält. Für die Zwecke dieser Untersuchung leiten wir nun noch einen potentialtheoretischen Hilfssatz her. Er lautet:

Eine Potentialfunktion $u(x, y)$ sei in einem Gebiet G regulär und in dem durch einen Bogen einer analytischen Randkurve abgeschlossenen Bereiche stetig. Auf diesem Randbogen sei $u = 0$. Dann kann $u(x, y)$ über diesen analytischen Bogen hinaus fortgesetzt werden. Das heißt: es gibt zu jedem Punkt dieses analytischen Randbogens eine Umgebung derart, daß es in dem um diese Umgebung erweiterten Gebiet eine reguläre Potentialfunktion gibt, welche in G mit $u(x, y)$ übereinstimmt.

Zum Beweise beachten wir, daß durch die Funktion $z = z(t)$, $\alpha \leqq t \leqq \beta$, welche den analytischen Randbogen darstellt, eine Umgebung K eines jeden Punktes t_0 aus $\alpha < t_0 < \beta$, in der t-Ebene auf eine Umgebung U des Punktes $z = z(t_0)$ konform abgebildet wird, und zwar schlicht, wenn wir uns auf reguläre Punkte t_0 der Kurve beschränken. In ihnen ist nämlich $z'(t_0) \neq 0$. (Die anderen rechnen wir zu den Eckpunkten des Bereiches.)

Durch diese Abbildung wird aus der im Durchschnitt von G und U regulären, am Rande stetigen Potentialfunktion eine in K auf der einen Seite der reellen t-Achse reguläre, auf der reellen Achse noch stetige und hier verschwindende Potentialfunktion $\bar{u}$. Ich nehme der Einfachheit halber an, K sei eine Kreisscheibe mit einem Radius R; t_0 sei der Nullpunkt der t-Ebene. Ich will nun auf den Kreis K das Poissonsche Integral anwenden. Ich verwende dazu auf dem einen Halbkreis die Werte von $\bar{u}$, auf dem anderen Halbkreise in spiegelbildlichen Punkten die Werte $-\bar{u}$. Für die hiernach in $-\pi \leqq \vartheta \leqq \pi$ erklärten Randwerte $\bar{u}(\vartheta)$ ist $\bar{u}(-\vartheta) = -\bar{u}(\vartheta)$. Nun kann man aber (5) mit $t = t_1 + i t_2$ wie folgt schreiben und so eine in K reguläre Potentialfunktion $\bar{\bar{u}}$ erklären:

$$\bar{\bar{u}}(t_1, t_2) = \frac{1}{2\pi} \int_0^{-\pi} u(\vartheta) \frac{(R^2 - r^2)\, d\vartheta}{R^2 + r^2 - 2r\,R \cos(\vartheta - \varphi)} +$$

$$+ \frac{1}{2\pi} \int u(-\vartheta) \frac{(R^2 - r^2)\, d\vartheta}{R^2 + r^2 - 2rR \cos(-\vartheta - \varphi)}$$

Hiernach erkennt man wegen $\bar{u}(-\vartheta) = -\bar{u}(\vartheta)$ für $\varphi = 0$ und für $\varphi = \pi$, d. h. auf der reellen Achse, daß $\bar{u}(t_1, 0) = 0$ ist. Die durch das Poissonsche Integral in K dargestellte reguläre und im abgeschlossenen K stetige Potentialfunktion besitzt daher an einem Halbkreis dieselben Randwerte wie $\bar{u}$ und stimmt daher mit $\bar{u}$ überein. Daher liefert u die behauptete Fortsetzung von $\bar{u}$. Geht man zu G zurück, so hat man damit $u(x, y)$ in der Umgebung U über G hinaus fortgesetzt. Damit ist der Beweis des Hilfssatzes vollendet.

§ 21. Die Zuordnung der Ränder bei konformer Abbildung

Bereits H. A. Schwarz hat sich mit der Frage beschäftigt, wie es bei der Abbildung eines einfach zusammenhängenden Gebietes auf eine Kreisscheibe mit dem gegenseitigen Entsprechen der Randpunkte steht. Sein Hauptergebnis ist dieses: Wenn ein von endlich vielen Stücken analytischer Kurven[1]) begrenztes Gebiet umkehrbar eindeutig und analytisch auf das Innere eines Kreises abgebildet wird, so wird dadurch eine umkehrbar eindeutige und stetige Abbildung des abgeschlossenen Gebietes erklärt; in den von Eckpunkten verschiedenen Punkten eines jeden der analytischen Randbogen ist die Abbildung regulär und besitzt eine nicht verschwindende Ableitung.

Diesen Satz wollen wir nun gleich beweisen. Wir bedienen uns dazu einer von Schwarz selbst herrührenden Methode.

Ich wende mich zum Beweis. Wieder gehöre das Gebiet G der ζ-Ebene an: $w = f(\zeta, z)$ sei eine Abbildungsfunktion, die es so schlicht auf $|w| < 1$ abbildet, daß $\zeta = z$ in $w = 0$ übergeht. Zunächst stellen wir fest, daß $\log|f| = -g$, die Greensche Funktion, von der Stelle $\zeta = z$ abgesehen, im abgeschlossenen Bereich stetig ist, wenn man am Rande $g = 0$ setzt. Dies folgt daraus, daß $|f|$ im abgeschlossenen Bereiche stetig ist, wenn man am Rande $|f| = 1$ setzt. Dies wieder

[1]) Längs jedem Bogen ist die den Bogen darstellende Funktion $z = z(t)$ analytisch und $z'(t) \neq 0$.

ergibt sich daraus, daß $|f|$ gleichmäßig gegen Eins konvergiert, wenn sich ζ dem Bereichrand nähert. Außerhalb des Originales eines Kreises vom Radius $1 - \varepsilon$ um den Mittelpunkt des Bildkreises liegt nämlich $|f|$ zwischen $1 - \varepsilon$ und 1.

Daher können wir nach dem Hilfssatz am Ende des vorigen Paragraphen die Greensche Funktion über jeden regulären Randpunkt hinaus fortsetzen. Es gibt daher eine analytische Funktion $f^*(\zeta)$, die in einem um eine passende Umgebung jedes regulären Randpunktes erweiterten Gebiet regulär ist, derart, daß in G $\log|f^*| = -g$ ist. Nach den Cauchy-Riemannschen Differentialgleichungen ist daher die analytische Funktion $\log f^*$ bis auf eine rein imaginäre additive Konstante bestimmt. f^* selbst also stimmt in G bis auf einen Faktor vom Betrag Eins mit f überein. Wählt man ihn so, daß bei $\zeta = z$ die Ableitungen von f und von f^* übereinstimmen, so ist in G überall $f = f^*$; damit ist die analytische Fortsetzung von f geleistet und damit ist zugleich auch die Stetigkeit der Abbildung in jedem regulären Randpunkt erkannt.

Daß in einem regulären Randpunkt die Ableitung von f von Null verschieden ist, ergibt sich daraus, daß die Abbildung in der Umgebung dieser Randpunkte schlicht ist. Denn G selbst wird nur auf das I n n e r e von $|w| < 1$ abgebildet.

Wir müssen nun noch die Ecken untersuchen. Auch hier ist die Abbildung stetig und jeder Ecke entspricht ein wohl bestimmter Punkt auf $|w| = 1$.

Denken wir uns nämlich zwei in einer Ecke P zusammenstoßende analytische Randbogen auf die Ecke zu durchlaufen, so daß das Gebiet G links vom einen und rechts vom anderen Bogen liegt, so erhalten wir als Bilder zwei aufeinanderzulaufende Bogen der Peripherie des Einheitskreises. Denn wegen des Nichtverschwindens der Ableitung der Abbildungsfunktion am Rande, wird jeder Bogen in einem festen Sinn durchlaufen. Wir haben zunächst zu zeigen, daß beide Peripheriebogen in einem bestimmten Punkt P' zusammenstoßen. Wäre das nicht der Fall, so grenze man in der Nähe von P durch eine Folge von Kreisbogen, deren Mittelpunkt P ist, eine Folge von Teilgebieten ab, die sich auf P zusammenziehen. Diesen Kreisbogen entsprechen

Kurvenbogen in $|w| < 1$, die die Bilder der beiden Randbogen verbinden und die einen Peripheriebogen desselben approximieren müßten, falls nicht die Bilder der beiden Randbögen in einem Punkte zusammenstoßen. Die Umkehrungsfunktion der Abbildungsfunktion wäre also in der G angehörenden Umgebung eines jeden Punktes dieses Bogens regulär und konvergierte bei Annäherung an diesen Bogen gleichmäßig gegen eine Konstante, d. i. gegen die Koordinate z_0 von P. Ziehen wir z_0 von der Umkehrungsfunktion der Abbildung ab, so erhalten wir eine in $|w| < 1$ reguläre Funktion, welche in der Vereinigungsmenge von $|w| < 1$ und jenem Peripheriebogen noch stetig ist und die auf dem Peripheriebogen verschwindet. Nach dem Schwarzschen Spiegelungsprinzip in seiner allgemeinen Fassung kann sie daher durch Spiegelung über diesen Bogen fortgesetzt werden. Da sie aber auf dem Bogen verschwindet, so ist sie überall Null, was ihrer Abbildungseigenschaft widerspricht. Daher entspricht P ein einziger Peripheriepunkt P'. Die Abbildung ist aber in der Umgebung von P, soweit diese G oder seinem Rande angehört, stetig. Dies folgt unmittelbar wieder durch Betrachtung der Sektoren, durch die wir gerade vorhin Umgebungen von P abgetrennt hatten.

Die moderne Theorie ist bei diesem Schwarzschen Ergebnis über Ränderzuordnung nicht stehengeblieben. Nach Vorstufen bei Painlevé, der stetig differenzierbare Randkurven behandelte, und bei Osgood haben die Arbeiten von Carathéodory und Study die volle Erledigung des Problems gebracht. Von verschiedenen Seiten, namentlich von Lindelöf und Koebe, ist die Beweisführung wesentlich vereinfacht worden. Hier sei nur kurz ein Hauptergebnis behandelt:

Es sei J ein dem Rand eines einfach zusammenhängenden Bereichs B der z-Ebene angehöriger Jordanscher Kurvenbogen. Es leiste $w = f(z)$ die schlichte Abbildung von B auf den $|w| < 1$. Dann ist $f(z)$ in der Vereinigungsmenge von B und J stetig. Ist J analytisch, so ist $f(z)$, wie schon bewiesen wurde, in der Vereinigungsmenge von B und J holomorph. Die neue Behauptung dieses Satzes kann man nach einem auf G. Faber zurückgehenden Gedanken wie folgt beweisen. Es sei P ein Punkt auf J. Es sei $K(r)$ der Kreis vom Radius r um P als Mittelpunkt. Es sei W eine Jordankurve, die einen inneren Punkt Q von B mit P verbindet. Die Existenz solcher Jordankurven wird in der Topologie bewiesen. Es sei P_r der letzte Schnittpunkt von W mit $K(r)$, der bei Durchlaufung von W in Richtung von Q nach P angetroffen wird. Er existiert, wenn r hinreichend klein ist. P_r gehört einem Bogen K_r von $K(r)$ an. K_r ist für genügend kleine r ein Querschnitt von B, der zwei auf J gelegene Randpunkte von B verbindet. K_r zerlegt dann B in zwei Teilgebiete, dessen eines B_r den Randpunkt P hat. Ist $r' < r''$, so ist $B_{r'} \subset B_{r''}$. Bei der Abbildung von B auf $|w| < 1$ durch $w = f(z)$ geht B_r in ein Teilgebiet B'_r von $|w| < 1$ über und aus K_r wird eine Jordansche Kurve K'_r, die B'_r von $|w| < 1$ abtrennt. Es ist noch unklar, ob sie bestimmte Endpunkte auf $|w| = 1$ hat. Aber jedenfalls konvergiert sie gegen $|w| = 1$, wenn man auf K_r gegen J konvergiert. Wenn nun $f(z)$ bei Annäherung an P längs W keinen Grenzwert hat, wenn vielmehr w_0 und w_1 zwei verschiedene Stellen auf $|w| = 1$ sind, die Häufungspunkte von Werten sind, die $f(z)$ auf W annimmt, so muß in jedem K'_r für genügend kleines r ein Bogen enthalten sein, dessen Länge $l_r \geqq |w_0 - w_1| = l > 0$ ist. Ich wähle ein r_0 fest und betrachte

$$\int\limits_{B_{r_0}} |f'|^2\, r\, dr\, d\varphi = \lim_{r_1 \downarrow 0} \int\limits_{r_1}^{r_0} dr \int\limits_{K_r} |f'|^2\, r\, d\varphi.$$

Nun ist nach der Schwarzschen Ungleichung[1]) (mit $dx = r\,d\varphi$)

$$\int\limits_{K_r} |f'|^2\, r\,d\varphi \cdot \int\limits_{K_r} r\,d\varphi \geqq \Bigl(\int\limits_{K_r} |f'|\, r\,d\varphi\Bigr)^2.$$

[1]) Sie lautet

$$\left(\int\limits_{x_1}^{x_2} g(x)\,h(x)\,dx\right)^2 \leqq \int\limits_{x_1}^{x_2} (g(x))^2\,dx \cdot \int\limits_{x_1}^{x_2} (h(x))^2\,dx.$$

Es sei kurz an den Beweis erinnert. Da für konstante λ

$$0 \leqq \int\limits_{x_1}^{x_2} (g(x) + \lambda h(x))^2\,dx = \int\limits_{x_1}^{x_2} (g(x))^2 + 2\lambda \int\limits_{x_1}^{x_2} g(x)\,h(x)\,dx + \lambda^2 \int\limits_{x_1}^{x_2} (h(x))^2\,dx.$$

Daher ist

$$\int_{K_r} |f'|^2 r\, d\varphi \geqq \frac{l_r^2}{\int_{K_r} r\, d\varphi} \geqq \frac{l_r^2}{2\pi r} \geqq \frac{l^2}{2\pi r}.$$

Somit folgt

$$\int_{r_1}^{r_0} dr \int_{K_r} |f'|^2 r\, d\varphi \geqq \frac{l^2}{2\pi} \log \frac{r_0}{r_1}.$$

Da die rechte Seite für $r_1 \downarrow 0$ gegen ∞ strebt, so erhält man etwas Ungereimtes, da doch offenbar $\int_{B_{r_0}} |f'|^2 r\, dr\, d\varphi \leqq \pi$ sein muß, weil B_{r_0} durch $f(z)$ auf einen Teil des $|w| < 1$ schlicht abgebildet wird und daher der Inhalt des Bildes nicht größer als der Inhalt des Einheitskreises der w-Ebene sein kann. Es hat daher $f(z)$ bei Annäherung an P aus B einen Grenzwert. Er ist offenbar der gleiche, einerlei längs welchem B_{r_0} angehörigen Jordanbogen W man sich P nähert. Nun verbinde man die beiden Endpunkte eines im Rand von B enthaltenden Jordanbogens J durch einen Querschnitt Q, der selber eine Jordankurve sei. Dieser Querschnitt geht bei der Abbildung in eine Jordankurve Q' über, die zwei Peripheriepunkte des Einheitskreises miteinander verbindet. Q trennt von B einen von J und Q begrenzten einfach zusammenhängenden Bereich $\tilde{B}$ ab. Dieser geht durch $f(z)$ in einen Teilbereich des $|w| < 1$ über, der von Q' und einem Bogen J' von $|w| = 1$ begrenzt ist. Auf diesem Bogen J' von $|w| = 1$

---

ist, so ist

$$\left(\int_{x_1}^{x_2} g(x)\, h(x)\, dx\right)^2 \leq \int_{x_1}^{x_2} (g(x))^2 dx \cdot \int_{x_1}^{x_2} (h(x))^2 dx.$$

Das ist die Schwarzsche Ungleichung. Wenn hier das Gleichheitszeichen steht, so gibt es einen reellen Wert λ_1, für den

$$\int_{x_1}^{x_2} (g(x) + \lambda_1 h(x))^2 dx = 0$$

ist. Daher ist bei Annahme der Stetigkeit von $g(x)$ und $h(x)$ für diesen Wert λ_1 und alle x in $x_1 \leqq x \leqq x_2$

$$g(x) + \lambda_1 h(x) = 0.$$

liegen die Bilder der Punkte von J, die nach dem schon vorgetragenen Beweis existieren, da $f(z)$ bei Annäherung an einen Punkt P von J einen Grenzwert hat. Die Bildpunkte der Punkte von J liegen auf J', wie man leicht sieht in der gleichen Anordnung wie auf J, d. h. wenn auf J der Punkt P_3 zwischen P_1 und P_2 liegt, dann liegt das Bild P_3' zwischen den Bildern P_1' und P_2' auf J'. Dabei kommen auch alle Punkte von J' als Bildpunkte von Punkten von J vor. Denn sei P' ein Punkt auf J', so verbinde man ihn mit einem Punkt Q' aus $\tilde{B}$ durch eine $\tilde{B}$ angehörige Jordankurve und wiederhole für die Umkehrungsfunktion von $f(z)$ die vorhin für $f(z)$ vorgetragene Überlegung. So erkennt man, daß P' ein Original P auf J hat. Es besteht also zwischen J und J' eine umkehrbar eindeutige Beziehung. Diese ist auch stetig. Um das einzusehen, betrachte man auf J eine Folge von Teilbogen J_n von J, die sich auf einen Punkt P von J zusammenziehen und deren jeder P enthält. Die Endpunkte eines jeden J_n verbinde man in B durch einen Polygonzug Q_n. Für $n \to \infty$ sollen sich die Q_n ebenfalls auf P zusammenziehen. Daß solche Querschnitte Q_n existieren, wird in der Topologie gezeigt. Eine Betrachtung, die der bei den Querschnitten K_r vorgetragenen ganz analog ist, lehrt, daß die Bilder Q_n' der Querschnitte Q_n sich auf den Peripheriepunkt P' zusammenziehen. Und dies vollendet den Beweis der behaupteten Stetigkeit von $f(z)$ auf der Vereinigungsmenge von B und J.

Erwähnen möchte ich auch noch, daß die Abbildung in einem Randpunkt noch winkeltreu ist, wenn dort die Randkurve eine Tangente besitzt. Die Abbildungsfunktion ist dort differenzierbar, wenn überdies zwei Kreise vorhanden sind, zwischen deren Peripherien die Randkurve in der Nähe des Berührungspunktes verläuft.

§ 22. Verzerrungssätze für schlichte Abbildungen des $|z| < 1$

In dem jetzt zu besprechenden Fragenkreis hat Koebe 1907 das erste Ergebnis gewonnen. Man kann es so aussprechen: Wenn $w = f(z)$ in $|z| < 1$ regulär ist und eine schlichte Abbildung dieses Kreises vermittelt, so gibt es eine von $f(z)$ unabhängige Zahl $m > 0$, derart, daß sämtliche Randpunkte des Bildbereiches vom Punkte $f(0)$ einen Abstand haben, der nicht kleiner ist als $|f'(0)|\, m$. D. h. also kurz, daß die Randpunkte des Bildgebietes bei schlichten Abbildungen mit festem $f'(0)$ nicht beliebig nahe an $f(0)$ heranrücken können: Die Kreisscheibe vom Radius $|f'(0)|\, m$ um $f(0)$ gehört stets dem Bildgebiet an.

Es wäre leicht, diesen Satz in wenigen Zeilen zu beweisen. Man bedient sich aber besser nach R. Prawitz einer anderen Methode, die zugleich lehrt, daß $m = \frac{1}{4}$ ist und die außerdem zu einer ganzen Reihe verwandter Sätze führt.

Wenn $w = z + a_2 z^2 + \cdots$ den $|z| < 1$ schlicht abbildet, so läßt das Bildgebiet G_r eines jeden Kreises $|z| \leqq r < 1$ einen — den unendlich fernen Punkt enthaltenden — Teilbereich G'_r der w-Ebene unbedeckt. Daher ist

$$\int\int_{G'_r} w^\nu \overline{w}^\nu \varrho \, d\varrho \, d\varphi > 0, \tag{1}$$

wofern es konvergiert, und es ist

$$\lim_{r \to 1} \int\int_{G'_r} w^\nu \overline{w}^\nu \varrho \, d\varrho \, d\varphi \geqq 0. \tag{2}$$

Dabei ist $w = \varrho e^{i\varphi}$ gesetzt worden. Die Konvergenz ist gewährleistet, wenn man $\nu < -1$ nimmt. Wir setzen noch $z = re^{i\vartheta}$. Der Rand von G'_r ist das Bild von $|z| = r$. Darauf sei $\varrho = \varrho(\vartheta)$, $\varphi = \varphi(\vartheta)$. Wir schreiben (1) als zweifaches Integral und führen die Integration nach ϱ aus. Dann haben wir

$$\int\int_{G'_r} w^\nu \overline{w}^\nu \varrho \, d\varrho \, d\varphi = \int\int_{G'_r} \varrho^{2\nu+1} \, d\varrho \, d\varphi = \tag{3}$$

$$= -\int_0^{2\pi} d\vartheta \, \frac{d\varphi}{d\vartheta} \, \frac{\varrho^{2\nu+2}}{2\nu+2} > 0.$$

Es ist $\varphi = \arg w = \mathfrak{J} \log w = \dfrac{\log w - \log \overline{w}}{2i}$

Daher wird

$$\frac{d\varphi}{d\vartheta} = \frac{w'\overline{w}z + \overline{w}'\,w\overline{z}}{2w\overline{w}}.$$

Für (3) kann daher

$$\int_0^{2\pi} \frac{\varrho^{2\nu}(w'\overline{w}z + \overline{w}'w\overline{z})}{4(\nu+1)}\,d\vartheta < 0 \tag{4}$$

geschrieben werden. Eine kleine Umformung ergibt

$$\int_0^{2\pi} \left(\overline{w}^{\nu+1}\, z\,\frac{dw^{\nu+1}}{dz} + w^{\nu+1}\,\overline{z}\,\frac{d\overline{w}^{\nu+1}}{d\overline{z}}\right) d\vartheta < 0. \tag{5}$$

Nun ist

$$w^{\nu+1} = z^{\nu+1}\left(1 + (\nu+1)a_2 z + \left((\nu+1)a_3 + \frac{\nu(\nu+1)}{2}a_2^2\right)z^2 + \cdots\right).$$

Diese Reihe setze man in (5) ein und integriere gliedweise. Dabei ist zu beachten, daß $\int_0^{2\pi} e^{ki\vartheta}\,d\vartheta = 0$ ist, für jede ganze von Null verschiedene Zahl k. So findet man:

$$1 + (\nu+1)(\nu+2)\,|\,a_2\,|^2 r^2 + \\ + (\nu+1)(\nu+3)\left|\,a_3 + \frac{\nu}{2}\,a_2^2\,\right|^2 r^4 + \cdots > 0.$$

Für $r \to 1$ hat man

$$1 + (\nu+1)(\nu+2)\,|\,a_2\,|^2 + \\ + (\nu+1)(\nu+3)\left|\,a_3 + \frac{\nu}{2}\,a_2^2\,\right|^2 + \cdots \geqq 0. \tag{6}$$

Wir merken noch an, daß das allgemeine Glied auf der linken Seite von (6) so aussehen würde

$$(\nu+1)(\nu+k)\,|\,a_k + f(a_2, \ldots, a_{k-1})\,|^2.$$

Hier ist f eine ganze rationale Funktion, deren Koeffizienten nur von ν und k abhängen. Nimmt man insbesondere $\nu = -\frac{3}{2}$, so hat man

$$1 - \frac{|a_2|^2}{4} \geqq 0.$$

Also

$$|a_2| \leqq 2.$$

Man entnimmt weiter aus (6), daß für jeden Koeffizienten eine Schranke existiert. Wir merken als Ergebnis an:

Wenn $w = z + a_2 z^2 + \cdots$ den $|z| < 1$ schlicht abbildet, so gelten Abschätzungen (6) für jedes $\nu < -1$. Daraus folgt die Existenz von Zahlen S_k derart, daß für jede schlichte Abbildung $w = z + a_2 z^2 + \cdots$ des Einheitskreises $|a_k| \leqq S_k$ ist. Insbesondere ist $|a_2| \leqq 2$.

Die Schranke $|a_2| \leqq 2$ kann nicht verbessert werden. Denn sie wird für die Funktion

$$\frac{z}{(1-z)^2}$$

erreicht. Diese bildet $|z| < 1$ schlicht auf ein Gebiet ab, dessen volle Grenze von dem zwischen $-\frac{1}{4}$ und ∞ gelegenen Stück der negativen reellen Achse gebildet wird. Denn

$$\frac{\left(1 - \frac{1}{\zeta}\right)^2}{\frac{1}{\zeta}} = \zeta + \frac{1}{\zeta} - 2$$

bildet $|\zeta| > 1$ nach S. 59 auf ein Gebiet ab, dessen volle Grenze von dem zwischen -4 und 0 gelegenen Stück der negativen reellen Achse gebildet wird.

Die Funktion $\frac{z}{(1-z)^2}$ ist die einzige schlichte Abbildung des Einheitskreises mit $a_2 = 2$. Das entnimmt man (6) für $\nu = -3/2$. Diese Abschätzung wird nämlich

$$1 - \tfrac{1}{4}|a_2|^2 - \tfrac{1}{2}\sum_3^\infty (k - \tfrac{3}{2})\,|a_k + f(a_2, \ldots, a_{k-1})|^2 \geqq 0.$$

D. h. für $|a_2| = 2$ hat man

$$\sum_3^\infty (k - \tfrac{3}{2})\,|a_k + f(a_2, \ldots, a_{k-1})|^2 = 0.$$

D. h.

$$a_k + f(a_2, \ldots, a_{k-1}) = 0, k = 3, 4, \ldots$$

Wenn also $a_2 = 2$ ist, so haben alle folgenden Koeffizienten fest bestimmte Werte. Daraus schließt man, daß die einzigen schlichten Abbildungen $z + a_2 z^2 + \ldots$ des $|z| < 1$ mit $|a_2| = 2$ durch

$$\frac{z}{(1 - \varepsilon z)^2}, \quad |\varepsilon| = 1$$

gegeben sind.

Der beste bisher bekannte Wert für S_k ist $\frac{1}{2} ek + 1.51$ (Bazilevitsch)(1951). Es gilt also für jede schlichte Abbildung $z + a_2 z^2 + \cdots$ des $|z| < 1$ die Abschätzung

$$|a_k| < \tfrac{1}{2} ek + 1.51.$$

Man vermutet, daß $|a_k| \leqq k$ die genaue Abschätzung ist. Da

$$\frac{z}{(1 - z)^2} = z + 2z^2 + 3z^3 + \cdots + kz^k + \cdots$$

ist, so kann S_k jedenfalls nicht kleiner als k sein. Setzt man die a_k als reell voraus, so hat Dieudonné $|a_k| \leqq k$ bewiesen. Wir werden am Ende dieses Paragraphen sehen, daß auch für die sogenannten sternigen Abbildungen $|a_k| \leqq k$ richtig ist. Für beliebige schlichte Abbildungen ist noch $|a_3| \leqq 3$ durch Löwner (1923) sichergestellt. (Siehe § 24.) Garabedian und Schiffer bewiesen $|a_4| \leqq 4$ (1954). W. K. Hayman bewies 1954, daß

$$\lim_{n \to \infty} \frac{|a_n|}{n} < 1$$

für jede schlichte Abbildung

$$f(z) = z + a_2 z^2 + \cdots \neq z(1 - ze^{i\vartheta})^{-2}.$$

Für jedes feste $f(z)$ und entsprechend großes n gilt also $|a_n| \leqq n$.

Für die in $|z| < 1$ reguläre und schlichte Funktion

$$w = f(z) = z + a_2 z^2 + \cdots$$

sei $f(z) \neq c$ in $|z| < 1$. Dann ist auch

$$f_1(z) = \frac{c f(z)}{c - f(z)} = z + \left(a_2 + \frac{1}{c}\right) z^2 + \cdots$$

in $|z| < 1$ schlicht und regulär. Also ist

$$\left| a_2 + \frac{1}{c} \right| \leqq 2.$$

D. h. es ist

$$|c| \geqq \tfrac{1}{4}.$$

So haben wir bewiesen: **Kein Randpunkt des durch** $f(z) = z + a_2 z^2 + \cdots$ **erhaltenen schlichten Bildes des Einheitskreises kann vom Nullpunkt eine Entfernung haben, die kleiner als** $\frac{1}{4}$ **ist.** Damit ist der zu Beginn des Paragraphen erwähnte Satz bewiesen. Zugleich aber ist die Konstante, deren Existenz in ihm behauptet wird, genau bestimmt. Denn tatsächlich kann die gefundene Schranke $\frac{1}{4}$ nicht mehr verbessert werden. Denn es gibt Funktionen, für welche dieselbe erreicht wird. Das trifft wieder für die Funktionen

$$\frac{z}{(1 - \varepsilon z)^2}, \quad |\varepsilon| = 1$$

zu. Diese nimmt für $z = -1/\varepsilon$ den Wert $-1/4\,\varepsilon$ an. Die vorgetragene elegante Schlußweise rührt von G. Szegö her.

Ich gehe zum sogenannten **Verzerrungssatz** über. Wieder sei

$$f(z) = z + a_2 z^2 + \cdots$$

in $|z| < 1$ schlicht und regulär. Dann ist auch

$$g(\zeta) = \frac{f\left(\dfrac{\zeta + z}{1 + \bar{z}\zeta}\right)}{f'(z)(1 - z\bar{z})}$$

in $|\zeta| < 1$ schlicht und regulär und besitzt eine in $|\zeta| < 1$ gültige Potenzreihenentwicklung, die so beginnt

$$g(\zeta) = \zeta + \beta_2 \zeta^2 + \cdots.$$

Hier ist

$$\beta_2 = \frac{1}{2}\left(\frac{f''(z)(1 - z\bar{z})}{f'(z)} - 2\bar{z}\right).$$

Daher ist

$$\left|\frac{f''(z)\,(1-z\bar z)}{f'(z)} - 2\bar z\right| \leqq 4.$$

Daher

$$\left|\frac{z f''(z)}{f'(z)} - \frac{2\,|z|^2}{1-|z|^2}\right| \leqq \frac{4\,|z|}{1-|z|^2}.$$

Also

$$\frac{2\,|z|^2 - 4\,|z|}{1-|z|^2} \leqq \Re\left(\frac{z f''(z)}{f'(z)}\right) \leqq \frac{4\,|z| + 2\,|z|^2}{1-|z|^2}.$$

Nun ist aber

$$\Re\left(\frac{z f''(z)}{f'(z)}\right) = |z|\,\frac{\partial}{\partial\,|z|}\,\Re \log f'(z)$$
$$= |z|\,\frac{\partial}{\partial\,|z|}\log|f'(z)|.$$

Daher wird

$$\frac{2\,|z| - 4}{1-|z|^2} \leqq \frac{\partial}{\partial\,|z|}\log|f'(z)| \leqq \frac{4 + 2\,|z|}{1-|z|^2}.$$

Daraus folgt durch Integration

$$\frac{1-|z|}{(1+|z|)^3} \leqq |f'(z)| \leqq \frac{1+|z|}{(1-|z|)^3}.$$

Das sind Schranken, die wieder bei $\frac{z}{(1-z)^2}$ erreicht werden. Dies ist der sogenannte Koebesche Verzerrungssatz. Er bringt zum Ausdruck, daß das Vergrößerungsverhältnis der Abbildung von Ort zu Ort sich nicht allzu stürmisch ändern kann. Man kann das Ergebnis auch in der folgenden etwas anderen Art aussprechen. Da $f'(z)$ in $|z| < r < 1$ nicht verschwindet, so wird Maximum und Minimum seines absoluten Betrages auf der Peripherie dieses Kreises angenommen. D. h. es ist für alle $|z| < r$.

$$\frac{1-r}{(1+r)^3} \leqq |f'(z)| \leqq \frac{1+r}{(1-r)^3}.$$

Sind dann z_1 und z_2 zwei Stellen dieses Kreises, so hat man

$$\left(\frac{1-r}{1+r}\right)^4 \leqq \left|\frac{f'(z_1)}{f'(z_2)}\right| \leqq \left(\frac{1+r}{1-r}\right)^4$$

Aus

$$|f'(z)| \leqq \frac{1+|z|}{(1-|z|)^3}$$

folgt durch Integration über den Radius des Punktes z:

$$|f(z)| = \left|\int_0^z f'(z)\,dz\right| \leqq \int_0^{|z|} |f'(z)|\,d\,|z| \leqq \frac{|z|}{(1-|z|)^2}\,.$$

Durch Integration folgt aber auch[1]) aus

$$|f'(z)| \geqq \frac{1-|z|}{(1+|z|)^3}\,,$$

daß

$$|f(z)| \geqq \frac{|z|}{(1+|z|)^2}\,.$$

Man hat das Ergebnis

$$\frac{|z|}{(1+|z|)^2} \leqq |f(z)| \leqq \frac{|z|}{(1-|z|)^2}\,.$$

Die Schranken werden wieder von $\frac{z}{(1-z)^2}$ erreicht.

Die linke Seite dieser Abschätzung enthält aufs Neue die Aussage über die Lage der Randpunkte, von der schon die Rede war. Die rechte Seite schränkt das Wachstum einer in $|z| < 1$ schlichten und regulären Funktion ein. Bei Annäherung an die Peripherie kann der Betrag der Funktion höch-

[1]) Dies folgt daraus, daß jede Kurve, welche $z = 0$ mit einem Punkt z verbindet, in eine Bildkurve übergeht, deren Länge mindestens

$$\frac{|z|}{(1+|z|)^2}$$

ist. Man kann sich auf Kurven $z = z(s)$ mit stetiger Ableitung $z'(s)$ beschränken. s sei die Bogenlänge. Dann wird die Länge der Bildkurve

$$\int^s |f'(z)|\,|z'(s)|\,ds = \int^s |f'(z)|\,ds \geqq \int^{|z|} |f'(z)|\,d\,|z| \geqq \frac{|z|}{(1+|z|)^2}\,.$$

stens wie die zweite Potenz der reziproken Entfernung von der Peripherie unendlich werden. Das vorgetragene Beweisverfahren stammt von R. Nevanlinna.

Den Verzerrungssatz haben Golusin 1946 und Jenkins 1953 noch weiter zu folgendem Satz verschärft: Wenn $f(z) = z + a_2 z^2 + \cdots$ in $|z| < 1$ schlicht und wenn $0 < r_1 \leqq r_2 < 1$ angenommen ist, dann ist

$$|f(-r_1 e^{i\vartheta})| + |f(r_2 e^{i\vartheta})| \leqq r_2/(1-r_2)^2 + r_1/(1+r_1)^2.$$

Den Fall $r_1 = r_2$ hat Golusin mit der in § 24 darzustellenden Methode der Löwnerschen Differentialgleichung erledigt. Den allgemeinen Fall bewies Jenkins mit Hilfe der in § 23 kurz zu erwähnenden Methode der extremalen Länge. Daraus ergibt sich dann auch ein von der Löwnerschen Differentialgleichung unabhängiger Beweis für $|a_3| \leqq 3$. Denn aus der letzten Ungleichung folgt für $z = re^{i\vartheta}$

$$|f(-z)| + |f(z)| \leqq 2r(1+r^2)/(1-r^2)^2.$$

Und daraus ergibt sich

$$r\{1 + \Re(a_3 z^2)\} + O(r^4) \leqq r(1+3r^2) + O(r^4),$$
$$\Re(a_3 e^{2i\vartheta}) \leqq 3.$$

Daher $|a_3| \leqq 3$ durch passende Wahl von ϑ.

Als Anwendung des Verzerrungssatzes gebe ich einen Limessatz für schlichte Abbildungen an. Er behandelt die Beziehungen zwischen der Konvergenz der Abbildungsfunktionen und der Konvergenz der Bildgebiete gegen ihren Kern. Ist G_n eine Folge von Gebieten, deren jedes den Nullpunkt enthält, so heißt der Nullpunkt Kern der Gebietsfolge, wenn es keine feste, den Nullpunkt enthaltende Kreisscheibe gibt, die allen Gebieten hinreichend großer Nummer angehört. Gibt es aber eine solche Kreisscheibe, so heißt Kern der Gebietsfolge das größte Gebiet G, das die folgende Eigenschaft hat: Zu jedem Punkt $P \in G$ gehört eine Nummer $n(P)$ so, daß $P \in G_n$ für alle $n \geqq n(P)$ gilt. Man sagt, eine Gebietsfolge konvergiere gegen ihren Kern, wenn jede Teilfolge den gleichen Kern hat. Der weitere Limessatz lautet: Die bei $z=0$ durch $f(0)=0$, $f'(0)>0$ normierten Funktionen $f_n(z)$ mögen den $|z|<1$ schlicht auf gleichmäßig beschränkte Gebiete G_n abbilden. Dann konvergiert die Folge $f_n(z)$ dann und nur dann für jedes ϱ aus $0<\varrho<1$ gleichmäßig in $|z|\leqq\varrho<1$ gegen eine Grenzfunktion $f(z)$, wenn die G_n gegen ihren Kern konvergieren. $f(z)$ leistet die schlichte Abbildung von $|z|<1$ auf den Kern. In dieser Einführung begnüge ich mich damit zu beweisen, daß die $f_n(z)$ konvergieren, wenn die G_n konvergieren und daß dann die Grenzfunktion die im Satz angegebene Eigenschaft hat. Ist der Kern der Folge G_n der Nullpunkt, so konvergieren auch die $f_n'(0)\to 0$. Denn anderenfalls gäbe es ein $\mu>0$ und eine Folge n_k, so daß jedes $f_{n_k}'(0)>\mu$. Dann ist nach dem Verzerrungssatz

$$|f_{n_k}(z)|\geqq f_{n_k}'(0)\frac{|z|}{(1+|z|)^2}>\mu\frac{|z|}{(1+|z|)^2}$$

Daher können die G_n doch nicht gegen den Nullpunkt als ihren Kern konvergieren. Aus $f_n'(0)\to 0$ folgt aber wieder nach dem Verzerrungssatz

$$|f_n(z)|\leqq f_n'(0)\frac{|z|}{(1-|z|)^2}\to 0.$$

Wenn daher die G_n gegen den Nullpunkt als ihren Kern konvergieren, so konvergieren auch die $f_n(z)$ in $|z|\leqq\varrho<1$ für jedes ϱ aus $0<\varrho<1$ gleichmäßig gegen 0.

Nun behandele ich den Fall, daß der Kern der G_n ein den Nullpunkt enthaltendes Gebiet G ist. Da nach Voraussetzung die $f_n(z)$ gleichmäßig beschränkt sind, kann man eine Teilfolge auswählen, die für jedes ϱ aus $0<\varrho<1$ in $|z|\leqq\varrho<1$ gleichmäßig konvergiert. Man betrachte die in G regulären und gleichmäßig beschränkten Umkehrungsfunktionen dieser ausgewählten Folge. Aus dieser Folge kann man wieder eine Teilfolge auswählen, die in jeder abgeschlossenen Teilmenge von G gleichmäßig konvergiert. Ich bezeichne die so ausgewählte Folge wieder mit $f_n(z)$, und es seien $\varphi_n(w)$ die Umkehrungsfunktionen. $w = f(z)$ und $z = \varphi(w)$ seien die Grenzfunktionen. Ich zeige, daß $\varphi(w)$ die Umkehrungsfunktion von $f(z)$ ist. Ist $w_0 = f(z_0)$, so wird eine z_0 enthaltende Kreisscheibe k vom Radius r durch $w = f(z)$ auf ein w_0 enthaltendes Gebiet G' abgebildet. Die $f_n(z)$ bilden für hinreichend große Nummer den Kreis k auf Gebiete G'_n ab, die nach dem Satz von Rouché alle w_0 enthalten. Daher gehört w_0 sowohl dem Bildgebiet G^* an, auf das $w = f(z)$ den $|z| < 1$ abbildet, als auch dem Kern G. Es ist also $G^* < G$. Die Umkehrungsfunktionen $\varphi_n(w)$ bilden die G'_n auf den Kreis k ab. Da aber der Radius r von k beliebig gewählt werden kann, so gilt $\varphi_n(w_0) \to z_0$. Aus $w_0 = f(z_0)$ folgt also $z_0 = \varphi(w_0)$. Ebenso zeigt man: Aus $z_0 = \varphi(w_0)$ folgt $w_0 = f(z_0)$. Daraus folgt aber $G^* = G$. Da nämlich die $\varphi_n(w)$ in G konvergieren, so bestimme man z_0 aus $z_0 = \varphi(w_0)$. Dann ist $w_0 = f(z_0)$. Die Grenzfunktion $w = f(z)$ bildet also den $|z| < 1$ auf den Kern G ab. Der Satz behauptet aber, daß die ursprünglich gegebene Funktionenfolge selber ohne Auswahl konvergiert. Anderenfalls könnte man zwei Auswahlen mit verschiedenen Grenzfunktionen $f(z)$ und $F(z)$ vornehmen. Beide bilden, wie wir sahen, den $|z| < 1$ auf den Kern G schlicht ab. Die Schlichtheit folgt ja aus dem Limessatz des § 17. Die Funktion $F^{-1}(f(z))$ leistet daher eine schlichte Abbildung des Einheitskreises auf sich selbst. Diese läßt den Nullpunkt fest und hat in ihm eine positive Ableitung. Eine solche Abbildung ist aber nach § 5 eine Drehung des Einheitskreises um seinen Mittelpunkt. Da aber die Ableitung positiv ist, bleibt die Richtung der reellen Achse fest. Daher läßt die Drehung jeden Punkt fest. Daher können die beiden Grenzfunktionen $f(z)$ und $F(z)$ nicht verschieden sein.

Die Betrachtungen dieses Paragraphen bezogen sich auf beliebige schlichte Abbildungen $z + a_2 z^2 + \cdots$ des $|z| < 1$. Es ist reizvoll, schlichte Abbildungen mit besonderen Zusatzeigenschaften vorzunehmen, so z. B. die Abbildung des $|z| < 1$ auf ein k o n v e x e s Gebiet oder auf einen S t e r n mit $z = 0$ als Mittelpunkt, d. h. auf einen Bereich, der mit jeder Geraden durch $z = 0$ nur eine Strecke gemeinsam hat. Beide

Aufgaben hängen miteinander zusammen. Wenn nämlich $f(z)$ den $|z| < 1$ konvex abbildet, so leistet $zf'(z)$ eine sternige Abbildung des $|z| < 1$ und umgekehrt. Ist nämlich $f(z)$ konvex, so ist die Richtung der Randtangente, d. h. $\frac{\pi}{2} + \arg z + \arg f'(z)$, d. h. also $\arg zf'(z)$, eine monoton wachsende Funktion von $\arg z$ auf $|z| = 1$. Dies bedeutet aber, daß $F(z) = zf'(z)$ den $|z| < 1$ auf einen Stern abbildet. Die Umkehrung liegt auf der Hand. Beachtet man, daß $\arg f' = \Re(-i \log f')$ ist, so wird die Bedingung dafür, daß $f(z)$ konvex bzw. daß $F = zf'$ sternig ist:

$$1 + \Re \frac{zf''}{f'} \geqq 0$$

auf $|z| = 1$. Da eine in $|z| < 1$ reguläre, auf $|z| = 1$ positive Potentialfunktion auch in $|z| < 1$ positiv ist, so werden auch die Kreise $|z| \leqq r < 1$ konvex bzw. sternig abgebildet.

Das Koeffizientenproblem der analytischen Funktionen mit positivem Realteil ist seit langem gelöst. Insbesondere ergibt sich im vorliegenden Falle konvexer Abbildung durch $f(z) = z + a_2 z^2 + \cdots$, daß $|a_n| \leqq 1$ für alle n. Die Schranken sind genau, denn $w = z + z^2 + z^3 + \cdots = \frac{z}{1-z}$ bildet den $|z| < 1$ auf die Halbebene $\Re w > -\frac{1}{2}$ ab. Die oben angestellten Überlegungen lehren dann, daß für sternige Abbildungen durch $F(z) = z + A_2 z^2 + \cdots$ die Abschätzung $|A_n| \leqq n$ gilt. Sie kann nicht verbessert werden, da ja $\frac{z}{(1-z)^2}$ sternig abbildet. Für sternige Abbildungen ergeben sich daher auch keine Verbesserungen in den Abschätzungen des Verzerrungssatzes. Wohl aber ist dies bei konvexen Abbildungen der Fall. Für sie ergibt sich nach der vorhin dargelegten Betrachtungsweise

$$\frac{1}{(1+|z|)^2} \leqq |f'(z)| \leqq \frac{1}{(1-|z|)^2}$$

$$\frac{|z|}{1+|z|} \leqq |f(z)| \leqq \frac{|z|}{1-|z|}.$$

§ 23. Verzerrungssätze für schlichte Abbildungen des $|z| > 1$

Es soll sich jetzt um Abbildungen des $|z| > 1$ durch Funktionen handeln, die den unendlichfernen Punkt festlassen. Diese schlicht abbildenden Funktionen besitzen bei $z = \infty$ einen Pol erster Ordnung. Man kann Aussagen über die Gesamtheit dieser Funktionen nicht ohne weiteres durch Transformation des Inneren des Einheitskreises in sein Äußeres aus den Ergebnissen des vorigen Paragraphen entnehmen. Denn dort handelte es sich um Funktionen, die im Einheitskreis regulär sind, anders ausgedrückt, die einen bestimmten Wert, nämlich ∞, nicht annehmen. Jetzt wird aber den Funktionen, die das Äußere des Einheitskreises abbilden sollen, eine derartige Bedingung nicht auferlegt. Sie werden zwar immer gewisse Werte nicht annehmen. Aber wir greifen nicht aus ihrer Gesamtheit eine Teilmenge von Funktionen heraus, deren jede ein und denselben vorgegebenen Wert ausläßt. Wenn wir vielmehr die Ergebnisse dieses Paragraphen auf Abbildungen des $|z| < 1$ übertragen wollten, so würde es sich um schlichte Abbildungen des Inneren des Einheitskreises durch meromorphe Funktionen handeln, d. h. durch Funktionen, die bis auf einen zulässigen Pol beliebiger Lage regulär sind.

Die Überlegungen, die zu der Formel (6) des § 22 führten, lassen sich übertragen. Ist

$$w = f(z) = z + \frac{\alpha_1}{z} + \frac{\alpha_2}{z^2} + \cdots \tag{1}$$

eine schlichte Abbildung des $|z| > 1$, so beweist man auf diesem Weg für jedes $\nu > -1$

$$1 + (\nu + 1)(\nu - 1)|\alpha_1|^2 + (\nu + 1)(\nu - 2)|\alpha_2|^2 + \\ + (\nu + 1)(\nu - 3)\left|\alpha_3 + \frac{\nu}{2}\alpha_1^2\right|^2 + \cdots \geqq 0. \tag{2}$$

Für $\nu = 0$ hat man den sogenannten Flächensatz

$$|\alpha_1|^2 + 2|\alpha_2|^2 + \cdots + n|\alpha_n|^2 + \cdots \leqq 1. \tag{3}$$

Aus (3) ergibt sich $|\alpha_1| \leqq 1$. $|\alpha_1| = 1$ zieht $\alpha_2 = \alpha_3 = \cdots = 0$ nach sich, so daß

$$z+\frac{\alpha_1}{z},\ |\alpha_1|=1$$

die einzigen in $|z|>1$ schlichten Funktionen (1) mit $|\alpha_1|=1$ sind. Wählt man $\nu=\frac{1}{2}$ in (2), so kommt

$$1-\frac{3}{4}|\alpha_1|^2-\frac{9}{4}|\alpha_2|^2-\frac{15}{4}\left|\alpha_3+\frac{1}{4}\alpha_1^2\right|^2-\cdots\geqq 0.$$

Daraus ergibt sich

$$|\alpha_2|\leqq\tfrac{2}{3}.$$

Im Falle $|\alpha_2|=\frac{2}{3}$ ist notwendig $\alpha_1=\alpha_3=0$, und auch die folgenden Koeffizienten sind bei getätigter Wahl von α_2 mit $|\alpha_2|=\frac{2}{3}$ eindeutig bestimmt, so daß es nicht mehr als eine in $|z|>1$ schlichte Funktion (1) mit gegebenem α_2 mit $|\alpha_2|=\frac{2}{3}$ geben kann. In der Tat bildet

$$\int^z\frac{(t^3-1)}{\sqrt[3]{t^3+1}}\frac{dt}{t^2}=z\left(1+\frac{1}{z^3}\right)^{\frac{2}{3}}=z+\frac{2}{3}\frac{1}{z^2}+\cdots$$

den $|z|>1$ schlicht ab. Das entnimmt man einer der auf S. 79 stehenden Formeln. Der Rand des Bildbereiches wird aus Radien von 0 nach $-\sqrt[3]{4}$, $-\varrho\sqrt[3]{4}$, $-\varrho^2\sqrt[3]{4}$, $\varrho^3=1$ gebildet. Die gelegentlich geäußerte Vermutung, es sei allgemein $|\alpha_n|\leqq\frac{2}{n+1}$ trifft schon für $n=3$ nicht zu. Garabedian und Schiffer fanden $|\alpha_3|\leqq\frac{1}{2}+e^{-6}$ als genaue Schranke. (Ann. of math. [2], 61, 1955.)

Aus der Abschätzung $|f_2|\leqq 2$ für die schlichten regulären Abbildungen $z+f_2z^2+\cdots$ des $|z|<1$ folgt: **Für jede schlichte Abbildung (1) des $|z|>1$ liegen alle Randpunkte des Bildbereiches in $|w|\leqq 2$, und es kann nur dann ein Randpunkt auf $|w|=2$ auftreten, wenn es sich um die Abbildungen $z+\varepsilon/z$, $|\varepsilon|=1$ handelt.** Wenn nämlich (1) den $|z|>1$ schlicht abbildet und dabei den Wert c in $|z|>1$ nicht annimmt, so ist

$$F(z)=\frac{1}{f\left(\frac{1}{z}\right)-c}=z+cz^2+\cdots \quad \text{in } |z|<1 \text{ regulär}$$

und schlicht, und daher ist $|c| \leqq 2$ und gilt $|c| = 2$ nur bei den Funktionen

$$F(z) = \frac{z}{(1 - \varepsilon z)^2}, \; |\varepsilon| = 1, c = 2\varepsilon,$$

d. h. nach Umrechnung für $f(z) = z + \varepsilon/z$, $|\varepsilon| = 1$. Diese Extremalfunktionen bilden den $|z| > 1$ auf die Komplementärmenge eines geradlinigen Schlitzes der Länge 4 ab, dessen Mittelpunkt im Nullpunkt liegt.

Die weiteren Betrachtungen dieses Paragraphen werden zweckmäßig auf den folgenden auch an sich interessanten Rengelschen Verzerrungssatz für die Abbildung des Rechtecks gestützt. Ein Rechteck $\mathfrak{R}$ der ζ-Ebene mit Seiten der Längen a und b werde durch die im abgeschlossenen Rechteck $\mathfrak{R}$ reguläre und eindeutige Funktion $F(\zeta)$ konform (schlicht oder unschlicht) abgebildet. Es sei β eine untere Schranke für die Länge der Bilder der den Seiten b parallelen Strecken im Rechteck. Ferner sei

$$I = \iint_{\mathfrak{R}} |F'|^2 \, d\xi \, d\eta$$

der Inhalt des Bildbereiches von $\mathfrak{R} \cdot (\zeta = \xi + i\eta)$. Dann gilt

$$\frac{a}{b} \leqq \frac{I}{\beta^2}.$$

Das Gleichheitszeichen steht hier nur dann, wenn $F(\zeta)$ eine Ähnlichkeitstransformation ist und alle Bilder die Länge β haben. Steht nicht das Gleichheitszeichen, so gibt es eine der Seite b parallele Strecke im Rechteck, deren Bild eine Länge größer als β besitzt und eine nur durch diese Strecke allein bestimmte positive Zahl p, so daß

$$\frac{a}{b} < \frac{I}{\beta^2} - p$$

gilt.

Zum Beweis darf man annehmen, daß $\mathfrak{R}$ durch $0 \leqq \xi \leqq a$, $0 \leqq \eta \leqq b$ gegeben ist. Dann ist

$$I = \iint_{\mathfrak{R}} |F'|^2 \, d\xi \, d\eta = \int_0^a d\xi \int_0^b |F'|^2 \, d\eta .$$

Nach der Schwarzschen Ungleichung von S. 106/107 ist

$$\left(\int_0^b |F'| \, d\eta\right)^2 \leqq \int_0^b d\eta \int_0^b |F'|^2 \, d\eta .$$

Demnach ist

$$I \geqq \frac{1}{b} \int_0^a d\xi \left(\int_0^b |F'| \, d\eta\right)^2 .$$

Hier bedeutet aber

$$\int_0^b |F'(\xi_1, \eta)| \, d\eta$$

die Länge des Bildes der zu den Seiten b parallelen Strecke $\xi = \xi_1$ im Rechteck $\mathfrak{R}$. Daher ist nach Voraussetzung

$$\int_0^b |F'| \, d\eta \geqq \beta .$$

Somit ist

$$I \geqq \frac{a}{b} \beta^2 .$$

Ist für irgendein $\xi = \xi_1$

$$\int_0^b |F'(\xi_1, \eta)| \, d\eta > \beta + c, \quad c > 0,$$

dann gibt es wegen der Stetigkeit von $F'(\xi, \eta)$ ein $\delta > 0$, so daß

$$\int_0^b |F'(\xi, \eta)| \, d\eta > \beta + c \text{ in } |\xi - \xi_1| < \delta .$$

Daher wird jetzt

$$I > \frac{a - 2\delta}{b} \beta^2 + \frac{2\delta}{b} (\beta + c)^2 > \frac{a}{b} \beta^2 + \frac{4\delta\beta c}{b} .$$

Daher ist jetzt

$$\frac{a}{b} < \frac{I}{\beta^2} - \frac{4\delta c}{b\beta} .$$

Soll nun

$$\frac{a}{b} = \frac{I}{\beta^2}$$

gelten, so muß $\delta = 0$ sein, d. h. $\int_0^b | F' | \, d\eta = \beta$ für alle ξ gelten. Es muß aber auch in der Schwarzschen Ungleichung das Gleichheitszeichen stehen. Nach den Ausführungen der Fußnote über das Schwarzsche Lemma bedeutet dies, daß für ein gewisses von η unabhängiges λ

$$\lambda + | F' | = 0$$

ausfällt, d. h., daß $| F' |$ von η unabhängig ist. Nun ist aber

$$\beta = \int_0^b | F' | \, d\eta = b \, | F' |$$

von ξ unabhängig, d. h. es ist $| F' |$ konstant. Daher[1]) ist die analytische Funktion F' konstant, und daher ist F ganz und linear. D. h. die Abbildung ist eine Ähnlichkeitstransformation.

Schalten wir einen kleinen Exkurs ein: Er betrifft die Abbildung eines Vierecks auf ein Rechteck unter Entsprechen der Ecken. Unter einem Viereck wird das Innere einer Jordankurve verstanden, auf der vier Punkte, die Ecken des Vierecks, markiert sind. Sie seien in zyklischer Folge[2]) durch A, B, C, D bezeichnet. Nach §18, §21 und §15 Nr. 8 kann man das Viereck konform und im abgeschlossenen Viereck schlicht und stetig auf ein Rechteck mit den Ecken[2]) A', B', C', D' so abbilden, daß die gleich bezeichneten Ecken beider Figuren einander entsprechen. Man kann nämlich nach § 18 und § 21 zunächst eine schlichte im abgeschlossenen Viereck stetige konforme Abbildung auf eine Kreisscheibe bewirken, diese in eine Halbebene überführen und diese nach § 15 Nr. 8 mit Hilfe des elliptischen Integrals erster Gattung auf ein Rechteck in der gewünschten Weise abbilden. Diese Abbildung des Vierecks auf das Rechteck unter Entsprechen der Ecken ist bis auf Ähnlichkeitstransformationen eindeutig bestimmt. Man bezeichne die Rechteckseite $A'B'$ mit a und die Rechteckseite $B'C'$ mit b und

---

[1]) $$\log | F' | = \tfrac{1}{2} \log F' + \tfrac{1}{2} \log \overline{F'} = \Re \log F'$$
ist eine konstante Potentialfunktion. Daher ist $\log F'$ konstant.

[2]) Der Umlaufssinn sei der positive.

wende den Rengelschen Verzerrungssatz an. Es seien α und β die entsprechenden Seiten eines Bildrechtecks, auf das man das erste schlicht unter Entsprechen der Ecken abbilden kann. Sein Inhalt ist $\alpha\beta$, und daher ist nach Rengel $a/b \leqq \alpha/\beta$. Da man den Rengelschen Satz auch auf die inverse Abbildung anwenden kann, so folgt auch $\alpha/\beta \leqq a/b$. Daher ist $a/b = \alpha/\beta$, und daher ist nach Rengel die Abbildung eine Ähnlichkeitstransformation. Das Seitenverhältnis a/b ist eine konforme Invariante der Klasse von Vierecken, die sich konform und schlicht im abgeschlossenen Viereck stetig unter Entsprechen der Ecken aufeinander abbilden lassen. D. h. nur solche Vierecke lassen sich in der beschriebenen Weise aufeinander abbilden, die auf Rechtecke mit dem gleichen Seitenverhältnis führen. Man vergleiche diese grundsätzlich neue Erkenntnis mit dem Riemannschen Abbildungssatz des § 18. Die dort betrachteten Figuren: „Einfach zusammenhängende Bereiche mit mindestens zwei Randpunkten, in deren Innerem ein Punkt und in ihm eine Richtung markiert sind", sind stets konform und schlicht aufeinander abbildbar. Die Klasse dieser Figuren besitzt keine konforme Invariante. Je zwei der Figuren sind stets konform aufeinander abbildbar. Der Unterschied gegenüber den vorher betrachteten Vierecken wird noch klarer, wenn man bedenkt, daß man die konforme Kreisabbildung auch dadurch normieren kann, daß man drei Randpunkten ihre Bildpunkte auf der Kreisperipherie zuweist. Man kann das auch so ausdrücken: Man verstehe unter einem Dreieck das Innere einer Jordankurve, auf der drei Punkte, die Ecken des Dreiecks normiert sind. Sind diese Ecken in zyklischer Folge A, B, C, so kann man das Dreieck so konform schlicht und im abgeschlossenen Dreieck stetig auf eine Kreisscheibe abbilden, daß A, B, C in drei vorgegebene Peripheriepunkte A', B', C' übergehen. Von diesen ist nur zu fordern, daß sie die gleiche Orientierung wie A, B, C bestimmen. Dies Ergebnis bedeutet, daß je zwei Dreiecke konform unter Entsprechen der Ecken und im abgeschlossenen Dreieck stetig aufeinander abbildbar sind, daß also die Klasse der Dreiecke keine konforme Invariante hat.

Die Lehre von den konformen Invarianten ist ein in lebhafter Entwicklung befindliches Teilgebiet der Theorie der konformen Abbildung. Sie stützt sich auf den Begriff der extremalen Länge, den Ahlfors und Beurling 1950 eingeführt haben. Er sei am einfachsten Fall des Vierecks V erläutert. Es sei in ihm eine Menge $\{c\}$ von rektifizierbaren Kurven c gegeben, z. B. die Querschnitte, welche Punkte zweier gegenüberliegender Vierecksseiten verbinden. Die extremale Länge $L(c)$ der Menge $\{c\}$ wird durch

$$\frac{1}{L(c)} = \operatorname*{fin\,inf}_{\varrho} \iint_V \varrho^2 \, dx \, dy$$

definiert. Dabei werden zur Konkurrenz alle nichtnegativen reellwertigen Funktionen $\varrho(x, y)$ zugelassen, für die das Doppelintegral existiert und die so beschaffen sind, daß $\int_c \varrho \, ds$ für jede Kurve $c \in \{c\}$ existiert und $\geqq 1$ ist. Diese extremale Länge ist offenbar eine konforme Invariante. Ich will noch zeigen, daß sie im Beispiel der Modul des Vierecks ist. Das Viereck sei in der beschriebenen Weise auf ein Rechteck R mit den Ecken $0, a, a + ib, ib$ abgebildet. Die Menge $\{c\}$ bestehe aus den Kurven, die die der reellen Achse parallelen Rechteckseiten verbinden. Dann ist $\varrho_0 = \frac{1}{a}$ eine zur Konkurrenz zugelassene Funktion. Für sie ist

$$\iint_R \varrho_0^2 \, dx \, dy = \frac{b}{a}.$$

Es sei $\varrho(x, y)$ irgendeine weitere Funktion der Konkurrenz. Dann ist

$$0 \leqq \iint_R (\varrho - \varrho_0)^2 \, dx \, dy = \iint_R \varrho^2 \, dx \, dy + \frac{b}{a} - \frac{2}{a} \iint_R \varrho \, dx \, dy =$$

$$= \iint_R \varrho^2 \, dx \, dy + \frac{b}{a} - \frac{2}{a} \int_0^b dy \int_0^a \varrho \, dx \leqq \iint_R \varrho^2 \, dx \, dy + \frac{b}{a} -$$

$$- \frac{2b}{a} = \iint_R \varrho^2 \, dx \, dy - \frac{b}{a}.$$

Denn es soll doch $\int\limits_c \varrho\, ds \geqq 1$ sein für jede Kurve der Menge c, insbesondere also auch für die parallelen zur reellen Achse. Die bewiesene Ungleichung lehrt, daß $L(c) = a/b$ ist.

Für das Folgende ist es wichtig zu wissen, daß der oben bewiesene Rengelsche Verzerrungssatz richtig bleibt, **wenn man zuläßt, daß $F(\zeta)$ auf den Seiten b des Rechtecks $\mathfrak{R}$ und auf endlich vielen diesen Seiten parallelen Schlitzen aufhört regulär zu sein. Die Länge eines jeden dieser Schlitze soll kleiner als b sein, so daß sie in ihrer Gesamtheit das Rechteck nicht zerlegen. Unter I hat man jetzt den inneren Inhalt des Bildes von $\mathfrak{R}$ zu verstehen, d. h. die obere Grenze der Doppelintegrale**

$$\iint\limits_{\mathfrak{R}'} |F'|^2 d\xi\, d\eta$$

erstreckt über irgendwelche singularitätenfreie Teilbereiche $\mathfrak{R}'$ des aufgeschlitzten Rechtecks.

Zum Beweis nehmen wir zunächst einmal an, daß keine Schlitze vorhanden sind, daß aber auf den Seiten b des Rechtecks die Regularität von $F(\zeta)$ aufhören kann. Wir betrachten dann ein Rechteck $\mathfrak{R}_\varepsilon$: $\varepsilon \leqq \xi \leqq a - \varepsilon$, $0 \leqq \eta \leqq b$, $\varepsilon > 0$. Für dieses gelten die Voraussetzungen des bewiesenen Satzes unverändert. Der Bildinhalt sei I_ε. Dann ist

$$\frac{a - 2\varepsilon}{b} \leqq \frac{I_\varepsilon}{\beta^2}.$$

Grenzübergang $\varepsilon \to 0$ liefert

$$\frac{a}{b} \leqq \frac{I}{\beta^2}.$$

Ist nun wieder

$$\int\limits_0^b |F'|\, d\eta > \beta + c, \quad c > 0$$

für ein reguläres ξ aus $\mathfrak{R}$, so wählen wir ε so klein, daß dies ξ zu $\mathfrak{R}_\varepsilon$ gehört. Die beim vorigen Beweis angestellte Betrachtung gilt dann unverändert für $\mathfrak{R}_\varepsilon$, und man erhält

$$\frac{a - 2\varepsilon}{b} < \frac{I_\varepsilon}{\beta^2} - \frac{4\delta c}{b\beta}.$$

Durch Grenzübergang $\varepsilon \to 0$ folgt hieraus

$$\frac{a}{b} \leqq \frac{I}{\beta^2} - \frac{4\delta c}{b\beta}.$$

Soll nun

$$\frac{a}{b} = \frac{I}{\beta^2}$$

sein, so schließt man genau wie vorhin, daß $F(\zeta)$ ganz und linear ist.

Wenn weiter Schlitze vorhanden sind, so zerlegen wir durch die solche Schlitze tragenden Geraden das Rechteck $\mathfrak{R}$ in endlich viele Teilrechtecke $\mathfrak{R}_\nu: \xi_\nu < \xi < \xi_{\nu+1},\ 0 < \eta < b$. Für jedes ist die eben angestellte Betrachtung anwendbar. Man erhält daher

$$\frac{\xi_{\nu+1} - \xi_\nu}{b} \leqq \frac{I_\nu}{\beta^2},$$

wenn mit I_ν der innere Inhalt des Bildes von $\mathfrak{R}_\nu$ bezeichnet wird. Durch Addition dieser Ungleichungen erhält man

$$\frac{a}{b} \leqq \frac{I}{\beta^2}.$$

Zugleich sieht man, daß hier nur dann das Gleichheitszeichen stehen kann, wenn in jedem der Summanden, d. h. für jedes Rechteck $\mathfrak{R}_\nu$ das Gleichheitszeichen steht. Daher ist $F(\zeta)$ in jedem $\mathfrak{R}_\nu$ ganz und linear. Da die Schlitze aber das Rechteck $\mathfrak{R}$ nicht zerlegen, ist $F(\zeta)$ von $\mathfrak{R}_\nu$ zu $\mathfrak{R}_{\nu+1}$ fortsetzbar, und daher ist $F(\zeta)$ in ganz $\mathfrak{R}$ ganz und linear (und singularitätenfrei).

Als Anwendung beweisen wir jetzt das Grötzsch-Rengelsche Kreisbogenschlitztheorem. $\mathfrak{w} = f(\mathfrak{z})$ bilde das Innere der längs endlich vielen Kreisbögen mit $\mathfrak{z} = 0$ als Mittelpunkt aufgeschlitzten Ebene schlicht und konform ab. $f(\mathfrak{z})$ sei bei $\mathfrak{z} = 0$ regulär. Bei $\mathfrak{z} = \infty$ gelte die Entwicklung

$$f(\mathfrak{z}) = a_1 \mathfrak{z} + a_0 + \frac{a_{-1}}{\mathfrak{z}} + \cdots, \quad |a_1| = 1.$$

Dann ist

$$|f'(0)| \leqq 1.$$

Das Gleichheitszeichen steht nur bei Bewegungen.

Zum Beweis können wir $f(0) = 0$ nehmen. Wir wählen r und R so, daß alle Schlitze in $r < |\mathfrak{z}| < R$ liegen. $|\mathfrak{w}| = q(r)r$ sei der größte Kreis um $\mathfrak{w} = 0$, den das Bild von $|\mathfrak{z}| = r$ umschließt und $|\mathfrak{w}| = Q(R)R$ sei der kleinste Kreis um $\mathfrak{w} = 0$, der seinerseits das Bild von $|\mathfrak{z}| = R$ enthält. Den Kreisring $r < |\mathfrak{z}| < R$ schneiden wir durch einen Radius auf und bilden den aufgeschnittenen Ring durch $\zeta = \log \mathfrak{z}$ auf ein Rechteck $\mathfrak{R}$ ab. Die Kreisbogenschlitze gehen in Parallele zur imaginären Achse über. Wir wenden den verallgemeinerten Rengelschen Satz S. 127 auf $\zeta_1 = \log f(e^\zeta)$ an. Es ist dann zu nehmen

$$a = \log \frac{R}{r}, \quad b = 2\pi, \quad \beta = 2\pi, \quad I \leqq 2\pi \log \frac{Q(R)R}{q(r)r}.$$

Alle Schlitze sind kürzer als 2π. Der verallgemeinerte Rengelsche Satz liefert dann

$$\frac{\log \frac{R}{r}}{2\pi} \leqq \frac{\log \frac{Q(R)R}{q(r)r}}{2\pi},$$

d. h.

$$0 \leqq \log \frac{Q(R)}{q(r)}.$$

Da nun

$$\lim_{r\to 0} q(r) = |f'(0)|, \quad \lim_{R\to\infty} Q(R) = 1$$

ist, so erhalten wir für $r \to 0$, $R \to \infty$ aus der letzten Abschätzung

$$0 \leqq \log \left|\frac{1}{f'(0)}\right|,$$

d. h.

$$|f'(0)| \leqq 1.$$

Das Gleichheitszeichen steht dann und nur dann, wenn $\zeta_1 = \log f(e^\zeta)$ eine Ähnlichkeitstransformation ist. Ist aber

$$\log f(e^\zeta) = A\zeta + B,$$

so ist

$$f(e^{\zeta}) = e^{A\zeta} e^{B}$$
$$f(\mathfrak{z}) = e^{A \log \mathfrak{z}} \cdot e^{B} .$$

Da aber $f(\mathfrak{z})$ bei $\mathfrak{z} = 0$ regulär sein soll, so muß A ganz und positiv sein. Es ist also

$$f(\mathfrak{z}) = \mathfrak{z}^{A} \cdot e^{B}, \quad A \text{ ganz positiv.}$$

Da endlich $f(\mathfrak{z})$ schlicht abbilden soll, so muß $A = 1$ sein, d. h.

$$f(\mathfrak{z}) = \mathfrak{z} e^{B} .$$

Da bei $\mathfrak{z} = \infty$ die Entwicklung

$$f(\mathfrak{z}) = a_1 \mathfrak{z} + a_0 + \frac{a_{-1}}{\mathfrak{z}} + \cdots, \quad |\, a_1 \,| = 1$$

gelten soll, so ist $|\, e^{B} \,| = 1$. Die Abbildung ist also eine Drehung. Verzichtet man wieder auf die beim Beweis gemachte Hilfsannahme $f(0) = 0$, so erkennt man, daß $f(\mathfrak{z})$ im Falle des Gleichheitszeichens eine Bewegung ist.

Wir beweisen weiter das Grötzsch-Rengelsche Radialschlitztheorem. $\mathfrak{w} = f(\mathfrak{z})$ bilde das Innere der längs endlich vielen Strecken auf Geraden durch $\mathfrak{z} = 0$ aufgeschlitzten Ebene schlicht konform ab. Die Schlitze sollen $\mathfrak{z} = 0$ und $\mathfrak{z} = \infty$ nicht enthalten und auch nicht an diese Punkte heranreichen. Bei $\mathfrak{z} = \infty$ gelte die Entwicklung

$$f(\mathfrak{z}) = a_1 \mathfrak{z} + a_0 + \frac{a_{-1}}{\mathfrak{z}} + \cdots, \quad |\, a_1 \,| = 1 .$$

Dann ist

$$|\, f'(0) \,| \geqq 1 .$$

Das Gleichheitszeichen steht nur bei Bewegungen.

Zum Beweis nehmen wir wieder $f(0) = 0$ an. Alle Schlitze seien in $r < |\, \mathfrak{z} \,| < R$ enthalten. $|\, \mathfrak{w} \,| = q'(r) r$ sei der kleinste Kreis um $\mathfrak{w} = 0$, der das Bild von $|\, \mathfrak{z} \,| = r$ enthält und $|\, \mathfrak{w} \,| = Q'(R) R$ sei der größte Kreis um $\mathfrak{w} = 0$, den das Bild von $|\, \mathfrak{z} \,| = R$ enthält. q und Q behalten ihre beim Kreisbogenschlitztheorem erläuterte Bedeutung. Wir schneiden den Kreisring $r < |\, \mathfrak{z} \,| < R$ wieder längs eines Radius auf und bilden den aufgeschnittenen Ring wieder durch $\zeta = \log \mathfrak{z}$ auf ein Rechteck $\mathfrak{R}$ ab. Wir wenden den verallgemeinerten Rengelschen Satz auf $\mathfrak{R}$ und $\zeta_1 = \log f(e^\zeta)$ an. Jetzt ist zu nehmen

$$a = 2\pi,\ b = \log \frac{R}{r},\ \beta = \log \frac{Q'(R)R}{q'(r)r},\ I \leqq 2\pi \log \frac{Q(R)R}{q(r)r}.$$

Alle Schlitze, die aus den Radialschlitzen entstehen, sind der Seite b parallel und $< b$. Dann liefert der Rengelsche Satz

$$\frac{2\pi}{\log \frac{R}{r}} \leqq \frac{2\pi \log \frac{Q(R)R}{q(r)r}}{\left(\log \frac{Q'(R)R}{q'(r)r}\right)^2}$$

$$1 \leqq \frac{\left(\log \frac{Q(R)}{q(r)} + \log \frac{R}{r}\right) \log \frac{R}{r}}{\left(\log \frac{Q'(R)}{q'(r)}\right)^2 + 2\log \frac{Q'(R)}{q'(r)} \log \frac{R}{r} + \left(\log \frac{R}{r}\right)^2}$$

$$\left(\log \frac{Q'(R)}{q'(r)}\right)^2 + 2\log \frac{Q'(R)}{q'(r)} \log \frac{R}{r} \leqq \log \frac{Q(R)}{q(r)} \log \frac{R}{r}$$

$$\frac{\left(\log \frac{Q'(R)}{q'(r)}\right)^2}{\log \frac{R}{r}} + 2\log \frac{Q'(R)}{q'(r)} \leqq \log \frac{Q(R)}{q(r)}.$$

Nun ist

$$\lim_{r\to 0} q(r) = \lim_{r\to 0} q'(r) = |f'(0)|,\ \lim_{R\to\infty} Q(R) = \lim_{R\to\infty} Q'(R) = 1.$$

Also wird für $r \to 0$ und $R \to \infty$

$$2\log \left|\frac{1}{f'(0)}\right| \leqq \log \left|\frac{1}{f'(0)}\right|$$

$$\log \left|\frac{1}{f'(0)}\right| \leqq 0$$

$$|f'(0)| \geqq 1.$$

Das Gleichheitszeichen gilt nur, wenn

$$\zeta_1 = \log f(e^{\zeta})$$

eine Ähnlichkeitstransformation ist. Ganz ebenso wie beim Kreisbogenschlitztheorem schließt man, daß dann $\mathfrak{w} = f(\mathfrak{z})$ eine Bewegung ist.

Man kann die beiden Grötzsch-Rengelschen Sätze auch so formulieren: Ein $z = 0$ und $z = \infty$ enthaltender endlich vielfach zusammenhängender Bereich werde durch eine Funktion

$$\varphi(z) = z + a_0 + \frac{a_{-1}}{z} + \cdots,$$

schlicht abgebildet. $|\varphi'(0)|$ erreicht sein Maximum nur für die Kreisbogenschlitzabbildung. $|\varphi'(0)|$ erreicht sein Minimum nur für die Radialschlitzabbildung. Der Mittelpunkt der Kreisbogen ist dabei $\varphi(0)$. Die Radialschlitze liegen auf Geraden durch $\varphi(0)$. Der Beweis dafür, daß man jeden endlich vielfach zusammenhängenden Bereich auf Bereiche der eben genannten Art abbilden kann, wird in § 27 gegeben werden. Für einfach zusammenhängende Bereiche gebe ich jetzt die Abbildungsfunktionen explizite an.

Nach dem Riemannschen Abbildungssatz kann man jeden einfach zusammenhängenden $z = \infty$ enthaltenden Bereich mit mehr als einem Randpunkt schlicht auf das Äußere des Einheitskreises abbilden. Insbesondere gilt dies für Kreisbogenschlitzbereiche und Radialschlitzbereiche. Man kann so aus den beiden bewiesenen Schlitztheoremen Aussagen über schlichte Abbildungen des $|z| > 1$ gewinnen. Dadurch erhalten wir den Verzerrungssatz für schlichte Abbildungen des $|z| > 1$. Wir betrachten irgendeine schlichte konforme Abbildung $\mathfrak{w} = \varphi(z)$ des $|z| > 1$ mit folgender Entwicklung bei $z = \infty$

$$\mathfrak{w} = \varphi(z) = a_1 z + a_0 + \frac{a_{-1}}{z} + \cdots, \quad |a_1| = 1.$$

Wir fragen nach Schranken für $|\varphi'(z_1)|$, wobei z_1 ein beliebiger Punkt aus $|z_1| > 1$ sei. $\varphi(z)$ bilde $|z| > 1$ auf einen

Bereich B ab. Wir dürfen dabei annehmen, daß $\varphi(z_1) = 0$ ist. Denn wir fragen nach Schranken für die Ableitung $\varphi'(z_1)$. Diesen Bereich B bilden wir nun schlicht entweder auf einen Kreisbogenschlitzbereich oder auf einen Radialschlitzbereich ab, derart, daß $z = z_1$ entweder in den Mittelpunkt des Kreisbogens oder in einen Punkt auf der Verlängerung des geraden Schlitzes übergeht. Diese Funktion nennen wir als Umkehrungsfunktion der bei den Schlitztheoremen betrachteten

$$\mathfrak{z} = f^{-1}(\mathfrak{w}).$$

Die Funktion

$$\mathfrak{z} = f^{-1}(\varphi(z)) = F(z)$$

bildet dann $|z| > 1$ auf einen der genannten Schlitzbereiche ab, so daß $z = z_1$ in den Mittelpunkt des Kreisbogens oder in einen Punkt auf der Verlängerung des geradlinigen Schlitzes übergeht. Es ist daher

$$|F'(z_1)| = \left|\frac{df^{-1}(\mathfrak{w})}{d\mathfrak{w}}\right|_{\mathfrak{w}=0} \left|\frac{d\varphi(z)}{dz}\right|_{z=z_1}$$

Wir schreiben weiter F_k statt F, bzw. F_r statt F und ebenso f_k statt f und f_r statt f, je nachdem, welche der beiden Abbildungen gemeint ist. Nach den Schlitztheoremen ist

$$|f_r'(0)| \geqq 1, \qquad |f_k'(0)| \leqq 1.$$

Daher finden wir

$$|F_r'(z_1)| \leqq |\varphi'(z_1)| \leqq |F_k'(z_1)|.$$

Dies ist eine vorläufige Formulierung des Verzerrungssatzes, die wir nun noch durch explizite Angabe der Schranken, d. i. durch explizite Angabe der Funktionen F_r und F_k ergänzen wollen.

Diese expliziten Abbildungen des $|z| > 1$ auf Schlitzbereiche der angegebenen Art ergeben sich unschwer im Anschluß an das, was § 12 über die Abbildung durch $z + \frac{1}{z}$ vorgebracht wurde. Diese Funktion bildet bekanntlich $|z| > 1$ auf die von -2 bis $+2$ geradlinig aufgeschlitzte Ebene ab. In den Punkten $z = \pm 1$ tritt Winkelverdoppelung ein. Die Punkte der reellen z-Achse gehen in Punkte auf der Verlängerung des Schlitzes über. Soll nun $|z| > 1$ so auf einen geradlinigen Schlitzbereich abgebildet werden, daß $z_1 = |z_1| e^{i\vartheta_1}$ in einen Punkt auf der Verlängerung des Schlitzes übergeht, so bemerkt man sofort, daß

$$F_r(z) = e^{-i\vartheta_1} z + \frac{e^{i\vartheta_1}}{z}$$

zu nehmen ist. Wir finden

$$F'_r(z_1) = e^{-i\vartheta_1}\left(1 - \frac{1}{|z_1|^2}\right).$$

Etwas mühsamer ist die Auffindung von $F_k(z)$. Wir stützen uns jetzt auf die Bemerkung, daß bei der Abbildung $z + \frac{1}{z}$ alle Kreise durch $z = \pm 1$ in (doppelt durchlaufene) Kreisbogen bzw. gerade Linien übergehen, und zwar so, daß zwei zueinander senkrechte Kreise durch $z = \pm 1$ Schlitze liefern, die sich zu einem vollen Kreis (bzw. einer vollen Geraden) der Bildebene ergänzen. Da nun bei der Kreisbogenschlitzabbildung des $|z| > 1$ der unendlichferne Punkt festbleiben und da $z = z_1$ in den Mittelpunkt des Kreisbogens übergehen soll, so legen wir um $z = z_1$ als Mittelpunkt einen Kreis, der den $|z| = 1$ senkrecht schneidet. Dieser Kreis ist es, dessen Bild das Bild des Einheitskreises zum vollen Kreis ergänzen muß. Dementsprechend sind die beiden Schnittpunkte dieses Kreises zu den Punkten der Winkelverdoppelung zu wählen. Für den Radius r des genannten Kreises um $z = z_1$ ist

$$r^2 = |z_1|^2 - 1.$$

Die beiden zueinander senkrechten Kreise sind also

$$|z - z_1|^2 = |z_1|^2 - 1, \quad |z|^2 = 1.$$

Ihre Schnittpunkte liegen auf der Geraden

$$z\bar{z}_1 + \bar{z}z_1 - 2 = 0.$$

Setzen wir

$$z = e^{i\vartheta}, \quad z_1 = |z_1| e^{i\vartheta_1},$$

so finden wir für die Schnittpunkte

$$|z_1| \cos(\vartheta - \vartheta_1) = 1.$$

Es ist also

$$\cos(\vartheta - \vartheta_1) = \frac{1}{|z_1|}, \quad \sin(\vartheta - \vartheta_1) = \pm\sqrt{1 - \frac{1}{|z_1|^2}}.$$

Die beiden Schnittpunkte sind also

$$e^{i\vartheta} = e^{i\vartheta_1} \cdot e^{i(\vartheta - \vartheta_1)}$$

$$= e^{i\vartheta_1}\left(\frac{1}{|z_1|} \pm i\sqrt{1 - \frac{1}{|z_1|^2}}\right).$$

Der Mittelpunkt der die beiden Punkte verbindenden Strecke ist

$$e^{i\vartheta_1}\frac{1}{|z_1|}.$$

Ihr Verbindungsvektor ist

$$2\, i e^{i\vartheta_1}\sqrt{1 - \frac{1}{|z_1|^2}}.$$

Daher ist

$$\frac{z - \frac{1}{|z_1|} e^{i\vartheta_1}}{i e^{i\vartheta_1}\sqrt{1 - \frac{1}{|z_1|^2}}} + \frac{i e^{i\vartheta_1}\sqrt{1 - \frac{1}{|z_1|^2}}}{z - \frac{1}{|z_1|} e^{i\vartheta_1}}$$

die gesuchte Abbildung. Da aber bei $F_k(z)$ der Abbildungsmodul in $z = \infty$ Eins sein soll, so multiplizieren wir noch mit $\sqrt{1 - \frac{1}{|z_1|^2}}$ und erhalten

$$F_k(z) = \frac{z - \frac{1}{|z_1|} e^{i\vartheta_1}}{i e^{i\vartheta_1}} + \frac{i e^{i\vartheta_1}\left(1 - \frac{1}{|z_1|^2}\right)}{z - \frac{1}{|z_1|} e^{i\vartheta_1}}.$$

Es ist

$$F'_k(z_1) = \frac{1}{ie^{i\vartheta_1}} - \frac{ie^{i\vartheta_1}\left(1 - \frac{1}{|z_1|^2}\right)}{\left(z_1 - \frac{1}{|z_1|}e^{i\vartheta_1}\right)^2}$$

$$= \frac{1}{ie^{i\vartheta_1}} - \frac{\left(1 - \frac{1}{|z_1|^2}\right)i}{e^{i\vartheta_1}\left(|z_1| - \frac{1}{|z_1|}\right)^2}$$

$$= \frac{1}{ie^{i\vartheta_1}}\left(1 + \frac{1 - \frac{1}{|z_1|^2}}{|z_1|^2\left(1 - \frac{1}{|z_1|^2}\right)^2}\right)$$

$$= \frac{1}{ie^{i\vartheta_1}}\left(1 + \frac{1}{|z_1|^2\left(1 - \frac{1}{|z_1|^2}\right)}\right)$$

$$= \frac{1}{ie^{i\vartheta_1}}\,\frac{1}{1 - \frac{1}{|z_1|^2}}.$$

Die endgültige Formulierung des Verzerrungssatzes lautet: $\mathfrak{w} = \varphi(z)$ sei eine schlichte konforme Abbildung von $|z| > 1$. Bei $z = \infty$ gelte die Entwicklung

$$\varphi(z) = a_1 z + a_0 + \frac{a_{-1}}{z} + \cdots, \quad |a_1| = 1.$$

Dann gilt in $|z| > 1$

$$1 - \frac{1}{|z|^2} \leqq |\varphi'(z)| \leqq \frac{1}{1 - \frac{1}{|z|^2}}.$$

Das Gleichheitszeichen gilt an irgendeiner Stelle $z = z_1$ aus $|z| > 1$ links nur für die Funktionen

$$AF_r(z) + B, \quad |A| = 1$$

rechts nur für die Funktionen

$$AF_k(z) + B, \quad |A| = 1.$$

Zugleich bemerkt man noch, daß diese Funktionen, für die im Verzerrungssatz das Gleichheitszeichen steht, die einzigen schlichten Abbildungen mit einer bei $z = \infty$ geltenden Entwicklung

$$a_1 z + a_0 + \frac{a_{-1}}{z} + \cdots, \quad |a_1| = 1$$

sind, welche den $|z| > 1$ auf einen Kreisbogenschlitzbereich oder einen Radialschlitzbereich derart abbilden, daß $z = z_1$ in den Mittelpunkt des Kreisbogens oder in einen Punkt auf der Verlängerung des geradlinigen Schlitzes übergeht.

Aus der eben für $\varphi'(z)$ gegebenen Abschätzung folgt durch Integration im Falle $a_1 = 1$ von $\varphi(z)$

$$\left| \frac{\varphi(z_1) - \varphi(z_2)}{z_1 - z_2} \right| \leqq \frac{r^2}{r^2 - 1} \frac{\pi}{2},$$

wobei z_1 und z_2 irgend zwei Stellen vom gleichen absoluten Betrag $|z_1| = |z_2| = r$ bedeuten. Es ist anscheinend bisher nicht bekannt, ob diese Abschätzung scharf ist. Nach Golusin gilt aber auch im Falle $a_1 = 1$ von $\varphi(z)$

$$\left| \frac{\varphi(z_1) - \varphi(z_2)}{z_1 - z_2} \right| \geqq 1 - \frac{1}{r^2},$$

wenn wieder z_1 und z_2 zwei Stellen vom gleichen absoluten Betrag $|z_1| = |z_2| = r$ sind. Diese Abschätzung ist scharf. Das Gleichheitszeichen steht nach Golusin nur dann, wenn es sich um die Funktionen

$$z - \frac{e^{i\alpha}}{z} + \text{const}, \quad \alpha = \arg(z_1 z_2)$$

handelt. Nach J. A. Jenkins (Am. J. 73) hängt dieser Satz von Golusin eng mit einem anderen Satz von H. Grötzsch zusammen. Sind z_1 und z_2 zwei Stellen aus $|z| > 1$, so erteilt unter allen schlichten Abbildungen $\varphi(z) = z + \alpha_0 + \frac{\alpha_1}{z} + \frac{\alpha_2}{z^2} + \cdots$ des $|z| > 1$ nur diejenige dem

$|\varphi(z_1) - \varphi(z_2)|$ seinen Kleinstwert, welche den $|z| > 1$ auf ein Gebiet abbildet, das von einem Bogen einer Hyperbel begrenzt ist, deren Brennpunkte bei $\varphi(z_1)$ und $\varphi(z_2)$ liegen. Seinen Größtwert erreicht $|\varphi(z_1) - \varphi(z_2)|$ nur für diejenige Abbildung des $|z| > 1$, deren Bildgebiet von einem Bogen einer Ellipse begrenzt ist, deren Brennpunkte bei $\varphi(z_1)$ und bei $\varphi(z_2)$ liegen.

Nach H. Grötzsch kann man das unter Benutzung eines Gedankens von P. Koebe wie folgt beweisen: Da $\varphi(z) + A$ zur gleichen Funktionenfamilie gehört wie $\varphi(z)$, darf man $\varphi(z_1) + \varphi(z_2) = 0$ annehmen. Ist $w = \varphi(z)$ irgendeine der in Rede stehenden Abbildungen, so betrachte man neben dem $|z| > 1$ noch die zweiblättrige bei z_1 und z_2 verzweigte Bedeckung desselben und neben dem durch $w = \varphi(z)$ erhaltenen Bildbereich noch seine zweiblättrige bei $w_1 = \varphi(z_1)$ und $w_2 = \varphi(z_2)$ verzweigte Bedeckung. Diese beiden Riemannschen Flächenstücke werden durch $w = \varphi(z)$ aufeinander abgebildet. Durch

$$\xi = z + \sqrt{(z - z_1)(z - z_2)}, \qquad \eta = w + \sqrt{w^2 - w_1^2}$$

erhält man schlichte Abbildungen der genannten zweiblättrigen Flächen. Das sind die Umkehrungsfunktionen von

$$z = \frac{\xi^2 - z_1 z_2}{2\xi - (z_1 + z_2)}, \quad w = \frac{1}{2}\left(\eta + \frac{w_1^2}{\eta}\right).$$

Dabei geht der eine unendlich ferne Punkt in $\xi = \infty$ bzw. $\eta = \infty$, der andere unendlich ferne Punkt in $\xi = \frac{z_1 + z_2}{2}$ bzw. $\eta = 0$ über. Falls der Bildbereich in der η-Ebene ein Kreisbogenschlitzbereich mit Zentrum bei $\eta = 0$ oder ein Radialschlitzbereich mit Zentrum bei $\eta = 0$ ist, so erreicht, wie vorhin hervorgehoben wurde, $\left|\frac{d\eta}{d\xi}\right|$ an der Stelle $\xi = \frac{z_1 + z_2}{2}$ sein Maximum bzw. Minimum. Der Bildbereich in der η-Ebene hat aber eine dieser Eigenschaften, wenn der Bildbereich in der w-Ebene ein Ellipsenschlitzbereich oder ein Hyperbelschlitzbereich mit Brennpunkten $\pm w_1$ ist. Nun ist aber an der Stelle $\xi = \frac{z_1 + z_2}{2}$

$$\left|\frac{d\eta}{d\xi}\right| = \frac{|w_1 - w_2|^2}{|z_1 - z_2|^2},$$

so daß die Extreme von $|w_1 - w_2|$ mit den Extremen von $\left|\frac{d\eta}{d\xi}\right|$ koinzidieren.

Aus dem hiermit bewiesenen Satz von Grötzsch folgt die oben angegebene Golusinsche Abschätzung des Differenzenquotienten von $\varphi(z)$ nach unten so: Wegen Drehungsinvarianz in z genügt es anzunehmen, daß $z_1 = re^{i\vartheta}$, $z_2 = re^{-i\vartheta}$, $0 < \vartheta < \pi$ ist. Dann leistet

$$\varphi^*(z) = z + 1/z$$

eine Abbildung des $|z| > 1$ auf einen Hyperbeschlitzbereich der Grötzschen Extremaleigenschaft. Da für diese Funktion aber

$$|\varphi^*(z_1) - \varphi^*(z_2)| = 2\left(r - \frac{1}{r}\right) \sin \vartheta$$

ist, so ist für jede Funktion $\varphi(z) = z + a_0 + \frac{a_1}{z} + \cdots$, die in $|z| > 1$ schlicht ist, nach dem Satz von Grötzsch

$$|\varphi(z_1) - \varphi(z_2)| \geqq 2\left(r - \frac{1}{r}\right) \sin \vartheta.$$

Dividiert man durch

$$|z_1 - z_2| = 2r \operatorname{sind} \vartheta,$$

so folgt die Golusinsche Abschätzung.

Analogon des Drehungssatzes[1]) ist der folgende Satz: Für die schlichten Abbildungen $\varphi(z) = z + \frac{\alpha_1}{z} + \cdots$ des $|z| > 1$ gilt

$$|\arg \varphi'(z)| \leqq \log \frac{|z|^2}{|z|^2 - 1}.$$

---

[1]) Er wird für die schlichten Abbildungen des $|z| < 1$ erst in § 24 behandelt werden. Dort wird auch seine geometrische Bedeutung erörtert.

Diese Abschätzung ist nach Golusin scharf. Wie aus einer Arbeit von Grötzsch hervorgeht, wird die obere Schranke nur erreicht, wenn der Bildbereich von einem Stück einer logarithmischen Spirale als Schlitz begrenzt ist.

§ 24. Die Löwnersche Differentialgleichung

Aus einer beschränkten schlichten Abbildung des Einheitskreises

$$w = F(z), \ |F(z)| < M, \ F(0) = 0, \ F'(0) = 1, \ |z| < 1$$

wird eine Abbildung

$$f(z) = \frac{F(z)}{M},$$

die den $|z| < 1$ schlicht in einen Teil seiner selbst überführt. Die schlichten Abbildungen $f(z)$ des $|z| < 1$ auf einen Teil seiner selbst, können durch Abbildungen des $|z| < 1$ auf einen von einer Jordankurve begrenzten Teil seiner selbst beliebig genau approximiert werden. Denn es ist

$$\lim_{\varrho \uparrow 1} f(\varrho z) = f(z), \ |z| < 1.$$

$f(\varrho z)$ bildet für $0 < \varrho < 1$ den Einheitskreis auf einen von einer Jordankurve begrenzten Teil seiner selbst ab. Weiter können die schlichten Abbildungen des $|z| < 1$ auf ein von einer Jordankurve C begrenztes Teilgebiet B des $|w| < 1$ durch Schlitzabbildungen beliebig genau approximiert werden. Unter einer S c h l i t z a b b i l d u n g des $|z| < 1$ wird dabei eine Abbildung verstanden, deren Bildbereich aus dem $|w| < 1$ durch Weglassen eines Bogens einer Jordankurve entsteht. Dieser Bogen beginnt in einem Peripheriepunkt und endet in einem inneren Punkt des $|w| < 1$. Um die Behauptung einzusehen, verbinde man den $|w| = 1$ radial geradlinig mit einem Punkt von C und schließe daran einen Bogen von C an. Läßt man diesen Bogen wachsen, bis er ganz C erfüllt, so erhält man eine Folge von Schlitzbereichen, deren Kern B ist. Man muß dabei nur Sorge tragen, daß die erwähnte radiale Verbindung — außer in ihrem einen Endpunkt $-C$ nicht nochmals trifft. Nach § 22 konvergieren diejenigen bei $z = 0$ durch $f(0) = 0$, $f'(0) > 0$ normierten Abbildungen, welche den $|z| < 1$ auf die genannten Schlitzbereiche abbilden, in jeder abgeschlossenen Teilmenge des $|z| < 1$ gleichmäßig gegen diejenige bei $z = 0$ in der gleichen Weise normierte Funktion, die den $|z| < 1$ schlicht auf den Kern B der Schlitzbereiche abbildet. Daraus ergibt sich, daß es für alle, die Gesamtheit aller schlichten bei $z = 0$ normierten Abbildungen des $|z| < 1$ betreffenden Fragen genügt, die Schlitzabbildungen zu untersuchen. Natürlich kommen für das weitere nur Schlitze in Betracht, die den Nullpunkt nicht treffen. Denn alle Abbildungen sollen den $z = 0$ als inneren Gebietspunkt in den $w = 0$ als inneren Punkt des Bildgebietes überführen. Es sei $w = L(t)$, $0 \leqq t \leqq t_0$ eine Jordankurve, und es sei $|L(0)| < 1$, $|L(t_0)| = 1$. Für jedes feste t aus $(0, t_0)$ entsteht aus $|w| < 1$ durch Weglassen, des $0 \leqq \tau \leqq t$ entsprechenden Bogens L_t von $L(t)$ ein Schlitzbereich $B(t)$. Es sei

$$w = g(z, t) = e^{t-t_0}(z + b_2(t) z^2 + \cdots) \tag{1}$$

die bei $z = 0$ normierte Funktion, die den $|z| < 1$ schlicht auf $B(t)$ abbildet. Man darf den Parameter t so wählen, wie das in der Schreibweise (1) angegeben ist, d. h. so, daß

$$g'(0, t) = e^{t-t_0}$$

ist. Denn diese Ableitung ist nach Annahme positiv, und nach dem Schwarzschen Lemma von § 5 ist sie < 1. Außerdem nimmt die Ableitung ab, wenn t abnimmt, und ist $g'(0, t_0) = 1$, weil dann der Bildbereich der volle $|w| < 1$ ist. Daher ist $g(z, t_0) \equiv z$. Daß der Abbildungsmodul $g'(0, t)$ abnimmt, wenn t abnimmt, ergibt sich daraus, daß $B(t_1) \subset B(t_2)$ für $t_1 < t_2$ gilt. Daher ist auch

$$g^{-1}\{g(z, t_1), t_2\}$$

eine bei $w = 0$ normierte Abbildung des $|z| < 1$ auf einen Teil seiner selbst, und daher ist auch für diese Funktion der Abbildungsmodul im Nullpunkt kleiner als 1. Dieser ist aber $\dfrac{g'(0, t_1)}{g'(0, t_2)}$. Insbesondere wird uns der Bereich $B(0)$ und seine

Abbildungsfunktion

$$g(z, 0) = f(z) = e^{-t_0}(z + a_2 z^2 + \cdots)$$

interessieren. Er erscheint in eine Familie von Schlitzbereichen $B(t)$ eingebettet. $B(0)$ wird noch in eine andere Familie von Schlitzbereichen eingegliedert werden. Um diese angeben zu können, betrachte man allgemein

$$(2) \qquad h(z, t', t'') = g^{-1}\{g(z, t'), t''\} = e^{t'-t''}(z + \cdots)$$
$$\text{für } 0 \leqq t' < t'' \leqq t_0.$$

Diese Funktion bildet den $|z| < 1$ auf einen längs einem gewissen Jordanbogen aufgeschlitzten Einheitskreis ab. Denn $g(z, t') = w$ bildet den $|z| < 1$ auf den längs $L_{t'}$ aufgeschlitzten Einheitskreis ab. $g^{-1}\{w, t''\}$ bildet diesen Schlitzbereich, wegen $t'' > t'$ auf eine längs einem gewissen Jordanbogen aufgeschlitzte Einheitskreisscheibe ab. Nach § 21 ist daher $h(z, t', t'')$ im abgeschlossenen $|z| \leqq 1$ stetig. Insbesondere ist

$$(3) \qquad h(z, t, t_0) = g(z, t),$$

weil $g(z, t_0) \equiv z$ ist. Weiter ist

$$(4) \qquad h(z, 0, t_0) = g(z, 0) = f(z).$$

Man setze noch

$$(5) \qquad f(z, t) = h(z, 0, t) = g^{-1}\{g(z, 0), t\}.$$

Dann ist

$$(6) \qquad f(z, t_0) = f(z).$$

Die Funktionen $f(z, t)$ bilden wie gesagt den $|z| < 1$ schlicht auf aufgeschlitzte Einheitskreisscheiben $B^*(t)$ ab. Dabei ist $B^*(t_0) = B(0)$ und ist $B^*(0) = B(t_0)$ der Einheitskreis. So ist $B(0)$ in eine weitere Familie von Schlitzbereichen eingegliedert. Es sei noch angemerkt

$$(7) \qquad h(z, t', t'') = f\{f^{-1}(z, t'), t''\}.$$

Denn es ist

$$(8) \qquad h(f(w, t'), t', t'') = h(g^{-1}[g(w, 0), t'], t', t'')$$
$$= g^{-1}\{g[g^{-1}\{g(w, 0), t'\}, t'], t''\} = g^{-1}\{g(w, 0), t''\} = f(w, t'').$$

Schreibt man hier $z = f(w, t')$, so erhält man (7).

Die Abbildungsfunktionen $f(z, t)$ hängen für jedes z aus $|z| < 1$ stetig von t ab. Um das einzusehen, bezeichne man mit $\lambda(t)$ den Punkt von $|z| = 1$, der durch $g(z, t)$ in das innere Schlitzende von $B(t)$ übergeführt wird. Es sei $S(t', t'')$ der in $|w| \leqq 1$ gelegene Schlitz des Bildbereiches $B(t', t'')$, der aus $|z| < 1$ durch $h(z, t', t'')$ entsteht, und es sei $P(t', t'')$ der Bogen auf $|z| = 1$, der dabei in $S(t', t'')$ übergeht. $h(z, t', t'')$ ist, wie gesagt, auf $|z| = 1$ stetig und ist überdies auf dem Komplementärbogen $P'(t', t'')$ von $P(t', t'')$ analytisch. Daher kann man durch Spiegelung $h(z, t', t'')$ analytisch fortsetzen und erhält eine Abbildung der längs $P(t', t'')$ aufgeschlitzten z-Ebene auf eine w-Ebene, die längs $S(t', t'')$ und dem Spiegelbild $S^*(t', t'')$ dieser Jordankurve an $|w| = 1$ aufgeschnitten ist. Der Punkt $\lambda(t')$ auf $|z| = 1$ liefert dabei das innere Schlitzende von $S(t', t'')$, während $\lambda(t'')$ die Koordinate des anderen Schlitzendes auf $|w| = 1$ ist. Hält man $t' = t$ fest und läßt $t'' \to t' = t$ konvergieren, so schrumpft $P(t', t'')$ auf den Punkt $\lambda(t)$ zusammen. Hält man $t'' = t$ fest und läßt $t' \to t'' = t$ gehen, so schrumpft $S(t', t'')$ auf $\lambda(t)$ zusammen. Wenn nun aber die eine der beiden Mengen $P(t', t'')$ und $S(t', t'') + S^*(t', t'')$ auf einen Punkt zusammenschrumpft, so ist das auch bei den anderen der Fall. Denn beide Male konvergieren die Abbildungsfunktionen bzw. ihre Umkehrungsfunktionen gegen eine schlichte Abbildung der bei $\lambda(t)$ gelochten vollen Ebene, die bei 0 normiert ist und die nach (2) dort zudem noch die Ableitung 1 hat. Eine solche schlichte Abbildung ist aber keine andere als $w \equiv z$. Denn es muß sich um eine ganze Funktion handeln, die keinen Wert mehr als einmal annimmt. Die hervorgehobene Beziehung von $\lambda(t')$ und $\lambda(t'')$ zu den Enden von $S(t', t'')$ läßt nach dieser Überlegung insbesondere erkennen, daß $\lambda(t)$ stetig von t abhängt.

Die Enden von $P(t', t'')$ seien $e^{i\alpha}$ und $e^{i\beta}$, $\alpha < \beta < \alpha + 2\pi$. Die Funktion

$$\varphi(z) = \log \frac{h(z, t', t'')}{z}, \quad \varphi(0) < 0$$

ist regulär in $|z| < 1$ und stetig in $|z| \leqq 1$. Ihr Realteil ist

0 auf $P'(t', t'')$, und < 0 auf $P(t', t'')$. Nach § 20 ist daher

$$\log \frac{h(z, t', t'')}{z} = \frac{1}{2\pi} \int_\alpha^\beta \Re(\varphi(e^{i\vartheta})) \frac{e^{i\vartheta} + z}{e^{i\vartheta} - z} d\vartheta.$$

Trägt man $f(z, t')$ für z ein, so kommt nach (7)

$$(9) \qquad \log \frac{f(z, t'')}{f(z, t')} = \frac{1}{2\pi} \int_\alpha^\beta \Re(\varphi(e^{i\vartheta})) \frac{e^{i\vartheta} + f(z, t')}{e^{i\vartheta} - f(z, t')} d\vartheta.$$

Und daraus folgt für $z = 0$

$$(10) \qquad t'' - t' = -\frac{1}{2\pi} \int_\alpha^\beta \Re(\varphi(e^{i\vartheta})) d\vartheta.$$

Wendet man den Mittelwertsatz der Integralrechnung auf den Realteil und den Imaginärteil in (9) an, was wegen $\Re(\varphi(e^{i\vartheta})) \leqq 0$ möglich ist, so folgt

$$\log \frac{f(z, t'')}{f(z, t')} =$$

$$= \left[\Re \frac{e^{i\vartheta_1} + f(z, t')}{e^{i\vartheta_1} - f(z, t')} + i\Im \frac{e^{i\vartheta_2} + f(z, t')}{e^{i\vartheta_2} - f(z, t')}\right] \frac{1}{2\pi} \int_\alpha^\beta \Re(\varphi(e^{i\vartheta})) d\vartheta.$$

Hier bedeuten ϑ_1 und ϑ_2 passende Zahlen zwischen α und β. Nach (9) wird daher

$$\frac{\log f(z, t'') - \log f(z, t')}{t'' - t'} = -\Re(\;) - i\Im(\;).$$

Beim Grenzübergang $t' \to t$, $t'' \to t$ streben $e^{i\alpha}$ und $e^{i\beta}$ und daher auch $e^{i\vartheta_1}$, $e^{i\vartheta_2}$ gegen $\lambda(t)$. Also ist

$$\frac{d \log f(z, t)}{dt} = -\frac{\lambda(t) + f(z, t)}{\lambda(t) - f(z, t)}.$$

D. h.

$$(11) \qquad \frac{df(z, t)}{dt} = -f \frac{1 + \varkappa f}{1 - \varkappa f}, \quad k = \frac{1}{\lambda(t)}.$$

Dies nennt man die **Löwnersche Differentialgleichung.** Sie gilt für die Familie der Schlitzabbildungen $f(z, t)$, in die die Abbildung $f(z, t_0) = f(z)$ eingegliedert wurde. Daraus ergibt sich auch eine Differentialgleichung für die Familie $g(z, t)$. Sie lautet nach (5)

$$\frac{\partial g}{\partial t} = \frac{\partial g}{\partial z} z \frac{1+\varkappa g}{1-\varkappa g}.$$

Die Differentialgleichung (11) besagt: Jeder schlichten Abbildung

$$f(z) = e^{-t_0}(z + a_2 z^2 + \cdots) \tag{12}$$

des $|z| < 1$ auf eine längs einer Jordankurve aufgeschlitzten Einheitskreisscheibe kann man eine Familie schlichter Schlitzabbildungen

$$f(z, t) = e^{-t}(z + a_2(t) z^2 + \cdots) \tag{13}$$

und eine stetige Funktion $\varkappa(t)$, $|\varkappa(t)| = 1$ so zuordnen, daß (11) besteht und daß $f(z, 0) = z$ und $f(z, t_0) = f(z)$ gilt.

Ich komme zu Anwendungen der Löwnerschen Differentialgleichung. Zunächst das Koeffizientenproblem. Man gehe mit dem Ansatz (13) mit zunächst unbestimmten Koeffizienten $a_\varkappa(t)$ in (11) hinein. Da $f(z, t)$ und $\frac{\partial f}{\partial t}$ stetig von t abhängen, sind auch die $f_\varkappa(t)$ und ihre Ableitungen $a'_\varkappa(t)$ stetig. Außerdem gewinnt man $\frac{\partial f}{\partial t}$ durch gliedweises Differenzieren von (13). So findet man

$$\frac{\partial f}{\partial t} = -e^{-t} z + (-e^{-t} a_2 + e^{-t} a_2') z^2 + (-e^{-t} a_3 + e^{-t} a_3') z^3 + \cdots$$

$$f \frac{1+\varkappa f}{1-\varkappa f} = e^{-t} z + (2\varkappa e^{-2t} + e^{-t} a_2) z^2 + \\ + (2\varkappa^2 e^{-3t} + 4\varkappa e^{-2t} a_2 + e^{-t} a_3) z^3 + \cdots.$$

Koeffizientenvergleich führt zu

$$a_2' = -2\varkappa e^{-t}$$
$$a_3' = -4\varkappa e^{-t} a_2 - 2\varkappa^2 e^{-2t}.$$

Wegen $f(z, 0) \equiv z$ sind diese Differentialgleichungen mit der Anfangsbedingung $a_2(0) = a_3(0) = 0$ zu integrieren. So kommt

$$a_2(t) = -2\int_0^t \varkappa(\tau)e^{-\tau}\,d\tau$$

$$a_3(t) = 4\,[\int_0^t \varkappa(\tau)\,e^{-\tau}\,d\tau]^2 - 2\int_0^t \varkappa^2 e^{-2\tau}\,d\tau.$$

Es genügt den Realteil von a_3 nach oben abzuschätzen, weil für jedes $|\varepsilon| = 1$ mit $f(z)$ auch $\frac{1}{\varepsilon} f(\varepsilon z)$ eine Schlitzabbildung liefert. Der Realteil von a_3 ist mit $\varkappa(\tau) = \cos\vartheta(\tau) + i\sin\vartheta(\tau)$

$$4\,[\int_0^t \cos\vartheta\, e^{-\tau}\,d\tau]^2 - 4\,[\int_0^t \sin\vartheta\, e^{-\tau}\,d\tau]^2 - 2\int_0^t \cos 2\vartheta\, e^{-2\tau}\,d\tau =$$

$$= 4\,[\int_0^t \cos\vartheta\, e^{-\tau}\,d\tau]^2 - 4\,[\int_0^t \sin\vartheta\, e^{-\tau}\,d\tau]^2 -$$

$$- 4\int_0^t \cos^2\vartheta\, e^{-2\tau}\,d\tau + 1 - e^{-2t}.$$

Nun ist

$$(\int_0^t \cos\vartheta\, e^{-\tau}\,d\tau)^2 \leqq \int_0^t \cos^2\vartheta\, e^{-\tau}\,d\tau . \int_0^t e^{-\tau}\,d\tau < \int_0^t \cos^2\vartheta\, e^{-\tau}\,d\tau.$$

Daher wird

$$\begin{aligned}\Re a_3 &\leqq 4\int_0^t \cos^2\vartheta(e^{-\tau} - e^{-2\tau})\,d\tau + 1 - e^{-2t}\\ &< 4\int_0^t (e^{-\tau} - e^{-2\tau})\,d\tau + 1 - e^{-2t}\\ &= 3 - 4e^{-t} + e^{-2t}.\end{aligned}$$

Also folgt

$$|a_3| \leqq 3.$$

Diese Schranke wird nur bei den Funktionen

$$\frac{z}{(1-\varepsilon z)^2}, \; |\varepsilon| = 1$$

erreicht. Es genügt zu zeigen, daß $a_3 = 3$ zur Folge hat, daß auch $a_2 = 2$ ist. Denn aus § 22 ist bereits bekannt, daß $a_2 = 2$ nur bei den eben genannten Funktionen vorkommt. Die Formel (6) des § 22 liefert für $\nu = -2$

$$1 - |a_3 - a_2|^2 \geqq 0.$$

Wäre $a_3 = 3$ und $|a_2| \leqq 2$ und $a_2 \neq 2$, so wäre $|3 - a_2| > 1$. Also ist $a_2 = 2$.

In (12) kann die Klammer

$$z + a_2 z^2 + a_3 z^3 + \cdots \tag{14}$$

eine beliebige beschränkte Schlitzabbildung sein. Denn man kann, wie schon zu Beginn des § 24 ausgeführt wurde, dann t_0 so wählen, daß (12) eine Abbildung des $|z| < 1$ auf den aufgeschlitzten Einheitskreis wird. Da man durch Schlitzabbildungen jede schlichte beschränkte Abbildung approximieren kann, so gilt $|a_3| \leqq 3$ für alle beschränkten schlichten Abbildungen (14) des $|z| < 1$. Da man durch beschränkte schlichte Abbildungen alle schlichten Abbildungen approximieren kann, so gilt $|a_3| \leqq 3$ für alle schlichten Abbildungen (14) des $|z| \leqq 1$. Damit hat die in § 22 gegebene Abschätzung $|a_2| \leqq 2$ die dort schon angekündigte Ergänzung erfahren.

Als weitere Anwendung der Löwnerschen Differentialgleichung behandele ich den Drehungssatz. Er gibt Schranken für $\arg f'(z)$ an. Während der Verzerrungssatz das Vergrößerungsverhältnis $|f'(z)|$ bei schlichten Abbildungen abschätzt, handelt es sich beim Drehungssatz um Schranken für den Winkel, um den die Linienelemente bei schlichter Abbildung gedreht werden. Die schlichte Abbildung sei wieder durch $f(0) = 0$, $f'(0) > 0$ normiert. Aus der Löwnerschen Differentialgleichung (11) folgt

$$\frac{\partial |f(z,t)|}{\partial t} = -|f| \frac{1 - |f|^2}{|1 - \varkappa f|^2}, \tag{15}$$

und durch Differentiation von (11) nach z ergibt sich

$$\frac{\partial \arg f'}{\partial t} = -\Im\left(\frac{1 + 2\varkappa f - \varkappa^2 f^2}{(1 - \varkappa f)^2}\right) = \frac{2\Im(1 - \varkappa f)^2}{|1 - \varkappa f|^4}. \tag{16}$$

Aus (15) und (16) folgt

$$\frac{\partial \arg f'}{\partial |f|} = \frac{-2\Im(1-\varkappa f)^2}{|1-\varkappa f|^2 |f| (1-|f|^2)}. \tag{17}$$

Nun gilt

$$\frac{|\Im(1-\varkappa f)^2|}{|1-\varkappa f|^2} = |\sin 2 \arg (1-\varkappa f)| \leqq$$

$$\leqq \begin{cases} 2|f|\sqrt{1-|f|^2}, & |f| \leqq \frac{1}{\sqrt{2}} \\ 1, & |f| \geqq \frac{1}{\sqrt{2}}. \end{cases}$$

Setzt man das in (17) ein, so ergibt sich

$$\left|\frac{d \arg f'}{d|f|}\right| \leqq \begin{cases} \dfrac{-4}{\sqrt{1-|f|^2}}, & |f| \leqq \frac{1}{\sqrt{2}} \\ \dfrac{-2}{|f|(1-|f|^2)}, & |f| \geqq \frac{1}{\sqrt{2}}. \end{cases}$$

Durch Integration nach t von 0 bis t_0 folgt für $|z| \leqq \frac{1}{\sqrt{2}}$ nach (6)

$$|\arg f'(z)| \leqq \int_{|f(z)|}^{|z|} \frac{4\, d|f|}{\sqrt{1-|f|^2}} \leqq \int_0^{|z|} \frac{4d|f|}{\sqrt{1-|f|^2}} = 4 \arcsin |z|,$$

und es folgt für $|z| \geqq \frac{1}{\sqrt{2}}$ analog

$$|\arg f'(z)| \leqq \int_0^{\frac{1}{\sqrt{2}}} \frac{4d|f|}{\sqrt{1-|f|^2}} + \int_{\frac{1}{\sqrt{2}}}^{|z|} \frac{2d|f|}{|f|(1-|f|^2)} \leqq$$

$$\leqq \pi + \log \frac{|z|^2}{1-|z|^2}.$$

Für schlichte bei $z = 0$ in der angegebenen Weise normierte Funktionen gilt so insgesamt der Drehungssatz:

$$|\arg f'(z)| \leqq \begin{cases} 4 \arcsin |z|, & |z| \leqq \frac{1}{\sqrt{2}} \\ \pi + \log \frac{|z|^2}{1-|z|^2}, & |z| \geqq \frac{1}{\sqrt{2}}. \end{cases}$$

Daß die für $|z| \leqq \frac{1}{\sqrt{2}}$ angegebene Schranke scharf ist, lehren die Funktionen

$$f(z) = \int_0^z \frac{1 - e^{-i\alpha} z}{(1 - e^{-i\alpha} z)^3} dz, \ \alpha = \arccos \varrho, \ \varrho \geqq 0.$$

Für sie ist, wie man nachrechnet,

$$|\arg f'(\varrho)| = \arcsin \varrho.$$

Der vorstehende Beweis rührt von G. M. Golusin her. Daß auch die für $|z| \geqq \frac{1}{\sqrt{2}}$ gegebene Schranke genau ist, hat I. E. Basilewitsch an Beispielen gezeigt.

§ 25. Über die konforme Abbildung nichtschlichter einfach zusammenhängender Gebiete auf die Fläche eines Kreises

Wir haben im Laufe unserer Betrachtungen schon mehrfach nichtschlichte Gebiete kennengelernt, die sich auf die Fläche eines Kreises abbilden lassen; z. B. wird die Umgebung eines Windungspunktes a der Riemannschen Fläche von $w = \sqrt[n]{z-a}$ durch $w = \sqrt[n]{z-a}$ auf ein schlichtes Gebiet abgebildet und kann dann nach unseren Verfahren im § 18 weiter auf einen Kreis abgebildet werden. Ebenso steht es mit irgendeinem nur von einer Randkurve begrenzten Teilgebiet der eben erwähnten Riemannschen Fläche. Aber nicht jedes Gebiet, das wir so aus irgendeiner Riemannschen Fläche ausschneiden können, läßt sich auf die Fläche eines Kreises abbilden; denn wir haben Riemannsche Flächen kennengelernt, auf welchen sich geschlossene Kurven ziehen lassen, welche die Fläche nicht in Stücke zerlegen. Wenn wir nun ein Teilgebiet einer Riemannschen Fläche heranziehen, das zwar nur von einer Randkurve begrenzt ist, das aber eine solche nichtzerstückende Kurve, etwa einen Polygonzug, im Inneren enthält, so kann man vermuten, daß das Gebiet sich nicht auf das Innere eines Kreises umkehrbar eindeutig und winkeltreu abbilden läßt. Denn was sollte dabei aus der nichtzerstückenden Kurve werden? Man erkennt sogar, daß die verlangte Abbildung nicht einmal durch umkehrbar eindeutige stetige Funktionen möglich ist. Es ist aber hier nicht der Ort, diese Gedankenreihen weiter zu verfolgen. Schlichtartig wollen wir ein Gebiet nennen, wenn es sich umkehrbar eindeutig und stetig auf ein schlichtes Gebiet abbilden läßt. Dann wird in der Topologie, dem Gebiet der Mathematik, das sich mit dem Verhalten geometrischer Gebilde gegenüber umkehrbar eindeutigen stetigen Abbildungen befaßt, gezeigt, daß jedes Gebiet, in dem sich kein geschlossener Polygonzug angeben läßt, der das Gebiet unzerlegt läßt, schlichtartig ist. Einfach zusammenhängend soll es heißen, wenn sich jede geschlossene Kurve im Gebiet auf einen Punkt zusammenziehen läßt. Wir wollen uns nicht mit den allgemeinsten einfach zusammenhängenden schlichtartigen Gebieten hier befassen, sondern nur mit einigen besonders einfachen. Es sollen diejenigen sein, die sich auf folgende Weise aufbauen lassen: Es sei irgendein einfach zusammenhängendes Gebiet gegeben, das sich auf das Innere eines Kreises abbilden läßt. Z. B. sei es entweder ein schlichtes Gebiet oder die Umgebung eines endlich vielblättrigen Windungspunktes, wie wir sie vorhin schon einmal erwähnten. Wir denken uns ein zweites Gebiet gleicher Art, das mit dem ersten ein einfach zusammenhängendes schlichtes Gebiet gemeinsam habe. Die aus beiden Gebieten zusammengesetzte Punktmenge ist dann wieder ein Gebiet. Wir denken uns ein drittes auf einen Kreis abbildbares Gebiet, das mit dem eben erhaltenen, einen schlichten einfach zusammenhängenden Teil gemeinsam habe. Durch Vereinigung mit dem bisherigen erhalten wir ein neues Gebiet. Gebiete, die sich durch endlich viele Schritte der angegebenen Art aufbauen lassen, wollen wir betrachten. Man kann zeigen, daß auch sie sich umkehrbar eindeutig und winkeltreu auf eine Kreisfläche abbilden lassen, falls sie mehr als einen Grenzpunkt besitzen. Einen einfachen Beweis mit rein funktionentheoretischen Mitteln verdankt man Carathéodory. Seiner Darlegung ist dieser Paragraph gewidmet. Schwierigere Gebiete kann man als Grenzfälle von Gebieten der angegebenen Sorte auffassen.

Um nun für die erwähnten Gebiete den Abbildungsbeweis zu erbringen, genügt es, die folgende Grundaufgabe ein für allemal zu lösen und dann ihre Lösung genügend oft anzuwenden. Gegeben seien zwei Gebiete, deren jedes sich umkehrbar eindeutig auf das Innere eines Kreises abbilden lassen soll. Beide sollen ein schlichtes, einfach zusammenhängendes Gebietsstück gemeinsam haben. Dann wollen wir zeigen, daß sich auch das aus beiden zusammengesetzte Gebiet umkehrbar eindeutig und winkeltreu auf das Innere eines Kreises abbilden läßt. Es ist keine Beschränkung der Allgemeinheit, wenn wir annehmen, daß die Begrenzungen von je zwei der in Betracht kommenden Gebiete je aus endlich vielen Bogen analytischer Kurven bestehen, die sich unter von Null verschiedenen Winkeln schneiden. Gegebenenfalls können wir ja auch das eigentlich abzubildende Gebiet als Teilgebiet eines größeren Gebietes auffassen, für das diese Bedingungen erfüllt sind. Dann erscheint es jedenfalls schließlich auf ein schlichtes Gebiet abgebildet und kann dann nach den Verfahren der vorigen Paragraphen weiter behandelt werden. Um den Beweis in allen Teilen folgerichtig durchführen zu können, müssen wir von dem im § 21 bewiesenen Satz Gebrauch machen, nach welchem eine Funktion, die ein von Stücken analytischer Kurven begrenztes Gebiet auf ein ebensolches abbildet, auch noch auf diesen analytischen Kurvenstücken selbst regulär ist und also über dieselben hinaus fortgesetzt werden kann. Nun zum Beweis:

Sei $A + B$ das erste, $B + C$ das zweite Gebiet, B das beiden gemeinsame Stück. Wir bringen die Verhältnisse in den folgenden Zeichnungen 38a und 38b zur Darstellung: Das Gebiet A ist von den beiden Kurvenstücken α und γ begrenzt. Das Gebiet C erscheint begrenzt von β und δ. Das gemeinsame Stück B von den Kurven β und γ, die wir in beide Zeichnungen eingesetzt haben. Die Kurven β und γ sollen nach unserer oben getroffenen Vereinbarung sich in ihren beiden Schnittpunkten unter von Null verschiedenen Winkeln schneiden, und es mögen der Einfachheit halber M und N nicht Ecken der Begrenzung sein. Bilden wir nun das Gebiet $B + C$ auf das Innere eines Kreises winkeltreu ab, so ist diese Abbildungsfunktion auch noch in den Punkten M und N regulär. Die Bildkurve von β bildet also mit dem Kreisbogen, der das Bild von γ ist, nach wie vor denselben von Null verschiedenen Winkel. Das Gebiet B erscheint nun auf den von β_1 und γ_1 begrenzten Teilbereich des Kreises abgebildet (siehe Zeichnung 39). Wir ziehen nun in diesem

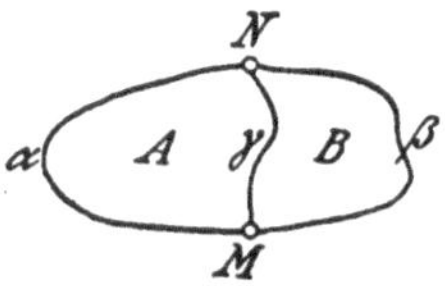

Zeichnung 38 a

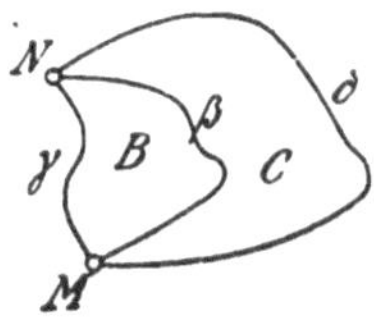

Zeichnung 38 b

Gebiet B_1 einen Kreisbogen ε_1 von M_1 nach N_1, der mit dem Kreisbogen γ_1 einen Winkel von der Größe $\frac{\pi}{2^n}$ bilden soll (n ganz). So erhalten wir die in der nebenstehenden Zeichnung 39 schrafferte Kreisbogensichel. Diese hat folgende, gleich nachher für uns wichtige Eigenschaft. Wenn wir γ_1 an ε_1 spiegeln, so erhalten wir einen neuen Kreisbogen ε_2 von M_1 nach N_1, der mit ε_1 den Winkel $\frac{\pi}{2^n}$ einschließt. Spiegeln wir γ_1 an ε_2, so erhalten wir einen Kreisbogen ε_3; ε_2 und ε_3 begrenzen eine Sichel vom Winkel $\frac{\pi}{2^{n-1}}$; ebenso begrenzen γ_1 und ε_3 eine Sichel vom Winkel $\frac{\pi}{2^{n-2}}$. Spiegeln wir diese an ε_3, so erhalten wir eine neue vom Winkel $\frac{\pi}{2^{n-2}}$. Spiegeln wir so weiter, so erhalten wir nach n Schritten den ganzen Kreis mit $n + 1$ solchen Sicheln bedeckt [Zeichnung 40 ($n = 3$)]. Dieser Zerlegung entspricht eine Zerlegung von $B + C$ in $n + 1$ Teilgebiete $G_1, G_2 \cdots, G_{n+1}$ [Zeichnung 41 ($n = 3$)]. Gehen wir nun zu dem zuerst eingezeichneten Kreisbogen ε_1 zurück. Ihm entspricht im Gebiete $A + B$ eine im Teile B verlaufende Kurve ε_1'. Das von α und ε_1' begrenzte Teilgebiet

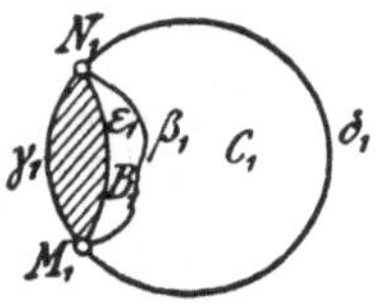

Zeichnung 39

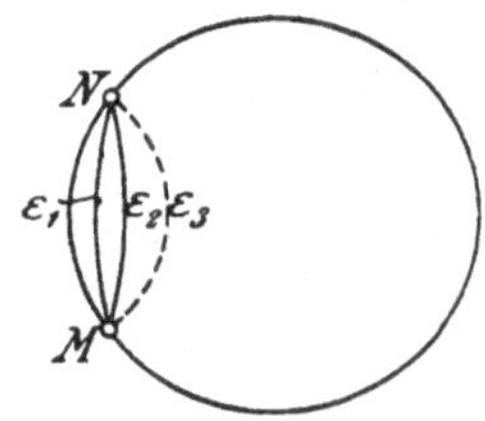

Zeichnung 40

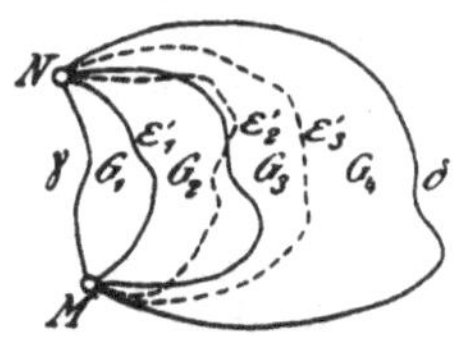

Zeichnung 41

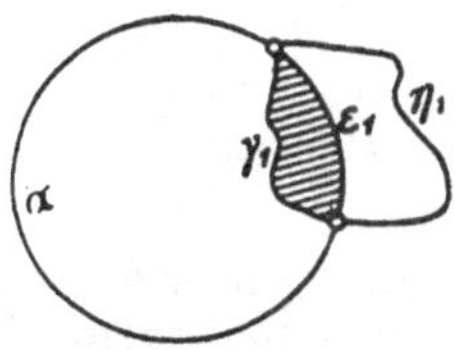

Zeichnung 42

von $A + B$ wollen wir nun auf einen Kreis (Zeichnung 42) abbilden. (Das geht, weil es ein einfach zusammenhängendes Teilgebiet eines auf einen Kreis abbildbaren Gebietes $A + B$ ist.) Bei dieser Abbildung mögen die Kurven α und ε_1 jeweils die gleichbezeichneten Kreisbogen liefern. Die in Zeichnung 39 schraffierte Sichel geht durch Vermittlung des Gebietes G_1 von Zeichnung 41 in das schraffierte Teilgebiet des Kreises von Zeichnung 42 über. Die innere Begrenzungslinie γ_1 dieses schraffierten Gebietes spiegeln wir an dem Kreisbogen ε_1. Das möge die Kurve η_1 liefern. Ihr entspricht in dem Kreis, auf den wir in Zeichnung 39 das Gebiet $B + C$ abbildeten, das Spiegelbild von γ_1 an ε_1, das wir vorhin mit ε_2 bezeichneten. Der von ε_1 und ε_2 begrenzten Sichel entspricht im Gebiete $B + C$ ein an ε_1 angrenzendes Teilgebiet. Dieses mit A zusammen, also $A + G_1 + G_2$, ist es, das wir auf das schlichte Gebiet begrenzt von α und η_1 jetzt abgebildet haben. Bilden wir dieses nun auf einen Kreis ab, so haben wir das volle, eben bezeichnete Gebiet auf einen Kreis abgebildet. Dabei geht die Kurve γ_1 der Zeichnung 42 in eine neue Kurve γ_1' in dem neuen Kreise über, η_1 aber in einen Bogen η_1' der Kreisperipherie. Spiegeln wir an diesem die Kurve γ_1', so erhalten wir außerhalb die Kurve η_2. Das so außerhalb des Kreises entstandene neue Gebiet ist Bild der dritten Kreissichel, die wir oben im Bildkreis von $B + C$ herstellten, also Bild des Teilgebietes G_3 von $B + C$. Nun können wir wieder das volle, so erhaltene Gebiet auf einen Kreis abbilden und haben so wieder ein neues Stück von $B + C$, nämlich G_3, in die Kreisabbildung mit hineinbezogen. So weiterfahrend, ziehen wir nacheinander alle Gebiete G_k, in die wir $B + C$ zerlegt haben, in die Abbildung hinein und haben somit nach $n + 1$ Schritten das ganze aus A und $B + C$ aufgebaute Gebiet auf das Innere eines Kreises abgebildet.

Bemerkung über die Abbildung mehrblättriger mehrfach zusammenhängender Gebiete auf schlichte Gebiete

Wenn ein solches schlichtartiges Gebiet gegeben ist, so kann man seine Abbildung in ein schlichtes Gebiet auf den eben behandelten Fall zurückführen. Wenn das Gebiet n Randkurven hat, so denke ich es mir über $n - 1$ derselben hin geschlossen. So erhalte ich ein einfach zusammenhängendes Gebiet, welches das andere im Inneren enthält. Man kann es nach den dargelegten Verfahren schlicht abbilden. Dann ist auch das gegebene mehrfach zusammenhängende schlicht abgebildet. Das Ergänzen zu einem endlich vielblättrigen, einfach zusammenhängenden Riemannschen Flächenstück kann auf mannigfache Weise geschehen.

§ 26. Die Probleme der Uniformisierung

Es ist nun an der Zeit, die zerstreuten Angaben, die wir hie und da über die Parameterdarstellung analytischer, insbesondere algebraischer Kurven oder Funktionen machten, zu sammeln und von einem einheitlichen Gesichtspunkt aus zu beleuchten. Es soll sich dabei darum handeln, den Zusammenhang mit den Fragen der konformen Abbildung klarzulegen. Ein voller Beweis der Sätze, die wir nennen werden, kann allerdings von dieser einführenden Darstellung nicht erwartet werden. Wir wollen dem Leser nur die Wege ebnen zum Verständnis dieser tiefen Untersuchungen der Funktionentheorie. Wenn wir mit einem Beispiel beginnen sollen, so sei es dieses:

$z^2 + w^2 = 1$ definiert uns eine algebraische Kurve. Wir haben zwei verschiedene Parameterdarstellungen des Kreises kennengelernt, nämlich $z = \frac{2t}{1+t^2}$, $w = \frac{1-t^2}{1+t^2}$ und $z = \sin\varphi$, $w = \cos\varphi$.

Im ersten Falle betrachten wir die Riemannsche Fläche der Funktion $w = \sqrt{1-z^2}$. Diese ist zweiblättrig über der z-Ebene ausgebreitet und hat ihre Verzweigungspunkte bei $z = -1$ und $z = +1$. Diese Riemannsche Fläche wird nun z. B. durch die Funktion $t = \frac{1+\sqrt{1-z^2}}{z}$ auf die schlichte t-Ebene abgebildet. Da aber in jedem Punkte der Riemannschen Fläche z und w je einen bestimmten Wert annehmen, so erscheint nun jedem Punkte der t-Ebene ein bestimmter Wert von z und w zugeordnet. Es müssen also z und w sich als eindeutige Funktionen von t darstellen lassen; in der Tat finden wir aus $t = \frac{1+\sqrt{1-z^2}}{z}$ durch Auflösung $z = \frac{2t}{1+t^2}$. Ferner gilt $w = \pm\sqrt{1-z^2} = \pm(zt-1)$. Daraus finden wir $w = \pm\frac{1-t^2}{1+t^2}$. So haben wir bis auf das eben noch gefundene doppelte Vorzeichen unsere oben angegebene Parameterdarstellung des Kreises. Das doppelte Vorzeichen hängt damit zusammen, daß es nach Vorgabe der Riemannschen Fläche noch auf zwei verschiedene Weisen möglich ist, die beiden sich durch das Vorzeichen unterscheidenden Zweige der Funktion w auf die beiden Blätter zu verteilen. So ist die Zuordnung zu den t-Werten auch noch auf zwei verschiedene Weisen möglich, die eben durch das doppelte Vorzeichen zum Ausdruck kommt. Wir können uns also ruhig, wie geschehen, für eines derselben entscheiden.

Nachdem wir so den Zusammenhang unserer Parameterdarstellung oder, wie wir fortan in üblicher Ausdrucksweise sagen wollen, unserer Uniformisierung der Kreiskurve mit der konformen Abbildung dargelegt haben, bietet es keine Schwierigkeit, noch andere Uniformisierungen des Kreises zu finden; es hätte ja z. B. wohl näher gelegen, durch die Funktion $t = \sqrt{\frac{z-1}{z+1}}$ die Riemannsche Fläche auf die t-Ebene abzubilden. Dann hätten wir $z = \frac{t^2+1}{1-t^2}$ und $w = \frac{2it}{1-t^2}$ gefunden. Das ist eine neue Uniformisierung. So könnten wir noch manche andere ausfindig machen. Es ist auch sofort klar, wie wir sie alle gewinnen können; wir brauchen nur, wenn wir auf eine t-Ebene abgebildet haben und bei einer anderen Uniformisierung etwa auf eine t_1-Ebene, zu beachten, daß ja beide Bilder ein und derselben Riemannschen Fläche sind, daß also ein umkehrbar eindeutige analytische Beziehung zwischen den t- und den t_1-Werten bestehen muß, die denselben Punkten der Riemannschen Fläche zugeordnet sind. Eine solche umkehrbar eindeutige, überall reguläre Abbildung zweier Ebenen aufeinander ist aber linear. So gehen also alle Parameter t aus einem derselben durch lineare Transformation hervor.

Darunter ist aber nun nicht die andere oben angeschriebene Parameterdarstellung enthalten. Dabei kommen nämlich trigonometrische Funktionen vor, während die Parameterdarstellungen, auf die wir eben geführt wurden, alle durch rationale Funktionen geleistet werden. Wo liegt der Unterschied?

Der Unterschied liegt darin, daß es sich bei allen unseren Uniformisierungen immer um umkehrbar eindeutige Abbildungen der Riemannschen Fläche der $\sqrt{1-z^2}$ gehandelt hat. Diese zweiblättrige Riemannsche Fläche ist aber ganz und gar nicht die einzige, auf welcher $w = \sqrt{1-z^2}$ eine eindeutige Funktion des Ortes ist. Wenn wir z. B. die vierblättrige bei $z = \pm 1$ verzweigte Riemannsche Fläche betrachten, so ist auf dieser auch $\sqrt{1-z^2}$ eindeutig. Bilden wir sie umkehrbar eindeutig durch $t = \sqrt[4]{\frac{1-z}{1+z}}$ auf eine t-Ebene ab, so haben wir damit eine neue Parameterdarstellung gefunden, eine neue, die unter den vorhin gegebenen nicht enthalten ist. Das ist aber immer noch keine Uniformisierung durch trigonometrische Funktionen. Zu einer solchen gelangen wir, wenn wir eine bei $z = \pm 1$ unendlich vielblättrig verzweigte Riemannsche Fläche in Betracht ziehen. Diese wird durch den $\log\left(\frac{z-1}{z+1}\right) = 2ti$ auf die schlichte t-Ebene abgebildet. Durch Auflösung finden wir daraus $z = -i \operatorname{ctg} t$, $w = \frac{1}{\sin t}$. Nehmen wir statt $z = \pm 1$ die beiden Punkte unendlich der Fläche, so erhalten wir durch $it = \log(iz + \sqrt{1-z^2})$, eine schlichte Abbildung der Riemannschen Fläche des arcussinus, also $z = \sin t$, $w = \cos t$.

Diese eben angestellten Überlegungen lassen uns erkennen, daß neben den Funktionen, die wir eigentlich uniformisieren wollen, jedesmal noch eine ganze Menge anderer Funktionen ganz von selbst mit uniformisiert werden. Denn jede Funktion, die auf der betreffenden Riemannschen Fläche eine eindeutige Funktion des Ortes ist, geht durch die Abbildung auf die schlichte t-Ebene in eine eindeutige Funktion des Parameters t über. Damit ist auch eine Parameterdarstellung dieser weiteren Funktionen geleistet. Es ist klar, daß auch die eben bezeichneten Funktionen die einzigen sind, die durch die Abbildung der Riemannschen Fläche uniformisiert werden; denn wenn eine Funktion eine eindeutige Funktion in t ist, so muß sie vor der Abbildung natürlich eine eindeutige Funktion auf der Riemannschen Fläche gewesen sein.

In dem ersten Beispiel sind es also namentlich alle auf der zweiblättrigen Riemannschen Fläche eindeutigen und überall regulären Funktionen, die uniformisiert werden. Sie werden alle rational in t. Und da t ersichtlich

$$\left(t = \frac{1 + \sqrt{1 - z^2}}{z} = \frac{1 + w}{z}\right)$$

rational in z und w ist, so haben wir hier nebenbei im besonderen Fall gleich einen Beweis eines Satzes aus der Theorie der algebraischen Funktionen.

Im zweiten Beispiel der unendlich vielblättrigen Riemannschen Fläche sind es alle irgendwie bei $z = +1$ und $z = -1$ verzweigten Funktionen von z, die sonst in der Ebene zwar nicht überall regulär, aber doch überall unverzweigt sein müssen. Jetzt werden alle diese Funktionen eindeutige Funktionen des Parameters t, den wir durch die Abbildung der Riemannschen Fläche auf die schlichte Ebene eingeführt haben.

Wir wollen zusammenfassen. Wir können entweder von der zweiblättrigen Riemannschen Fläche ausgehen, die ihre Verzweigungspunkte bei $z = 1$ und $z = -1$ hat, also von der Riemannschen Fläche einer algebraischen Funktion, erklärt durch die Gleichung $z^2 + w^2 = 1$. Dann können wir uns folgende Aufgabe stellen: Es soll eine Funktion $t(z)$ gefunden werden derart, daß rückwärts z und alle anderen auf der Riemannschen Fläche regulären eindeutigen Funktionen, z. B. w, eindeutige Funktionen von t werden. Weiter haben wir folgende Aufgaben gelöst: Es sollen außer den eben genannten alle an zwei Stellen $z = +1$ und bei $z = -1$ oder an den beiden Stellen $z = \infty$ relativ zur Fläche irgendwie verzweigten Funktionen uniformisiert werden.

Wir können aber auch statt von der Riemannschen Fläche direkt von der schlichten z-Ebene ausgehen. Dann können die gelösten Aufgaben u. a. so formuliert werden: Es sollen alle an zwei Punkten der z-Ebene irgendwie verzweigten sonst regulären Funktionen und nur diese uniformisiert werden. Die Lösung dieser Aufgabe gelingt dadurch, daß wir uns eine Riemannsche Fläche konstruieren, auf der alle die genannten

Funktionen eindeutig sind, und daß wir diese Fläche dann auf eine einblättrige Ebene abbilden. Wir haben weiter die folgende ähnliche Aufgabe gelöst: Wir schreiben eine Bedingung über die Art der Verzweigung an den beiden Punkten ± 1 vor. Wir verlangen z. B., daß nur die Funktionen uniformisiert werden sollen, die an den beiden Punkten Verzweigungsstellen erster Ordnung besitzen. Diese Aufgabe haben wir wieder gelöst durch Konstruktion der Riemannschen Fläche dieser Funktionen und Abbildung derselben auf einen schlichten Bereich: hier die volle Ebene.

Nach diesen Formulierungen liegen Verallgemeinerungen nahe. Wir können z. B. an den beiden Punkten Verzweigungen anderer Art vorschreiben, wie wir es ja weiter oben beiläufig schon einmal taten. Zu komplizierteren Aufgaben gelangen wir aber erst, wenn wir etwas weitergehen in der Verallgemeinerung. Wir wollen drei Punkte der Ebene herausgreifen, z. B. die Punkte Null, Eins und Unendlich, und wollen verlangen, unter allen an diesen drei Stellen in beliebiger Weise verzweigten, sonst aber in der Ebene regulären Funktionen eine ausfindig zu machen derart, daß alle anderen sich als eindeutige Funktionen dieser auffassen lassen. Hat diese Aufgabe Lösungen und wie kann man sie finden?

Die Lösung führt auf die Theorie der elliptischen Modulfunktion, von der oben gelegentlich schon einmal die Rede war. Auch hier wollen wir uns erst überlegen, daß wir ohne weiteres eine Riemannsche Fläche aufbauen können, auf der alle die genannten Funktionen und nur sie eindeutig sind. Um das bequem zu übersehen, wollen wir erst einmal die ganze z-Ebene längs der reellen Achse aufschneiden und zur Konstruktion der Riemannschen Fläche von einer der beiden so entstandenen Halbebenen, etwa der oberen, ausgehen. Auf ihrem Rande können wir drei Strecken unterscheiden, nämlich erstens von ∞ längs der negativen reellen Achse bis Null, zweitens von da bis Eins und endlich von da wieder nach Unendlich. Wir wollen die Halbebene längs der ersten der drei Strecken spiegeln und die neu erhaltene Halbebene da an die erste heften; ebenso verfahren wir an den beiden anderen Geradenstücken. So erhalten wir erst einmal einen Bereich, der im ganzen aus vier Halbebenen besteht. Jede der drei eben angehängten Halbebenen hat noch zwei freie Ränder, an die wir wieder durch Spiegelung im ganzen sechs neue Halbebenen anhängen. An den jetzt freibleibenden zwölf Strecken spiegeln wir wider und fahren so fort. Auf der so erhaltenen unendlich vielblättrigen Riemannschen Fläche sind nun alle unsere Funktionen und nur diese eindeutig. Wenn es gelingt, dieselbe auf einen schlichten Bereich abzubilden, dann muß die Abbildungsfunktion natürlich zu den auf der Fläche eindeutigen Funktionen gehören, und wenn wir alle anderen als Funktionen dieser auffassen, so werden sie eindeutige Funktionen derselben. Dann wäre die Uniformierungsaufgabe gelöst. Also durch die eben angestellte, der Topologie angehörige Betrachtung haben wir die Uniformisierungsaufgabe auf eine Aufgabe der konformen Abbildung zurückgeführt.

Ohne neue Betrachtungen anzustellen, allein auf Grund unserer bisherigen Kenntnisse, können wir uns von der Lösbarkeit dieser Abbildungsaufgabe überzeugen und die Lösung sofort angeben. Denn wenn die Riemannsche Fläche auf einen schlichten Bereich abgebildet wäre, so müßte dabei aus der ersten Halbebene, von der wir ausgingen, auch ein schlichter Bereich geworden sein. Wie wird der ungefähr aussehen? Die Winkeltreue der Abbildung ist nur in den Verzweigungspunkten unterbrochen. Aus ihnen müssen die Ecken des Bereiches werden, und da wir dort Verzweigungspunkte unendlich hoher Ordnung haben, so werden wir erwarten dürfen, daß genau wie bei der Abbildung der Logarithmusfläche, die Winkel in den Ecken Null sind. Wir werden also ein Dreieck bekommen mit drei Winkeln der Größe Null. Das einfachste derartige Dreieck, das wir uns denken können, ist zweifelsohne ein Kreisbogendreieck. Seine drei Ecken liegen natürlich auf einem Kreis, und seine drei Seiten stehen dann notwendig auf diesem Kreise senkrecht. Wir werden also einmal probieren, ob wir die gesuchte Abbildung finden können, wenn wir annehmen, die einzelne Halbebene gehe in ein solches Kreisbogendreieck über. Welches wir dann nehmen, ist gleichgültig; denn alle gehen offenbar aus einem durch lineare Abbildung hervor. Eine erste Ermutigung wird uns zuteil, wenn wir beachten, daß es nach § 18 tatsächlich möglich ist, das Kreisbogendreieck auf die obere Halbebene abzubilden. Diese Abbildung ist nach § 21 auf den Rändern, außer den Ecken, analytisch; die Ecken gehen in drei Punkte der reellen Achse über. Wir können es natürlich so einrichten, daß sie gerade in die drei Punkte Null, Eins und Unendlich übergehen. Einem Übergang zu einer der weiteren Halbebenen, die sich an die erste anschließen, also einer Spiegelung an der reellen Achse, entspricht ein Spiegeln an der betreffenden Dreieckseite. Verfolgen wir diesen Spiegelungsprozeß, so erhalten wir ein schlichtes Netz von Kreisbogendreiecken, deren Ecken alle auf dem oben eingeführten Kreise liegen und deren Gesamtheit den ganzen Kreis ausfüllt, ihn dabei ein einziges Mal bedeckend. Damit ist also nun die Riemannsche Fläche auf das Innere eines Kreises umkehrbar eindeutig und winkeltreu (außer an den Verzweigungspunkten) abgebildet. Das einzelne Blatt (aus zwei Halbebenen bestehend) der Fläche geht in ein Kreisbogenviereck (aus zwei spiegelbildlichen Dreiecken bestehend) über. Das ganze Netz können wir uns den einzelnen Blättern der Fläche entsprechend in solche Kreisbogenvierecke zerlegt denken. In jedem Kreisbogenviereck nimmt z selbst immer die gleichen Werte an. Da jedes Kreisbogenviereck aus einem anderen durch eine gerade Zahl unserer Spiegelungen hervorgeht, so sind je zwei linear aufeinander abbildbar. Bei diesen linearen Transformationen geht unser Kreis wie bei den Spiegelungen in sich über. Ihre Gesamtheit bildet eine Untergruppe, und zwar eine Untergruppe der bereits in § 6 erwähnten elliptischen Modulgruppe. Man erkennt unmittelbar, daß z, als Funktion von t aufgefaßt, eine automorphe Funktion dieser Gruppe wird. Auf die eben erwähnte elliptische Modulgruppe selbst werden wir geführt, wenn wir die Aufgabe behandeln, alle bei Null von zweiter Ordnung, bei Eins von dritter Ordnung und bei Unendlich beliebig verzweigten Funktionen zu uniformisieren.

Nun wollen wir nur noch ein paar Worte über **allgemeinere Uniformisierungsaufgaben** sagen. Man kann entweder für die schlichte Ebene die eben genannten Aufgaben weiter verallgemeinern durch Heranziehen weiterer Verzweigungspunkte und Wahl anderer Verzweigungsordnungen, oder man kann eine schon oben angedeutete Richtung weiter verfolgen und von der schlichten Ebene zu den Riemannschen Flächen algebraischer Funktionen übergehen und da ähnliche Aufgaben stellen. Da wäre zunächst die Parameterdarstellung einer allgemeinen algebraischen Kurve zu nennen. Einen derartigen Fall haben wir schon bei Besprechung des elliptischen Integrals erster Gattung in § 14 behandelt. Da sahen wir, wie das elliptische Integral erster Gattung die Riemannsche Fläche der Funktion $w = \sqrt{(z-a)(z-b)(z-c)}$ auf die Ebene abbildete[1]), doch wegen der inneren Struktur der Fläche (Auftreten innerer nichtzerstückender Rückkehrschnitte) nicht umkehrbar eindeutig; z und w wurden eindeutige automorphe (doppelperiodische) Funktionen dieses Integrals erster Gattung. Ebenso werden alle relativ zur Fläche unverzweigten Funktionen uniformisiert. Die allen gemeinsame Riemannsche Fläche ist es, die das Integral erster Gattung umkehrbar eindeutig auf die schlichte Ebene abbildet. Wir hätten sie, wenn es für uns damals einen Nutzen geboten hätte, ohne Schwierigkeit von vornherein aufbauen können. So geht man denn auch in allgemeineren Fällen vor. Man bildet sich zunächst die Riemannsche Fläche der Funktionenklasse, die eindeutig werden soll. Dabei muß natürlich die Funktionenklasse so gewählt sein, daß ihre Riemannsche Fläche keine inneren Rückkehrschnitte besitzt. Sie muß schlichtartig sein, wie wir uns oben einmal ausgedrückt haben. Sonst ist die gestellte Aufgabe unmöglich lösbar. Dann, wenn die Fläche aufgebaut ist, hat man sie auf ein schlichtes Flächenstück abzubilden. Der Nachweis der Möglichkeit dieser Abbildung beweist dann das Uniformisierungstheorem. Betrachtet man insbesondere die Hauptuniformisierung, d. h. die Aufgabe, alle auf der algebraischen Riemannschen Fläche relativ zu ihr unverzweigten Funktionen zu unifor-

[1]) Wir bewiesen es für reelle a, b, c. Die eben ausgesprochene Behauptung ist aber allgemein gültig.

misieren, so erhält man, wie man einsehen kann, eine einfach zusammenhängende Riemannsche Fläche, die aus unendlich vielen Stücken der Fläche der algebraischen Funktion aufgebaut ist, von der wir ausgingen. Sie heißt die **universelle Überlagerungsfläche**. Man kann sie auf eine Kreisscheibe konform abbilden. Ihr Radius ist endlich, wenn das Geschlecht p der algebraischen Funktion Eins übertrifft; er ist unendlich für $p = 1$. Bei $p = 0$ ist die Abbildung auf die volle Ebene möglich. Dann werden die Koordinaten der algebraischen Kurve selbst, wie auch oben im Beispiel, automorphe Funktionen einer gewissen Gruppe. Zur Lösung der Abbildungsaufgabe geht man so vor, daß man die Überlagerungsfläche durch eine unendliche Folge einander umschließender geradliniger endlich vielblättriger Polygone approximiert. Die einzelnen haben wir in § 25 auf einen Kreis abbilden gelernt. Es bleibt zu zeigen, daß die benutzten Abbildungsfunktionen gegen eine Grenzfunktion konvergieren, die die ganze Fläche auf einen Kreis abbildet. Der Nachweis stützt sich wesentlich auf die in § 22 behandelten Verzerrungssätze. Wegen weiterer Aufschlüsse über Uniformisierung sei auf das im Literaturverzeichnis genannte Werk von Behnke und Sommer verwiesen. Wer die Originalliteratur bevorzugt, der greife zu den Arbeiten von Koebe in den Mathematischen Annalen und dem Crelleschen Journal. Koebe verdankt man ja bekanntlich die Lösung der Probleme der Uniformisierung und damit eine der größten Leistungen im Gebiet der konformen Abbildung. Bei der Uniformisierung beliebiger analytischer Kurven wird ein bei algebraischen Kurven gelöstes Problem besonders brennend, nämlich die Frage nach den Bedingungen dafür, daß die Hauptuniformisierung zu einem Kreis von endlichem oder unendlichem Radius führt. Über dies sog. Typenproblem vgl. man die zusammenfassende Darstellung bei R. Nevanlinna, Eindeutige analytische Funktionen. Berlin 1936. 2. Aufl. 1954. R. Nevanlinna, Uniformisierung. Berlin 1953.

§ 27. Abbildung mehrfach zusammenhängender schlichter Gebiete auf Normal-Gebiete

Der Riemannsche Abbildungssatz lehrt, daß zwei beliebige einfach zusammenhängende Gebiete mit je mindestens zwei Randpunkten konform aufeinander abgebildet werden können. Demgegenüber ist es bemerkenswert, daß nicht zwei beliebige zweifach zusammenhängende Gebiete aufeinander konform abgebildet werden können. Nehmen wir z. B. zwei Ringe konzentrischer Kreise mit verschiedenem Radienverhältnis. Wären sie konform aufeinander abbildbar, so könnte man die Abbildung durch Spiegelung fortsetzen. So erkennt man — unter Heranziehung des Satzes über hebbare Singularitäten —, daß die Abbildung in der ganzen Ebene umkehrbar eindeutig und daher linear sein muß. Da dabei der unendlichferne Punkt — gemäß der Fortsetzung durch Spiegelung — fest bleibt, ist die Abbildung ganz linear, also eine Ähnlichkeitstransformation. Dabei bleibt aber das Radienverhältnis fest.

Eine andere Verallgemeinerung des Riemannschen Abbildungssatzes bleibt aber richtig: Man kann jedes zweifach zusammenhängende Gebiet ohne isolierte Randpunkte umkehrbar eindeutig und konform auf einen konzentrischen Kreisring abbilden.

Der Beweis kann nach dem Verfahren des § 18 geführt werden. Man nenne das Gebiet G und betrachte alle in G regulären und schlichten Funktionen, welche G auf ein von $|z| = 1$ berandetes, aber zu $|z| < 1$ punktfremdes Gebiet abbilden. $\mu(f)$ sei die obere Grenze von $|f|$ in G, ϱ sei die untere Grenze aller $\mu(f)$. Man betrachtet eine Folge f_n, für die $\mu(f_n) \to \varrho$ konvergiert. Daraus kann man eine gleichmäßig konvergente Teilfolge auswählen. Die Grenzfunktion f bildet G schlicht auf ein Gebiet G_1 ab, das mit $1 < |z| < \varrho$ identisch ist. Daß die Abbildung durch die Grenzfunktion schlicht ist, folgt nach § 17, sowie gezeigt ist, daß die Grenzfunktion nicht konstant ist. Dies ist so, weil für jede Näherungsfunktion und also auch für die Grenzfunktion sich das Argument bei Durchlaufung eines den Einheitskreis umschließenden Kreises um 2π ändert. Daß der Bildbereich G_1 mit $1 < |z| < \varrho$ identisch ist, sieht man wie folgt ein. Sonst sei z_0 ein innerer Punkt dieses Kreisringes auf dem Rand des Bildgebietes. Man bilde das um z_0 verzweigte zweiblättrige Äußere des Einheitskreises so auf $|z| > 1$ schlicht ab, daß dabei einer der beiden unendlichfernen Punkte festbleibt. Das Schwarzsche Lemma lehrt, daß dabei G_1 in ein Gebiet übergeht, das in einem Kreisring $1 < |z| < \varrho_1$, mit $\varrho_1 < \varrho$ Platz hat. Das widerspricht der Definition von ϱ.

Dies Ergebnis ist auch insofern von grundsätzlicher Wichtigkeit als es lehrt, daß die zweifach zusammenhängenden Bereiche gemäß dem Wert von ϱ in eine einparametrige Schar von Klassen zerfallen, derart, daß Bereiche der gleichen Klasse konform aufeinander angebildet werden können, während Bereiche verschiedener Klassen nicht aufeinander abbildbar sind. Die konforme Invariante $\varrho > 1$ nennt man den Modul des zweifach zusammenhängenden Bereiches.

Ein ähnliches Ergebnis gilt auch für mehrfach zusammenhängende Gebiete. Jedes endlich vielfach zusammenhängende Gebiet ohne isolierte Randpunkte läßt sich umkehrbar eindeutig und konform auf ein von lauter Vollkreisen begrenztes Gebiet abbilden. Ich gebe den Beweis am Schluß dieses Paragraphen.

Es gibt noch mancherlei andere Normalgebiete, auf die man mehrfach zusammenhängende Gebiete abbilden kann, so z. B. auf Gebiete, deren Grenze vollständig auf gewissen, der reellen Achse parallelen Schlitzen liegt, oder auf ein Gebiet, begrenzt von lauter konzentrischen Schlitzen. Auch Schlitzgebiete kommen in Frage, deren Schlitze alle auf Geraden durch einen festen Punkt liegen. Endlich können die Schlitze teils radial teils konzentrisch angeordnet sein. Das sind alles mögliche Formen von Normalgebieten. Solche und noch eine große Zahl anderer Normalgebiete können häufig durch Extremaleigenschaften gekennzeichnet werden.

Die Ergebnisse des § 23 legen es nahe, unter allen diesen Abbildungen die auf einen Kreisbogenschlitzbereich und die auf einen Radialschlitzbereich hervorzuheben. Wir beweisen daher folgenden Satz:

B sei ein n-fach zusammenhängender Bereich ohne isolierte Randpunkte. Er enthalte $z = 0$ und $z = \infty$. Es gibt genau zwei Funktionen $f_1(z)$ und $f_2(z)$, die B schlicht abbilden und dabei den folgenden Bedingungen genügen. Es ist $f_1(0) = f_2(0) = 0$. Bei $z = \infty$ gelten für beide Funktionen Entwicklungen

$$z + a_0 + \frac{a_1}{z} + \cdots$$

$f_1(z)$ bildet jede Randkomponente in einen Kreisbogenschlitz mit $z = 0$ als Mittelpunkt ab (Kreisbogenschlitzbereich), und $f_2(z)$ bildet jede Randkomponente auf einen auf $z = 0$ hinzielenden geradlinigen Schlitz ab (Radialschlitzbereich).

Zum Beweis betrachten wir die Menge $\mathfrak{M}(f)$ derjenigen B schlicht abbildenden Funktionen, für die $f(0) = 0$ ist und für die $f(\infty) = \infty$, $f'(\infty) = 1$ ist, die also bei $z = \infty$ eine Entwicklung

$$z + a_0 + \frac{a_1}{z} + \cdots$$

besitzen und zeigen, daß es in dieser Menge genau eine Funktion $f_1(z)$ gibt, für die $|f'(0)| = \text{Max}$ und genau eine Funktion $f_2(z)$ für die $|f'(0)| = \text{Min}$ ist. Dann bildet nach § 23 die Funktion $f_1(z)$ den Bereich B auf den Kreisbogenschlitzbereich ab und $f_2(z)$ leistet die Abbildung auf den Radialschlitzbereich.

Zur Durchführung des so angedeuteten Beweises sind noch einige Überlegungen nötig. Zunächst ist zu zeigen, daß $|f'(0)|$ für die Funktionen $f(z)$ der Menge $\mathfrak{M}(f)$ eine endliche obere und eine von Null verschiedene untere Grenze besitzt. Dies folgt aus dem Verzerrungssatz. Ist nämlich $f(z)$ eine beliebige Funktion der Menge $\mathfrak{M}(f)$ und R so gewählt, daß alle Randkomponenten von B in $|z| < R$ liegen. Dann ist

$$\mathfrak{w} = \frac{R}{f\left(\frac{R}{\mathfrak{z}}\right)}$$

in $|\mathfrak{z}| < 1$ regulär und leistet eine schlichte Abbildung dieses

Bereiches. Auf $|\mathfrak{z}| = \frac{1}{2}$ gilt daher nach dem Verzerrungssatz von S. 115 wegen $\mathfrak{w}(0) = 0$

$$\frac{2}{9} \leqq |\mathfrak{w}| \leqq 2.$$

Dies lehrt, daß für jede Funktion $f(z)$ aus $\mathfrak{M}(f)$ auf $|z| = 2R$ die Abschätzungen

$$\frac{R}{2} \leqq |f| \leqq \frac{9R}{2}$$

gelten. Daraus folgt erstens, daß die Funktionen $f(z)$ aus $\mathfrak{M}(f)$ in dem in $|z| < R$ enthaltenen Teilbereich von B beschränkt sind. Daher sind auch ihre Ableitungen in $z = 0$ nach dem Cauchyschen Koeffizientensatz beschränkt. Es folgt aber auch zweitens, daß $|f'(0)|$ für alle f aus $\mathfrak{M}(f)$ eine von Null verschiedene untere Grenze hat. Anderenfalls nehme man eine Teilfolge aus $\mathfrak{M}(f)$, für die die $f'(0)$ gegen Null konvergieren. Nach § 16 kann man daraus eine in jedem inneren Teilbereich D' des Durchschnittes D von B und $|z| < R$ gleichmäßig konvergente Folge auswählen. Die Grenzfunktion hat dann eine bei $z = 0$ verschwindende Ableitung, leistet aber nach § 17 eine schlichte Abbildung, wenn sie nicht konstant ist. Wegen der bei $z = 0$ verschwindenden Ableitung müßte dann die Grenzfunktion konstant, und zwar gleich Null sein. Dies widerspricht aber, wie man leicht sieht, der Tatsache, daß die absoluten Beträge aller Funktionen von $\mathfrak{M}(f)$ auf $|z| = 2R$ größer sind als $\frac{R}{2}$.

Nunmehr ist es ein leichtes, den Beweis unseres Satzes zu Ende zu führen. Zunächst können wir wegen der Beschränktheit der Funktionen von $\mathfrak{M}(f)$ in D zwei Teilfolgen auswählen, die in jedem D' gleichmäßig konvergieren gegen Grenzfunktionen $f_1(z)$ und $f_2(z)$, derart, daß $|f_1'(0)|$ jener oberen Grenze aller $|f'(0)|$ aus $\mathfrak{M}(f)$ und daß $|f_2'(0)|$ jener unteren Grenze aller $|f'(0)|$ aus $\mathfrak{M}(f)$ gleich wird. Dann zeigt man z. B. durch Heranziehen der schon einmal benutzten Hilfsfunktionen $\dfrac{R}{f\left(\dfrac{R}{\mathfrak{z}}\right)}$, daß diese Folgen auch in $|z| > R$ gleichmäßig konvergieren und daß somit auch die Grenzfunktionen bei $z = \infty$ Entwicklungen der Form

$$z + a_0 + \frac{a_1}{z} + \cdots$$

besitzen. Nach § 17 bilden die Grenzfunktionen den Bereich B schlicht ab. Sie gehören somit zu $\mathfrak{M}(f)$. Daß dann $f_1(z)$ eine Abbildung auf einen Kreisbogenschlitzbereich liefert folgt so. Angenommen, der Bildbereich habe eine Randkomponente $\mathfrak{R}'$, die nicht Kreisbogenschlitz mit $z = 0$ als Mittelpunkt ist. Dann bezeichne man mit B' den nur von $\mathfrak{R}'$ berandeten, den Bildbereich umfassenden einfach zusammenhängenden Bereich. Ihn bilde man, wie in § 23 auf einen Kreisbogenschlitzbereich ab. Die Abbildungsfunktion hat bei $z = 0$ eine Ableitung, die wieder nach § 23 einen absoluten Betrag größer als Eins besitzt. Setzt man diese Abbildung mit f_1 zusammen, so erhält man eine Abbildung aus $\mathfrak{M}(f)$, die bei $z = 0$ eine Ableitung mit einem Betrag größer als $| f_1'(0) |$ hat. Das verstößt gegen die Definition von $f_1(z)$. Daher leistet $f_1(z)$ eine Abbildung auf einen Kreisbogenschlitzbereich. Genau ebenso führt man den Beweis, daß $f_2(z)$ eine Abbildung auf einen Radialschlitzbereich liefert. Es bleibt noch der Unitätsbeweis zu führen, d. h. zu zeigen, daß $f_1(z)$ und $f_2(z)$ die einzigen Funktionen sind, die solche Abbildungen leisten. Anderenfalls ließe sich B z. B. auf zwei verschiedene Kreisbogenschlitzbereiche durch Funktionen aus $\mathfrak{M}(f)$ abbilden. Wir betrachten die Abbildung des einen der beiden auf den anderen. Nach § 23 hat sie bei $z = 0$ eine Ableitung, deren Betrag höchstens Eins ist. Da dies für die Abbildung beider Kreisbogenschlitzbereiche aufeinander gilt und beide Abbildungen Umkehrungsfunktionen voneinander sind, so müssen beide bei $z = 0$ Ableitungen vom Betrag Eins besitzen. Dann sind sie aber nach § 23 Bewegungen, und da sie bei $z = 0$ verschwinden und bei $z = \infty$ die Ableitung Eins haben, so sind beide Kreisbogenschlitzbereiche ebenso wie die Abbildungsfunktionen identisch. Genauso führt man den Unitätsbeweis beim Radialschlitzbereich.

Nun erkennt man auch, daß der § 23 auch für mehrfach zusammenhängende Bereiche den Verzerrungssatz enthält.

Der dort für einfach zusammenhängende Bereiche geführte Beweis kann wiederholt werden, nachdem gezeigt ist, daß jeder endlich vielfach zusammenhängende Bereich auf einen Kreisbogenschlitzbereich und einen Radialschlitzbereich abgebildet werden kann. Wir haben somit die folgenden beiden Sätze.

1. Wenn der Bereich B die Punkte 0 und ∞ enthält, so kann er durch genau eine bei ∞ normierte Funktion $z + a_0 + \frac{a_1}{z} + \cdots$, welche 0 und ∞ festläßt, auf ein Gebiet — Radialschlitzgebiet — abgebildet werden, dessen voller Rand aus Schlitzen auf Geraden durch 0 besteht. Die Abbildungsfunktion hat unter allen schlichten Abbildungen von B durch Funktionen mit der angegebenen Entwicklung bei $z = 0$ den kleinsten absoluten Betrag der Ableitung.

2. Man kann B durch genau eine Funktion $z + a_0 + \frac{a_1}{z} + \cdots$, welche 0 und ∞ festläßt, auf ein Gebiet abbilden, dessen Rand aus Kreisbogenschlitzen mit $z = 0$ als Mittelpunkt besteht. Die Abbildung ist dann unter allen schlichten Abbildungen durch Funktionen mit der angegebenen Entwicklung von B diejenige, welche bei $z = 0$ einen möglichst großen absoluten Betrag der Ableitung besitzt.

Ich füge noch folgenden Satz hinzu:

3. Der Bereich G kann durch genau ein passendes $z + \frac{\alpha_1}{z} + \cdots$ auf ein Parallelschlitzgebiet abgebildet werden, dessen Schlitze alle einer gegebenen Geraden parallel sind. Insbesondere soll der Rand aus lauter zur reellen Achse parallelen geradlinigen Strecken bestehen. Die Abbildung ist unter allen schlichten Abbildungen von G durch Funktionen mit der angegebenen Entwicklung diejenige, für die der reelle Teil von α_1 ein Maximum hat.

Dieser Satz wird folgendermaßen bewiesen:

1. Wenn $|z| > R$ dem Gebiet G angehört, so gilt nach dem Flächensatz von S. 120 für jede schlichte Abbildung

$$z + \frac{\alpha_1}{z} + \cdots$$

von G die Abschätzung

$$|\alpha_1| \leqq R^2.$$

Hiernach sind für alle diese schlichten Abbildungen von G die Realteile von α_1 beschränkt. Diese Realteile besitzen daher eine endliche obere Grenze.

2. Betrachtet man eine Folge von schlichten Abbildungen

$$z + \frac{\alpha_1}{z} + \cdots$$

von G, für die $\Re\alpha_1$ gegen diese obere Grenze konvergiert, so kann man nach der beim Beweis der vorigen beiden Sätze befolgten Schlußweise daraus eine Teilfolge auswählen, die gleichmäßig gegen eine schlichte Abbildung

$$z + \frac{\alpha_1}{z} + \cdots$$

von G konvergiert, in der $\Re\alpha_1$ sein Maximum hat unter allen diesen schlichten Abbildungen von G.

3. Wir zeigen, daß die sämtlichen Randkomponenten des durch diese Funktion gelieferten Bildbereiches von G Schlitze parallel zur reellen Achse sind. Dazu bemerken wir:

a) Unterwirft man G nacheinander zwei schlichten Abbildungen

$$z_1 = z + \frac{\alpha_1}{z} + \cdots$$

$$z_2 = z_1 + \frac{\beta_1}{z_1} + \cdots,$$

so verhalten sich die Koeffizienten von $\frac{1}{z}$ additiv, d. h. es ist

$$z_2 = z + \frac{\alpha_1 + \beta_1}{z} + \cdots,$$

wie man unmittelbar nachrechnet.

b) $|z| > R$ wird durch

$$w = z + \frac{R^2}{z}$$

auf einen Bereich abgebildet, der von dem Schlitz $-2R < \Re w < +2R$ begrenzt ist.

c) Wie schon in 1. bemerkt wurde, gilt für alle schlichten Abbildungen

$$z + \frac{\alpha_1}{z} + \cdots$$

von G die Abschätzung $|\alpha_1| \leqq R^2$, also auch $\Re\alpha_1 \leqq R^2$. Dabei gilt nach dem Flächensatz das Gleichheitszeichen nur für $w = z + \dfrac{R^2}{z}$.

d) Nach a) und c) nimmt im Falle eines einfach zusammenhängenden Bereiches G der $\Re\alpha_1$ für die schlichte Abbildung

$$z + \frac{\alpha_1}{z} + \cdots$$

auf einen von einem Schlitz parallel zur reellen Achse begrenzten Bereich seinen größten Wert an.

e) Wäre nun bei der schlichten Abbildung eines mehrfach zusammenhängenden Bereiches G durch die Funktion

$$z + \frac{\alpha_1}{z} + \cdots$$

mit dem Maximalwert von $\Re\alpha_1$ eine Randkomponente des Bildbereiches kein Schlitz parallel zur reellen Achse, so unterwerfe man den nur von dieser Randkomponente begrenzten, das Bild von G umfassenden einfach zusammenhängenden Bereich G_1 der Parallelschlitzabbildung. Diese Abbildung

$$z + \frac{\beta_1}{z} + \cdots$$

hat $\Re\beta_1 > 0$ (nach d). Setzt man diese Abbildung mit der schon vorgenommenen Abbildung von G zusammen, bei der doch $\Re\alpha_1$ den Größtwert haben sollte, so erhält man nach a) eine Abbildung von G mit noch größerem Wert des Realteils des Koeffizienten von $\frac{1}{z}$. Dieser Widerspruch zeigt, daß alle Randkomponenten des Bildbereiches von G Schlitze parallel zur reellen Achse sind.

Der Unitätsbeweis für die Parallelschlitzabbildung eines n-fach zusammenhängenden Gebietes G kann so geführt werden. Man darf annehmen, daß G ein Schlitzbereich ist (Radialschlitz oder Kreisschlitz). Gäbe es zwei Abbildungen $z + \frac{\alpha_1}{z} + \cdots$ desselben auf einen Parallelschlitzbereich, so wäre die Differenz $d(z)$ beider in G beschränkt und gleich Null im Unendlichen. $d(z)$ nimmt auf jeder Randkomponente von G Werte an, die ihrerseits endliche Strecken auf gewissen Geraden g_ν erfüllen, die sämtlich der reellen Achse parallel sind. Ist dann w_0 ein Wert, der keiner dieser Geraden g_ν angehört, so ist die Änderung von $\arg(d(z) - w_0)$ bei Durchlaufung einer jeden der n Randkomponenten Null. Aus der Funktionentheorie weiß man, daß daher $d(z)$ den Wert w_0 nicht annimmt. Da w_0 in der angegebenen Weise beliebig ist, so ist $d(z)$ konstant. Da $d(\infty) = 0$ ist, so ist $d(z) \equiv 0$.

Wählt man die reelle Zahl ϑ beliebig, so erkennt man durch ganz analoge Betrachtungen, daß es unter den schlichten Abbildungen $z + \frac{\alpha_1}{z} + \cdots$ von G genau eine gibt, für die $\Re(e^{-i\vartheta}\alpha_1)$ seinen Maximalwert annimmt. Diese bildet G auf einen Bereich ab, der von geradlinigen Strecken begrenzt ist, deren Trägergeraden durch $\Im(e^{-i\vartheta}w) = c$ gegeben sind. Bezeichnet man eine solche Abbildung durch $j_\vartheta(z)$, so besteht die Beziehung

$$j_\vartheta(z) = e^{i\vartheta}\,[j_0(z)\cos\vartheta - i\,j_{\frac{\pi}{2}}(z)\sin\vartheta].$$

Denn bezeichnet man die rechte Seite mit $j^*_\vartheta(z)$, so ist $j_\vartheta(\infty) - j^*_\vartheta(\infty) = 0$. Ferner nimmt die Differenz $j_\vartheta(z) - j^*_\vartheta(z)$ auf jeder Randkomponente von G Werte an, die endliche Strecken auf Geraden $\Im(e^{-i\vartheta}w) = c$ ausmachen. Daraus schließt man genau wie bei dem vorhin geführten Unitätsbeweis, daß $j_\vartheta(z) \equiv j^*_\vartheta(z)$ ist. Noch sei erwähnt, daß man analoge Betrachtungen auch bei schlichten Abbildungen von

G anstellen kann, die ihren Pol an einer endlichen Stelle a haben und die durch $\frac{1}{z-a} + \alpha_1(z-a) + \cdots$ normiert sind. Auch unter diesen gibt es genau eine $j_\vartheta(z, a)$, die auf einen Parallelschlitzbereich abbildet, dessen Schlitze auf Geraden $\mathfrak{J}(e^{-i\vartheta} w) = c$ liegen. Auch hier besteht die Beziehung

$$j_\vartheta(z, a) = e^{i\vartheta}\left[j_0(z, a)\cos\vartheta - i j_{\frac{\pi}{2}}(z, a)\sin\vartheta\right].$$

Noch sei erwähnt, daß der Existenzbeweis für die Parallelschlitzabbildung auch für unendlich vielfach zusammenhängende Bereiche geführt werden kann. Der Unitätsbeweis ist auf endlich vielfach zusammenhängende Bereiche beschränkt.

In Analogie zu dem Flächensatz von § 19 kann man auch bei mehrfach zusammenhängenden Bereichen B nach denjenigen Funktionen fragen, die den Flächeninhalt des Bildbereiches möglichst klein machen. Es gibt in der Tat unter allen in B regulären Funktionen $f(z)$, für die $f(\infty) = 0$, $f'(\infty) = 1$ ist, eine, die dem Bildbereich ein Minimum des Inhalts erteilt. H. Grunsky zeigte 1932, daß diese Abbildung von $c\left[j_0(z) - j_{\frac{\pi}{2}}(z)\right]$ mit passendem konstanten c geleistet wird. H. Grunsky zeigte weiter, daß $j_0(z) + j_{\frac{\pi}{2}}(z)$ eine Abbildung von B liefert, bei der die Komplementärmenge des Bildbereiches einen möglichst großen Inhalt hat. In beiden Fällen sind nach M. Schiffer die Bildbereiche schlicht und von konvexen Kurven berandet. Sie sind jedenfalls nicht Vollkreisbereiche.

Endlich beweise ich den schon erwähnten Koebeschen Satz, daß sich jeder endlich vielfach zusammenhängende Bereich auf einen von lauter Vollkreisen begrenzten Bereich konform abbilden läßt.

Ich gehe von der Abbildung auf einen Kreisbogenschlitzbereich aus. Ich spiegle ihn an einem seiner Ränder und verhefte das Spiegelbild mit dem Original längs dieses Schlitzes. Diesen Bereich spiegeln wir erneut an einem seiner Ränder und erhalten durch kreuzweises Verheften einen nunmehr vierblättrigen Bereich. So fahren wir in inifinitum fort. Dadurch erhalten wir eine unendlich vielblättrige Überlagerungsfläche des gegebenen Bereiches. Diese hat die Eigentümlichkeit, jeweils durch Spiegelung an jedem der vorkommenden Kreisbogenschlitze in sich überzugehen. Wir bilden diese Überlagerungsfläche nach dem in § 25 beschriebenen Verfahren umkehrbar eindeutig konform auf einen schlichten Bereich ab. Dies kann z. B. so bewerkstelligt werden, daß man jeder einzelnen beim Aufbau der Überlagerungsfläche benutzten Spiegelung sofort durch eine schlichte Abbildung des nun jeweils nur zweiblättrigen Bereiches auf einen Kreisbogenschlitzbereich nachkommt. Aus den so vorkommenden Abbildungen läßt sich eine gleichmäßig konvergente Folge auswählen, deren Grenzfunktion die Überlagerungsfläche schlicht abbildet. Der so erhaltene Bildbereich der Überlagerungsfläche geht durch Spiegelung an den Bildern aller Kreisbogenschlitze in sich über. Spiegelung bedeutet dabei eine umkehrbar eindeutige konforme, den Drehsinn wechselnde Abbildung. Es wird behauptet, daß infolgedessen alle Kreisbogenschlitze in Vollkreise übergegangen sind, daß demnach der ursprünglich gegebene, dem Aufbau der Überlagerungsfläche zugrunde liegende Bereich in einen von lauter Vollkreisen begrenzten Bereich abgebildet erscheint.

Den unendlich vielen Blättern der Überlagerungsfläche entsprechend ist ihr Bildbereich in unendlich viele Teilbereiche eingeteilt, die durch die sukzessiven Spiegelungen auseinander hervorgehen. Es wird nun zunächst gezeigt, daß die Summe der Quadrate der Umfänge der Begrenzungslinien aller dieser Teilbereiche konvergiert. Um das einzusehen, betten wir die Randkurven eines der Teilbereiche in zweifach zusammenhängende Bereiche ein, die wir den Spiegelungen mitunterwerfen. Offenbar können wir sie so klein wählen, daß sie sich untereinander und mit ihren Spiegelbildern nicht überschneiden. Dann ist die Summe ihrer Inhalte offenbar konvergent. Können wir nun zeigen, daß es eine von den einzubettenden Kurven unabhängige Zahl μ gibt, derart, daß zwischen Umfang U der

Randkurve und Inhalt F des einbettenden Bereiches die Abschätzung $U^2 < \mu F$ besteht, so folgt aus der Konvergenz der Summe der F die der Summe der U^2. Die Existenz dieser Zahl μ folgt aus den Koebeschen Verzerrungssatz. Die sämtlichen Einbettungsbereiche gehen nämlich aus endlich vielen derselben, dem endlich vielfachen Zusammenhang des Bereiches entsprechend durch konforme Abbildung (mit oder ohne Umlegung der Winkel) hervor. Da aber bei einer Spiegelung an der reellen Achse Inhalt und Umfang sich nicht ändern, so genügt es, folgendes zu zeigen: Es gibt eine Zahl μ derart, daß für jeden der endlich vielen abzubildenden zweifach zusammenhängenden Bereiche und für jede schlichte Abbildung $f(z)$ desselben zwischen Inhalt und Umfang des durch $f(z)$ gelieferten Bildes die Beziehung $U^2 < F\mu$ besteht. Nun folgt aber aus dem Verzerrungssatz[1]), daß es zwei von Bereich und Funktion unabhängige Zahlen q und Q gibt, so daß für irgend zwei Stellen eines jeden der abzubildenden zweifach zusammenhängenden Bereiche die Abschätzung

$$q < \left| \frac{f'(z_1)}{f'(z_2)} \right| < Q,$$

also auch

$$q < \frac{\operatorname{Max} | f' |}{\operatorname{Min} | f' |} < Q$$

besteht. Nun ist

$$U = \int | f' | \, ds < \operatorname{Max} | f' | \, L,$$

wenn L der Umfang der abzubildenden Kurve ist. Ferner

$$F = \iint | f' |^2 \, dx \, dy > \operatorname{Min} | f' |^2 J,$$

wenn J der Inhalt des abzubildenden Bereiches ist. Also ist

$$\frac{U^2}{F} < \frac{\operatorname{Max} | f' |^2}{\operatorname{Min} | f' |^2} \frac{L^2}{J} < Q^2 \frac{L^2}{J}.$$

Da nur endlich viele zweifach zusammenhängende Einbet-

---

[1]) Die S. 114 gegebene Formel des Verzerrungssatzes spricht von Abbildungen der Kreisscheibe. Da man aber einen zweifach zusammenhängenden Bereich mit endlich vielen Kreisscheiben überdecken kann, so folgt durch mehrmalige Anwendung des Verzerrungssatzes die Behauptung des Textes.

tungsbereiche abzubilden sind, so gibt es ein μ, so daß alle $Q^2 \frac{L^2}{J} \leqq \mu$ sind. Also

$$U^2 < \mu F,$$

was zu beweisen war.

Wenn man nun die Bildbereiche der Blätter der Überlagerungsfläche irgendwie numeriert und einen zusammenhängenden alle Teilbereiche mit Nummern unter einer gewissen hinreichend großen Schranke umfassenden, aus Teilbereichen bestehenden Bereich betrachtet, so ergibt sich, daß die Summe der Quadrate der Umfänge seiner Randkurven beliebig klein angenommen werden kann. Es soll nun gezeigt werden, daß jede der Spiegelungen durch eine lineare Funktion vermittelt wird, woraus dann folgt, daß die bei der Spiegelung festbleibenden Punkte eine Kreisperipherie erfüllen. Um das einzusehen, setzen wir die zu untersuchende Spiegelung S_1 mit einer Spiegelung S_2 an der reellen Achse und mit einer weiteren linearen Funktion L zusammen, welche den durch die Abbildung $S_2 S_1$ erhaltenden Bildpunkt des unendlichfernen wieder nach ∞ bringt, und zwar so, daß $L S_2 S_1$ in ∞ eine Entwicklung

$$z + \frac{\alpha_1}{z} + \cdots$$

besitzt. Durch $L S_2 S_1$ geht das Bild der Überlagerungsfläche wieder in einen Bereich über, der aus Teilbereichen aufgebaut ist, die wieder durch Spiegelungen auseinander hervorgehen. Also haben auch seine Einteilungslinien Umfänge, deren Quadratsumme konvergiert. Wir betrachten nun einen Teilbereich, der nur Teilbereiche hoher Nummer ausschließt. Dann ist sowohl für ihn wie für sein durch $L S_2 S_1 = f(z)$ erhaltenes Bild, die Summe der Quadrate der Umfänge der Randkurven beliebig klein. Wir trennen noch ∞ durch einen Kreis K von den Randkurven und wenden dann auf den von diesem Kreis und den Randkurven R_i kleiner Umfangsquadratsumme begrenzten Bereich die Integralformel an. Wir erhalten

$$f(z) = \frac{1}{2\pi i} \int\limits_K \frac{f(\mathfrak{z})}{\mathfrak{z} - z} d\mathfrak{z} + \Sigma \int\limits_{R_i} \frac{f(\mathfrak{z})}{\mathfrak{z} - z} d\mathfrak{z}.$$

Nun wird gezeigt, daß die

$$\Sigma \int_{R_i} \frac{f(\mathfrak{z})}{\mathfrak{z} - z}\, d\mathfrak{z} = 0$$

ist. Wir setzen auf jedem R_i

$$f(\mathfrak{z}) = f(\mathfrak{z}_i) + \varphi_i(\mathfrak{z}),$$

wo $\mathfrak{z}_i$ irgendein Punkt auf dem Rand R_i ist. Dann ist

$$\int_{R_i} \frac{f(\mathfrak{z})}{\mathfrak{z} - z}\, d\mathfrak{z} = \int_{R_i} \frac{\varphi_i(\mathfrak{z})}{\mathfrak{z} - z}\, d\mathfrak{z}.$$

Denn es ist

$$\int_{R_i} \frac{d\mathfrak{z}}{\mathfrak{z} - z} = 0,$$

weil z außerhalb R_i liegt. Nun ist

$$\left| \int_{R_i} \frac{\varphi_i(\mathfrak{z})}{\mathfrak{z} - z}\, d\mathfrak{z} \right| < \frac{l_i' l_i}{d},$$

wenn l_i' den Umfang des Bildes von R_i, l_i den Umfang von R_i und d eine den Abstand des Punktes z von den R_i übertreffende Zahl bedeutet. (Denn auf R_i unterscheidet sich $f(\mathfrak{z})$ von $f(\mathfrak{z}_i)$ um weniger als l_i'. D. h. $|\varphi_i(\mathfrak{z})| < l_i'$). Weiter aber ist

$$l_i' l_i \leqq \frac{l_i'^2 + l_i^2}{2}.$$

Also

$$\left| \Sigma \int_{R_i} \frac{\varphi_i(\mathfrak{z})}{\mathfrak{z} - z}\, d\mathfrak{z} \right| < \frac{1}{2d} \Sigma (l_i'^2 + l_i^2),$$

d. h. beliebig klein. Da aber

$$f(\mathfrak{z}) \quad \text{und} \quad \int_{K} \frac{f(\mathfrak{z})}{\mathfrak{z} - z}\, d\mathfrak{z}$$

nicht von der Zahl der Teilbereiche abhängt, aus denen der Bereich aufgebaut ist, auf den die Integralformel angewendet wurde, so ist

$$\Sigma \int_{R_i} \frac{\varphi_i(\mathfrak{z})}{\mathfrak{z} - z} d\mathfrak{z} = 0,$$

d. h.

$$f(z) = \frac{1}{2\pi i} \int_K \frac{f(\mathfrak{z})}{\mathfrak{z} - z} d\mathfrak{z}$$

ist in K regulär. Außerhalb K ist $f(z)$ bis auf einen Pol erster Ordnung in ∞ regulär. Also ist $f(z)$ linear. Aus der Linearität von $f(z) = LS_2S_1$ folgt aber die von S_1. D. h. S_1 ist Spiegelung an einem Kreis.

Die damit beendete Betrachtung lehrt auch, daß alle Abbildungen eines gegebenen endlich vielfach zusammenhängenden Bereiches auf Vollkreisbereiche durch lineare Transformation auseinander hervorgehen. Denn sie gehen ja durch Abbildung zweier Bereiche unbegrenzter Spiegelungsfähigkeit aufeinander auseinander hervor.

Es gilt demnach der folgende Satz:

Jedes endlich vielfach zusammenhängende schlichte Gebiet kann schlicht und konform auf ein von lauter Vollkreisen begrenztes Gebiet abgebildet werden. Die Abbildung ist bis auf lineare Transformationen eindeutig bestimmt.

Es versteht sich, daß bei Original und Bild etwa vorkommende isolierte Randpunkte einander entsprechen.

Eine analoge Aufgabe für unendlich vielfach zusammenhängende Gebiete ist erst in Sonderfällen gelöst.

Die Arbeiten von Grötzsch in den Sitzungsberichten der Sächsischen Akademie der Wissenschaften enthalten noch eine große Zahl verwandter Sätze. Sie sind als eine bedeutende Leistung über die konforme Abbildung mehrfach zusammenhängender Gebiete anzusehen. Freilich ist nicht zu verkennen, daß die präzise Durchführung der Beweisansätze noch viel zu wünschen läßt.

Hier setzt aber neuerdings die schon in § 23 erwähnte Methode der extremalen Länge ein. Sie ist aus der von H. Grötzsch souverän gehandhabten Flächenstreifenmethode entstanden. Diese hinwiederum geht auf das in § 21 geschilderte Beweisverfahren von G. Faber zurück. Die Methode der extremalen Länge ist im Begriff, in Verbindung mit Anregungen und Ergebnissen von O. Teichmüller, insbesondere seiner Heranziehung quasikonformer Abbildungen und quadratischer Differentiale, die Lehre von der konformen Abbildung in ihren höheren Teilen neu zu gestalten und ihr weitere Kapitel zuzufügen.

Sachverzeichnis

Abbildung eines Kreises in sich 26ff.
Algebraische Funktion 47
Automorphe Funktion 36

Bereich 5

Doppelperiodische Funktion 70ff.
Drehstreckung 13f.
Drehung 13
Drehungssatz 139, 147
Dreieck 78, 125

Einheitskreis 14
Ellipse 59ff., 76ff.
Elliptische lineare Funktion 23
Elliptische Modulfunktion 36, 159f.
Elliptische Modulgruppe 36
Elliptisches Integral erster Gattung 65ff.
Elliptisches Integral zweiter Gattung 79f
Erste Randwertaufgabe 97
Exponentialfunktion 63ff.
Extremale Länge 126, 179

Festpunkte einer linearen Abbildung 22
Flächensatz 120
Fundamentalbereich 32

Gebiet 5, 40
Gebietstreue 5, 43
Gleichseitige Hyperbel 55
Greensche Funktion 95

Halbkreis 74
Halbstreifen 74
Hyperbel 55, 60, 76f
Hyperbolische lineare Funktion 23

Jordansche Kurve 49, 105

Kardioide 57
Kern 116
Koebescher Verzerrungssatz 114
Koeffizientenproblem 111ff., 145
Konforme Abbildung 10
Konforme Invariante 125
Konvexes Gebiet 118
Kreisbogenschlitzbereich 166
Kreisbogenschlitztheorem 128
Kreisbogenzweieck 74
Kreissektor 74
Kugelabbildung 18
Kugeldrehungen 26f.

Logarithmus 64
Lokale Uniformisierung 43
Loxodromische lineare Funktion 23
Loewnersche Differentialgleichung 145

Normalform einer linearen Funktion 23, 25

Parabel 56, 75
Parabolische lineare Funktion 25
Parallelschlitzbereich 169ff.
Parallelstreifen 74
Parallelverschiebung 13
Poissonsches Integral 96
Polygon 78
Potentialfunktion 93
Prinzip des Randes 49ff.

Radialschlitzbereich 166
Radialschlitztheorem 130
Rationale Funktion 44ff.
Rechteck 75, 124
Rengelscher Verzerrungssatz 122ff.
Riemannsche Fläche 40
Riemannscher Abbildungssatz 86

Schlicht 7
Schlitzbereich 80, 140
Schmiegungsverfahren 89
Schukowskisches Profil 63
Schwarzsches Lemma 31
Sichel 74
Spiegelung an einer Geraden 14
Spiegelung an einem Kreis 15f.
Spiegelungsprinzip 53
Stereografische Projektion 18
Stern 118
Streckentreue 10
Streckung 13
Stürzung 16

Transformation durch reziproke Radien 15f.
Trigonometrische Funktion 64

Unendlich ferner Punkt 16
Uneigentlicher Punkt 16
Uniformisierung 43, 155ff.

Verzerrungssatz 113ff., 122ff.
Verzweigungspunkt 37ff.
Viereck 124f
Vitalischer Doppelreihensatz 81ff.
Vollkreisbereich 173ff.

Winkeltreue 8

Zweieck 74

GESAMTVERZEICHNIS

SAMMLUNG GÖSCHEN

DAS WISSEN DER WELT IN KURZEN KLAREN, ALLGEMEINVERSTÄNDLICHEN EINZELDARSTELLUNGEN NACH DEN LEHRPLÄNEN DER DEUTSCHEN UNIVERSITÄTEN UND HOCHSCHULEN AUFGEBAUT

JEDER BAND DM 2,40

DOPPELBAND DM 4,80

STAND JANUAR 1956

WALTER DE GRUYTER & CO.

BERLIN W 35

INHALTSVERZEICHNIS

	Seite
Biologie	11
Botanik	11
Chemie	10
Deutsche Sprache und Literatur	5
Elektrotechnik	13
Englisch	6
Erd- und Länderkunde	7
Französisch	6
Geologie	12
Germanisch	6
Geschichte	4
Griechisch	6
Hebräisch	7
Hoch- und Tiefbau	15
Indogermanisch	6
Italienisch	6
Kristallographie	12
Kunst	4
Land- und Forstwirtschaft	12
Lateinisch	6
Maschinenbau	13
Mathematik	8
Mineralogie	12
Musik	4
Pädagogik	3
Philosophie	3
Physik	9
Psychologie	3
Publizistik	7
Religionswissenschaften	4
Russisch	7
Sanskrit	7
Soziologie	3
Technologie	10
Volkswirtschaft	7
Wasserbau	15
Zoologie	11

Geisteswissenschaften

Philosophie

Einführung in die Philosophie von *H. Leisegang*. 2. Auflage. 145 Seiten. 1953. . . . . Bd. 281

Erkenntnistheorie von *G. Kropp*. 1. Teil: Allgemeine Grundlegung. 143 Seiten. 1950 . . . . Bd. 807

Hauptprobleme der Philosophie von *G. Simmel†*. 7., unveränd. Auflage. 177 Seiten. 1950 . . . . Bd. 500

Geschichte der Philosophie

I: Die griechische Philosophie von *W. Capelle*. 1. Teil. Von Thales bis Leukippos. 2., erweiterte Auflage. 135 Seiten. 1953 . . . . Bd. 857

II: Die griechische Philosophie von *W. Capelle*. 2. Teil. Von der Sophistik bis zum Tode Platons. 2., stark erweiterte Auflage. 144 Seiten 1953 . . . . Bd. 858

III: Die griechische Philosophie von *W. Capelle*. 3. Teil. Vom Tode Platons bis zur Alten Stoa. 2., stark erweiterte Auflage. 132 Seiten. 1954 . . . . Bd. 859

IV: Die griechische Philosophie von *W. Capelle*. 4. Teil. Von der Alten Stoa bis zum Eklektizismus im 1. Jahrhundert v. Chr. 2., stark erweiterte Auflage. 132 Seiten. 1954 . . . . Bd. 863

V: Die Philosophie des Mittelalters von *J. Koch*. In Vorbereitung . . . . Bd. 826

VI: Von der Renaissance bis Kant von *K. Schilling*. 234 Seiten. 1954 . . . . Bd. 394/394a

VII: Immanuel Kant von *G. Lehmann*. In Vorbereitung. Bd. 536

VIII: Die Philosophie des 19. Jahrhunderts von *G. Lehmann*. 1. Teil. 151 Seiten. 1953 . . . . Bd. 571

IX: Die Philosophie des 19. Jahrhunderts von *G. Lehmann*. 2. Teil. 168 Seiten. 1953 . . . . Bd. 709

X: Die Philosophie im ersten Drittel des 20. Jahrhunderts von *G. Lehmann*. In Vorbereitung . . . . . Bd. 845

Die geistige Situation der Zeit (1931) von *K. Jaspers*. 3., unveränderter Abdruck der 1932 bearbeiteten 5. Auflage. 211 Seiten. 1953. Zur Zeit nur Ganzleinen DM 4,80 Bd. 1000

Philosophisches Wörterbuch von *M. Apel †*. 4., unveränderte Auflage. 260 Seiten. 1953 . . . . Bd. 1031

Philosophische Anthropologie von *M. Landmann*. 266 Seiten. 1955 . . . . Bd. 156/156a

Pädagogik · Psychologie · Soziologie

Geschichte der Pädagogik von *H. Weimer*. 11., neubearbeitete und vermehrte Auflage. 176 Seiten. 1954 . . . . Bd. 145

Therapeutische Psychologie. Freud — Adler — Jung von *W. M. Kranefeldt*. Mit einer Einführung von *C. G. Jung*. 2. Auflage. 152 Seiten. 1950 . . . . Bd. 1034

Sozialpsychologie von *P. R. Hofstätter*. 1956. In Vorbereitung Bd. 104/104a

Psychologie des Berufs- und Wirtschaftslebens von *W. Moede*. 1956. In Vorbereitung . . . . Bd. 851

Soziologie. Geschichte und Hauptprobleme von *L. von Wiese*. 5. Auflage. 162 Seiten. 1954 . . . . Bd. 101

Industrie- und Betriebssoziologie von *R. Dahrendorf*. 118 Seiten. 1956 . . . . Bd. 103

Religionswissenschaften

Jesus von *M. Dibelius †*. 2. Auflage. Unveränderter Nachdruck. 137 Seiten. 1949 . . . . Bd. 1130

Paulus von *M. Dibelius †*. Nach dem Tode des Verfassers herausgegeben und zu Ende geführt von *W. G. Kümmel*. 2. Auflage. 155 Seiten. 1956 . . . . Bd. 1160

Musik

Musikästhetik von *H. J. Moser*. 180 Seiten. 1953 . . . . Bd. 344

Systematische Modulation von *R. Henried*. 2. Auflage. 136 Seiten. 1950 . . . . Bd. 1094

Der polyphone Satz von *E. Pepping*. 1. Teil: Der cantus-firmus-Satz. 2. Auflage. 223 Seiten. 1950 . . . . Bd. 1148

Harmonielehre von *H. J. Moser*.
I: 109 Seiten. 1954 . . . . Bd. 809

Technik der deutschen Gesangskunst von *H. J. Moser*. Dritte, durchges. u. verbesserte Auflage. 144 Seiten mit 5 Fig. 1954 . . . . Bd. 576/576a

Die Kunst des Dirigierens von *H. W. von Waltershausen †*. 2. Auflage. 138 Seiten. 1954 . . . . Bd. 1147

Die Technik des Klavierspiels aus dem Geiste des musikalischen Kunstwerkes von *K. Schubert †*. 3. Auflage. 110 Seiten. 1954 . . . . Bd. 1045

Die Musik des 19. Jahrhunderts von *W. Oehlmann*. 180 Seiten. 1953 . . . . Bd. 170

Allgemeine Musiklehre von *H. J. Moser*.
2., durchges. Auflage. 155 Seiten. 1955 . . . . . Bd. 220/220a

Kunst

Stilkunde von *H. Weigert*.
I: Vorzeit, Antike, Mittelalter. 2. Auflage. 136 Seiten. Mit 94 Abbildungen. 1953 . . . . Bd. 80
II: Spätmittelalter und Neuzeit. 2. Auflage. 146 Seiten. Mit 84 Abbildungen. 1953 . . . . Bd. 781

Archäologie von *A. Rumpf*.
I: Einleitung, historischer Überblick. 143 Seiten mit 6 Abbildungen im Text und 12 Tafeln. 1953 . . . . . Bd. 538
II: Die Archäologensprache. Die antiken Reproduktionen. 136 Seiten mit 7 Abbildungen im Text und 12 Tafeln. 1956 . . . . Bd. 539

Geschichte

Einführung in die Geschichtswissenschaft von *P. Kirn*. 2. Auflage. 121 Seiten. 1952 . . . . Bd. 270

Kultur der Urzeit von *F. Behn*. 4. Auflage der „Kultur der Urzeit". Band I—III von *M. Hoernes*.
I: Die vormetallischen Kulturen. (Die Steinzeiten Europas. Gleichartige Kulturen in anderen Erdteilen). 172 Seiten mit 48 Abbildungen. 1950 . . . . Bd. 564
II: Die älteren Metallkulturen. (Der Beginn der Metallbenutzung. Kupfer- und Bronzezeit in Europa, im Orient und in Amerika). 160 Seiten mit 67 Abbildungen. 1950 Bd. 565
III: Die jüngeren Metallkulturen. (Das Eisen als Kulturmetall. Hallstatt-Latène-Kultur in Europa. Das erste

Auftreten des Eisens in den anderen Erdteilen). 149 Seiten mit 60 Abbildungen. 1950 . . . . Bd. 566

Vorgeschichte Europas von *F. Behn*. Völlig neue Bearbeitung der 7. Auflage der „Urgeschichte der Menschheit" von *M. Hoernes*. 125 Seiten mit 47 Abbildungen. 1949 . . Bd. 42

Von den Karolingern zu den Staufern von *J. Haller*. Die altdeutsche Kaiserzeit (900—1250). 3. Auflage. 141 Seiten mit 4 Karten. 1944 . . . . Bd. 1065

Deutsche Geschichte im Zeitalter der Reformation, der Gegenreformation und des 30jährigen Krieges von *F. Hartung*. 129 Seiten. 1951 . . . . Bd. 1105

Deutsche Geschichte von 1648 bis zur Gegenwart von *W. Treue* (4 Bände). In Vorbereitung . . . . Bd. 35

Quellenkunde der deutschen Geschichte im Mittelalter (bis zur Mitte des 15. Jahrhunderts) von *K. Jacob †*.

I: Einleitung. Allgemeiner Teil. Die Zeit der Karolinger. 5. Auflage. 118 Seiten. 1949 . . . . Bd. 279

II: Die Kaiserzeit (911—1250). 4. Auflage. 127 Seiten. 1949 . . . . Bd. 280

III: Das Spätmittelalter (vom Interregnum bis 1500). Unter Verwendung der Hinterlassenschaft herausgegeben von *F. Weden*. 152 Seiten. 1952 . . . . Bd. 284

Badische Geschichte von *A. Krieger*. 137 Seiten. 1921 . . . Bd. 230

Geschichte Englands von *H. Preller*.

I: bis 1815. 3., stark umgearbeitete Auflage. 135 Seiten mit 7 Stammtafeln und 2 Karten im Text. 1952. . . . Bd. 375

II: von 1815 bis 1910. 2., völlig umgearb. Auflage. 118 S. mit 1 Stammtafel und 7 Karten im Text. 1954 . . Bd. 1088

Geschichte der Vereinigten Staaten von Amerika von *O. Graf zu Stolberg-Wernigerode*. 192 Seiten mit 10 Karten im Text. 1956. . . . . Bd. 1051/1051a

Deutsche Sprache und Literatur

Deutsches Rechtschreibungswörterbuch von *M. Gottschald*. 2., verbesserte Auflage. 269 Seiten. 1953 . . . . Bd. 200/200a

Deutsche Wortkunde von *A. Schirmer*. Eine kulturgeschichtliche Betrachtung des deutschen Wortschatzes. 3., durchgesehene Auflage. 109 Seiten. 1949 . . . . Bd. 929

Deutsche Sprachlehre von *W. Hofstaetter*. 9., neubearbeitete Auflage von *G. Spree*. 144 Seiten. 1953 . . . . Bd. 20

Stimmkunde für Beruf, Kunst und Heilzwecke von *H. Biehle*. 111 Seiten. 1955 . . . . Bd. 60

Redetechnik von *H. Biehle*. Einführung in die Rhetorik. 115 Seiten. 1954 . . . . Bd. 61

Sprechen und Sprachpflege von *H. Feist*. (Die Kunst des Sprechens). 2., verbesserte Auflage. 99 Seiten mit 25 Abbildungen. 1952 . . . . Bd. 1122

Der Nibelunge Nôt in Auswahl mit kurzem Wörterbuch von *K. Langosch*. 9., umgearbeitete Auflage. 164 Seiten. 1953 Bd. 1

Deutsches Dichten und Denken von der germanischen bis zur staufischen Zeit von *H. Naumann*. (Deutsche Literaturgeschichte vom 5.—13. Jahrhundert). 2., verbesserte Auflage. 166 Seiten. 1952 . . . . Bd. 1121

Deutsches Dichten und Denken vom Mittelalter zur Neuzeit von *G. Müller* (1270—1700). 2., durchgesehene Auflage. 159 Seiten. 1949 . . . . Bd. 1086

Die deutschen Personennamen von *M. Gottschald.* 2., verbesserte Auflage. 151 Seiten. 1955 . . . . Bd. 422

Althochdeutsches Elementarbuch von *H. Naumann †* und *W. Betz.* 2. Auflage. 156 Seiten. 1954. . . . . Bd. 1111

Mittelhochdeutsche Grammatik von *H. de Boor* und *R. Wisniewski.* 139 Seiten. 1956 . . . . Bd. 1108

Indogermanisch · Germanisch

Gotisches Elementarbuch von *H. Hempel.* Grammatik, Texte mit Übersetzung und Erläuterungen. 2., umgearbeitete Auflage. 165 Seiten. 1953 . . . . Bd. 79

Germanische Sprachwissenschaft von *H. Krahe.*
- I: Einleitung und Lautlehre. 3. Auflage. In Vorbereitung Bd. 238
- II: Formenlehre. 2. Auflage. 140 Seiten .1948 . . . . . Bd. 780

Altnordisches Elementarbuch von *F. Ranke.* Schrifttum, Sprache, Texte mit Übersetzung und Wörterbuch. 2., durchgesehene Auflage. 146 Seiten. 1949 . . . . Bd. 1115

Englisch · Französisch · Italienisch

Altenglisches Elementarbuch von *M. Lehnert.* Einführung, Grammatik, Texte mit Übersetzung und Wörterbuch. 3., verbesserte Auflage. 178 Seiten. 1955 . . . . . . Bd. 1125

Historische neuenglische Laut- und Formenlehre von *E. Ekwall.* 3., durchgesehene Auflage. 150 Seiten. 1956 . . Bd. 735

Englische Literaturgeschichte.
- I: Die alt- und mittelenglische Periode von *F. Schubel.* 163 Seiten. 1954 . . . . Bd. 1114
- II: Von der Renaissance bis zur Aufklärung von *Paul Meissner †.* 139 Seiten. 1937 . . . . Bd. 1116
- III: Romantik und Viktorianismus von *Paul Meissner †.* 150 Seiten. 1938 . . . . Bd. 1124
- IV: Das 20. Jahrhundert von *Paul Meissner †.* 150 Seiten. 1939 . . . . Bd. 1136

Beowulf von *M. Lehnert.* Eine Auswahl mit Einführung, teilweiser Übersetzung, Anmerkungen und etymologischem Wörterbuch. 2., verbesserte Auflage. 135 Seiten. 1949 Bd. 1135

Shakespeare von *P. Meissner †.* 2. Auflage, neubearbeitet von *M. Lehnert.* 136 Seiten. 1954 . . . . Bd. 1142

Romanische Sprachwissenschaft von *H. Lausberg.*
- I: Einleitung und Vokalismus. 160 Seiten. 1956 . . Bd. 128/128a
- II: Konsonantismus. 95 Seiten. 1956 . . . . Bd. 250

Italienische Literaturgeschichte von *K. Vossler †.* Unveränderter Nachdruck der 1927 erschienenen 4., durchgesehenen und verbesserten Auflage. 148 Seiten. 1948 Bd. 125

Griechisch · Lateinisch

Griechische Sprachwissenschaft von *W. Brandenstein.*
- I: Einleitung, Lautsystem, Etymologie. 160 Seiten. 1954 Bd. 117
- II: In Vorbereitung . . . . Bd. 118

Geschichte der griechischen Sprache
- I: Bis zum Ausgang der klassischen Zeit. Von *O. Hoffmann †.* 3., umgearbeitete Auflage von *A. Debrunner.* 156 Seiten. 1954 . . . . Bd. 111
- II: Grundfragen und Grundzüge d. nachklass. Griechisch. Von *A. Debrunner.* 144 Seiten. 1954 . . . . Bd. 114

Geschichte der griechischen Literatur von *W. Nestle*. 2., verbesserte Auflage.
I: Von den Anfängen bis auf Alexander d. Gr. 148 Seiten. 1950 . . . . Bd. 70
II: Von Alexander d. Gr. bis zum Ausgang der Antike. 128 Seiten. 1948 . . . . Bd. 557
Geschichte der lateinischen Sprache von *F. Stolz †*. 3., stark umgearbeitete Auflage von *A. Debrunner*. 136 Seiten. 1953 . . . . Bd. 492

Hebräisch · Sanskrit · Russisch

Hebräische Grammatik von *G. Beer †*. 2., völlig neubearbeitete Auflage von *R. Meyer*.
I: Schrift-, Laut- und Formenlehre I. 157 Seiten. 1952. Bd. 763/763a
II: Schrift-, Laut- und Formenlehre II. 195 Seiten. 1955 . . . . Bd. 764/764a
Sanskrit-Grammatik von *M. Mayrhofer*. 89 Seiten. 1953 . . Bd. 1158
Russische Grammatik von *G. Berneker*. 6., unveränderte Auflage von *M. Vasmer*. 155 Seiten. 1947 . . . . Bd. 66

Erd- und Länderkunde

Afrika von *F. Jaeger*. Ein geographischer Überblick. 2., umgearbeitete Auflage.
I: Der Lebensraum. 179 Seiten mit 18 Abbildungen. 1954 Bd. 910
II: Mensch und Kultur. 155 Seiten mit 6 Abbildungen. 1954 Bd. 911
Iberoamerika von *O. Quelle*. In Vorbereitung . . . . Bd. 856
Australien und Ozeanien von *H. J. Krug*. 176 Seiten mit 46 Skizzen. 1953 . . . . Bd. 319
Kartenkunde von *M. Eckert-Greifendorff †*. 3., durchgesehene Auflage von *W. Kleffner*. 149 Seiten mit 63 Abb. 1950 Bd. 30

Volkswirtschaft · Publizistik

Allgemeine Betriebswirtschaftslehre von *K. Mellerowicz*. 9., unveränderte Auflage. 1956.
I: 142 Seiten . . . . Bd. 1008
II: 112 Seiten. . . . . Bd. 1153
III: 143 Seiten. . . . . Bd. 1154
Allgemeine Volkswirtschaftslehre von *A. Paulsen*.
I: Grundlegung, Wirtschaftskreislauf. 138 Seiten mit 11 Abbildungen. 1956. . . . . Bd. 1169
II: Haushalte, Unternehmungen, Marktformen. In Vorbereitung . . . . Bd. 1170
III: Produktionsfaktoren, Geldwesen. In Vorbereitung . . Bd. 1171
IV: Konjunktur, Außenhandel, staatliche Aktivität. In Vorbereitung . . . . Bd. 1172
Zeitungslehre von *E. Dovifat*. 3., neubearbeitete Auflage. 1955.
I: Theoretische und rechtliche Grundlagen, Nachricht und Meinung, Sprache und Form. 148 Seiten. 1955 . . . . Bd. 1039
II: Redaktion, Die Sparten, Verlag und Vertrieb, Wirtschaft und Technik, Sicherung der öffentlichen Aufgabe. 158 Seiten. 1955 . . . . Bd. 1040

Naturwissenschaften

Mathematik

Geschichte der Mathematik von *J. E. Hofmann.*
I: Von den Anfängen bis zum Auftreten von Fermat und Descartes. 200 Seiten. 1953 . . . . Bd. 226

Mathematische Formelsammlung von *F. Ringleb.* Vollständig umgearbeitete Neuausgabe des Werkes von *O. Th. Bürklen.* 6., durchgesehene Aufl. 274 Seiten mit 57 Figuren. 1956. In Vorbereitung . . . . Bd. 51

Fünfstellige Logarithmen von *A. Adler.* Mit mehreren graphischen Rechentafeln und häufig vorkommenden Zahlwerten. 2. Auflage. Neudruck. 127 Seiten mit 1 Tafel. 1949 . . . . Bd. 423

Höhere Algebra von *H. Hasse.* 3., verbesserte Auflage.
I: Lineare Gleichungen. 152 Seiten. 1951 . . . . Bd. 931
II: Gleichungen höheren Grades. 158 Seiten mit 5 Figuren. 1951 . . . . Bd. 932

Aufgabensammlung zur höheren Algebra von *H. Hasse* und *W. Klobe.* 2., verbesserte und vermehrte Auflage. 181 Seiten. 1952 . . . . Bd. 1082

Elementare und klassische Algebra vom modernen Standpunkt von *W. Krull.* 2., erweiterte Auflage.
I: 136 Seiten. 1952 . . . . Bd. 930

Einführung in die Zahlentheorie von *A. Scholz †.* 2. Auflage, überarbeitet von *B. Schoeneberg.* 128 Seiten. 1955 . . . Bd. 1131

Elemente der Funktionentheorie von *K. Knopp.* 4. Auflage. 144 Seiten mit 23 Fig. 1955 . . . . Bd. 1109

Funktionentheorie von *K. Knopp.* 8. Auflage.
I: Grundlagen der allgemeinen Theorie der analytischen Funktionen. 139 Seiten mit 8 Fig. 1955 . . . . Bd. 668
II: Anwendungen und Weiterführung der allgemeinen Theorie. 130 Seiten mit 7 Fig. 1955 . . . . Bd. 703

Aufgabensammlung zur Funktionentheorie von *K. Knopp.* 4. Auflage.
I: Aufgaben zur elementaren Funktionentheorie. 135 Seiten. 1949 . . . . Bd. 877
II: Aufgaben zur höheren Funktionentheorie. 151 Seiten. 1949 . . . . Bd. 878

Repetitorium und Aufgabensammlung zur Differentialrechnung von *A. Witting †.* 2., neubearbeitete Auflage. Durchgesehener Neudruck. 145 Seiten. 1949 . . . . Bd. 146

Repetitorium und Aufgabensammlung zur Integralrechnung von *A. Witting †.* 2., neubearbeitete Auflage. Durchgesehener Neudruck. 121 Seiten mit 32 Figuren und 309 Beispielen. 1949 . . . . Bd. 147

Gewöhnliche Differentialgleichungen von *G. Hoheisel.* 4., neubearbeitete Auflage. 129 Seiten. 1951 . . . . Bd. 920

Partielle Differentialgleichungen von *G. Hoheisel.* 3., neubearbeitete Auflage. 130 Seiten. 1953 . . . . Bd. 1003

Aufgabensammlung zu den gewöhnlichen und partiellen Differentialgleichungen von *G. Hoheisel.* 2., umgearbeitete Auflage. 124 Seiten. 1952 . . . . Bd. 1059

Mengenlehre von *E. Kamke,* 3., neubearbeitete Auflage. 194 Seiten mit 6 Figuren. 1955 . . . . Bd. 999/999a

Darstellende Geometrie von *W. Haack.*
I: Die wichtigsten Darstellungsmethoden. Grund- und Aufriß ebenflächiger Körper. 110 Seiten mit 117 Abbildungen. 1954 . . . . Bd. 142
II: Körper mit krummen Begrenzungsflächen. Kotierte Projektionen. 129 Seiten mit 86 Abbildungen. 1954 . . Bd. 143
III: Axonometrie. Perspektive. Photogrammetrie. In Vorbereitung . . . . Bd. 144

Sammlung von Aufgaben und Beispielen zur analytischen Geometrie der Ebene von *R. Haussner †.* Mit den vollständigen Lösungen. 139 Seiten mit 22 Figuren im Text. Neudruck. 1949 . . . . Bd. 256

Nichteuklidische Geometrie von *R. Baldus †.* Hyperbolische Geometrie der Ebene. 3., verbesserte Auflage, durchgesehen und herausgegeben von *F. Löbell.* 140 Seiten mit 70 Figuren im Text. 1953 . . . . Bd. 970

Differentialgeometrie von *K. Strubecker* (früher Rothe).
I: Kurventheorie der Ebene und des Raumes. 150 Seiten mit 18 Figuren. 1955 . . . . Bd. 1113/1113a

Einführung in die konforme Abbildung von *L. Bieberbach.* 4. Auflage. 147 Seiten mit 42 Zeichnungen. 1949 . . . Bd. 768

Vektoranalysis von *S. Valentiner.* Neudruck der 7. Auflage (1950). 138 Seiten mit 19 Figuren. 1954 . . . . . . Bd. 354

Vermessungskunde von *P. Werkmeister.*
I: Stückmessung und Nivellieren. 9. Auflage. 165 Seiten mit 145 Figuren. 1949 . . . . Bd. 468
II: Messung von Horizontalwinkeln. Festlegung von Punkten im Koordinatensystem. Absteckungen. 7. Auflage. 151 Seiten mit 93 Figuren. 1949 . . . . Bd. 469
III: Trigonometrische und barometrische Höhenmessung. Tachymetrie und Topographie. 6. Auflage. 147 Seiten mit 64 Figuren. 1949 . . . . Bd. 862

Versicherungsmathematik von *F. Böhm.*
I: Elemente der Versicherungsrechnung. 3., vermehrte und verbesserte Auflage. Durchgesehener Neudruck. 151 Seiten. 1954 . . . . Bd. 180
II: Lebensversicherungsmathematik. Einführung in die technischen Grundlagen der Sozialversicherung. 2., verbesserte Auflage. 205 Seiten. 1953 . . . . Bd. 917/917a

Physik

Einführung in die theoretische Physik von *W. Döring.*
I: Mechanik. 119 Seiten mit 29 Abbildungen. 1954 . . Bd. 76
II: Das elektromagnetische Feld. 123 Seiten mit 15 Abbildungen. 1955 . . . . Bd. 77
III: Optik. 117 Seiten mit 32 Abbildungen. 1956 . . . . Bd. 78
IV: Thermodynamik. Mit 9 Abbildungen. In Vorbereitung Bd. 374

Atomphysik von *K. Bechert* u. *Ch. Gerthsen.* 3., umgearb. Aufl.
I: Allgemeine Grundlagen. I. Teil von *Ch. Gerthsen.* 123 Seiten mit 35 Abbildungen. 1955 . . . . Bd. 1009
II: Allgemeine Grundlagen. II. Teil von *Ch. Gerthsen.* 112 Seiten mit 48 Abbildungen. 1955 . . . . Bd. 1033
III: Theorie des Atombaus. I. Teil von *K. Bechert.* 148 Seiten mit 16 Abbildungen. 1954 . . . . . Bd. 1123/1123a
IV: Theorie des Atombaus. 2. Teil von *K. Bechert.* 170 Seiten mit 14 Abbildungen. 1954 . . . . Bd. 1165/1165a

Differentialgleichungen der Physik von *F. Sauter.* 2. Auflage. 148 Seiten mit 16 Figuren. 1950 . . . . Bd. 1070

Physikalische Formelsammlung von *G. Mahler* und *K. Mahler.* 9., durchgesehene Auflage. 153 Seiten mit 69 Figuren. 1955 . . . . Bd. 136

Physikalische Aufgabensammlung von *G. Mahler* u. *K. Mahler.* Mit den Ergebnissen. 8., durchgesehene Auflage. 127 Seiten. 1955 . . . . Bd. 243

Chemie

Geschichte der Chemie von *G. Lockemann.* In kurzgefaßter Darstellung.

I: Vom Altertum bis zur Entdeckung des Sauerstoffs. 142 Seiten mit 8 Bildnissen. 1950 . . . . Bd. 264

II: Von der Entdeckung des Sauerstoffs bis zur Gegenwart. 151 Seiten mit 16 Bildnissen. 1955 . . . . Bd. 265/265a

Anorganische Chemie von *W. Klemm.* 8. Auflage. 184 Seiten mit 18 Abbildungen. 1954 . . . . Bd. 37

Organische Chemie von *W. Schlenk.* 6., erweiterte Auflage. 263 Seiten. 1954 . . . . Bd. 38/38a

Allgemeine und physikalische Chemie von *W. Schulze.* 4., neubearbeitete Auflage.

I: 139 Seiten mit 10 Figuren. 1955 . . . . Bd. 71

II: 177 Seiten mit 37 Figuren. 1956 . . . . Bd. 698/698a

III: 1956. In Vorbereitung . . . . Bd. 786

Analytische Chemie von *J. Hoppe.* 5., verbesserte Auflage.

I: Reaktionen. 135 Seiten. 1950 . . . . Bd. 247

II: Gang der qualitativen Analyse. 166 Seiten. 1950 . . Bd. 248

Maßanalyse von *G. Jander* und *K. J. Jahr.* Theorie und Praxis der klassischen und der elektrochemischen Titrierverfahren. 7. Auflage.

I: Grundlagen. Oxydations- und Reduktionsanalysen. In Vorbereitung . . . . Bd. 221

II: Neutralisations- und Fällungsanalysen. In Vorbereitung Bd. 1002

III: Komplexometrie. Konduktometrie. Potentiometrie. In Vorbereitung . . . . Bd. 1004

Thermochemie von *W. A. Roth.* 2., verbesserte Auflage. 109 Seiten mit 16 Figuren. 1952 . . . . Bd. 1057

Physikalisch-chemische Rechenaufgaben von *E. Asmus.* 2. Auflage. 96 Seiten. 1949 . . . . Bd. 445

Stöchiometrische Aufgabensammlung von *W. Bahrdt* und *R. Scheer.* Mit den Ergebnissen. 5., verbesserte Auflage. 120 Seiten. 1952 . . . . Bd. 452

Elektrochemie und ihre physikalisch-chemischen Grundlagen von *A. Dassler.*

I: 149 Seiten mit 21 Abbildungen. 1950. . . . . Bd. 252

II: 178 Seiten mit 17 Abbildungen. 1950. . . . . Bd. 253

Technologie

Warenkunde von *K. Hassak†* und *E. Beutel†.* 7. Auflage. Neubearbeitet von *A. Kutzelnigg.*

I: Anorganische Waren sowie Kohle und Erdöl. 116 Seiten mit 19 Figuren. 1947 . . . . Bd. 222

II: Organische Waren. 143 Seiten mit 32 Figuren. 1949 . Bd. 223

Die Fette und Öle von *K. Braun†.* 5., völlig neubearbeitete und verbesserte Auflage von *Th. Klug.* 145 Seiten. 1950 Bd. 335

Die Seifenfabrikation von *K. Braun†*. 3., neubearbeitete und verbesserte Auflage von *Th. Klug*. 116 Seiten mit 18 Abbildungen. 1953 . . . . Bd. 336

Textilindustrie.

I: Spinnerei und Zwirnerei von *A. Blümcke*. 112 Seiten mit 43 Abbildungen. 1954 . . . . Bd. 184

Biologie

Einführung in die allgemeine Biologie von *M. Hartmann*. In Vorbereitung . . . . Bd. 96

Hormone von *G. Koller*. 2., neubearbeitete und erweiterte Auflage. 187 Seiten mit 60 Abb. und 19 Tabellen. 1949 . Bd. 1141

Fortpflanzung im Tier- und Pflanzenreich von *J. Hämmerling*. 2., ergänzte Auflage. 135 Seiten mit 101 Abb. 1951 . Bd. 1138

Geschlecht und Geschlechtsbestimmung im Tier- und Pflanzenreich von *M. Hartmann*. 2., verbesserte Auflage. 116 Seiten mit 61 Abbildungen und 7 Tabellen. 1951. . Bd. 1127

Grundriß der allgemeinen Mikrobiologie von *W. Schwartz*.

I: 104 Seiten mit 17 Abbildungen. 1949. . . . . Bd. 1155

II: 93 Seiten mit 12 Abbildungen. 1949. . . . . Bd. 1157

Symbiose der Tiere mit pflanzlichen Mikroorganismen von *P. Buchner*. 2., verbesserte und vermehrte Auflage. 130 Seiten mit 121 Abbildungen. 1949 . . . . Bd. 1128

Botanik

Entwicklungsgeschichte des Pflanzenreiches von *H. Heil*. 2. Auflage. 138 Seiten mit 94 Abbildungen und 1 Tabelle. 1950 Bd. 1137

Morphologie der Pflanzen von *L. Geitler*. 3. Auflage. 126 Seiten mit 114 Abbildungen. 1953 . . . . Bd. 141

Pflanzenzüchtung von *H. Kuckuck*. 3., völlig umgearbeitete Auflage.

I: Grundzüge der Pflanzenzüchtung. 132 Seiten mit 22 Abbildungen. 1952 . . . . Bd. 1134

Die Laubhölzer von *F. W. Neger†* und *E. Münch†*. Kurzgefaßte Beschreibung der in Mitteleuropa gedeihenden Laubbäume und Sträucher. 3., durchgesehene Auflage, herausgegeben von *B. Huber*. 143 Seiten mit 63 Figuren und 7 Tabellen. 1950. . . . . Bd. 718

Die Nadelhölzer (Koniferen) und übrigen Gymnospermen von *F. W. Neger†* und *E. Münch†*. 4. Auflage. Durchgesehen und ergänzt von *B. Huber*. 140 Seiten mit 75 Figuren, 4 Tabellen und 3 Karten. 1952 . . . . Bd. 355

Zoologie

Entwicklungsphysiologie der Tiere von *F. Seidel*.

I: Ei und Furchung. 126 Seiten mit 29 Abbildungen. 1953 . . . . Bd. 1162

II: Körpergrundgestalt und Organbildung. 159 Seiten mit 42 Abbildungen. 1953 . . . . Bd. 1163

Das Tierreich.

Fische von *D. Lüdemann*. 130 Seiten mit 65 Abbildungen. 1955 . . . . Bd. 356

Insekten von *H. von Lengerken*. 128 Seiten mit 58 Abbildungen. 1953 . . . . Bd. 594

Lurche von *K. Herter*. 140 Seiten mit 129 Abbild. 1955 Bd. 847
Spinnentiere von *A. Kaestner*. 96 S. mit 55 Abb. 1955 Bd. 1161
Würmer von *S. Jaeckel*. 112 Seiten mit 36 Abbild. 1955 Bd. 439
Weichtiere von *S. Jaeckel*. 92 Seiten mit 34 Abbildungen. 1954 . . . . Bd. 440
Stachelhäuter von *S. Jaeckel*. 100 Seiten mit 46 Abbildungen. 1955 . . . . Bd. 441
Schwämme und Hohltiere von *H. J. Hannemann*. 95 Seiten mit 80 Abbildungen. 1956 . . . . Bd. 442
Krebse von *H. E. Gruner* und *K. Deckert*. Mit 43 Abbildungen. 1956. In Vorbereitung . . . . Bd. 443
Protozoa von *E. Reichenow*. 1956. In Vorbereitung Bd. 444

Vergleichende Physiologie der Tiere von *K. Herter*. 3. Auflage der „Tierphysiologie".
I: Stoff- und Energiewechsel. 155 Seiten mit 64 Abbild. 1950 . . . . Bd. 972
II: Bewegung und Reizerscheinungen. 148 Seiten mit 110 Abbildungen. 1950 . . . . Bd. 973

Land- und Forstwirtschaft

Landwirtschaftliche Tierzucht von *H. Vogel*. Die Züchtung und Haltung der landwirtschaftlichen Nutztiere. 139 Seiten mit 11 Abbildungen. 1952 . . . . Bd. 228

Kulturtechnische Bodenverbesserungen von *O. Fauser*. 4., neubearbeitete Auflage.
I: Allgemeines, Entwässerung. 122 Seiten mit 47 Abbildungen. 1947 . . . . Bd. 691
II: Bewässerung, Ödlandkultur, Umlegung. 150 Seiten mit 67 Abbildungen. 1949 . . . . Bd. 692

Agrikulturchemie von *K. Scharrer*.
I: Pflanzenernährung. 143 Seiten. 1953 . . . . Bd. 329
II: Futtermittelkunde. 1956. In Vorbereitung . . . . . Bd. 330

Geologie · Mineralogie · Kristallographie

Kristallographie von *W. Bruhns†* und *P. Ramdohr*. 4. Auflage. 106 Seiten mit 163 Abbildungen. 1954 . . . . Bd. 210

Einführung in die Kristalloptik von *E. Buchwald*. 4., verbess. Auflage. 138 Seiten mit 121 Figuren. 1952 . . . . . Bd. 619

Lötrohrprobierkunde von *M. Henglein*. Mineraldiagnose mit Lötrohr- und Tüpfelreaktion. 3., verbesserte Auflage. 91 Seiten mit 11 Figuren. 1949 . . . . Bd. 483

Mineral- und Erzlagerstättenkunde von *H. Huttenlocher †*.
I: 128 Seiten mit 34 Abbildungen. 1954. . . . . Bd. 1014
II: 156 Seiten mit 48 Abbildungen. 1954. . . . . Bd. 1015/1015a

Allgemeine Mineralogie von *R. Brauns †* und *K. F. Chudoba*. 9., erweiterte Auflage der „Mineralogie" von *Brauns-Chudoba*. 104 Seiten mit 107 Figuren, 1 Tafel, 2 Tabellen. 1955 . . . . Bd. 29

Spezielle Mineralogie von *R. Brauns †* und *K. F. Chudoba*. 9., erweiterte Auflage der „Mineralogie" von *Brauns-Chudoba*. 133 Seiten mit 105 Figuren. 1955 . . . . . Bd. 31

Petrographie. Von *W. Bruhns†* und *P. Ramdohr*. 4., durchgesehene Auflage. 104 Seiten mit 10 Figuren. 1955 . . Bd. 173

Geologie von *F. Lotze*. 176 Seiten mit 80 Abbildungen. 1955 . . Bd. 13

Technik

Elektrotechnik

Grundlagen der Elektrotechnik von *O. Mohr*. 2 Bände. In Vorbereitung . . . . Bd. 196/197

Die Gleichstrommaschine von *K. Humburg*. Durchgesehener Neudruck.
I: 102 Seiten mit 59 Abbildungen. 1949. . . . . Bd. 257
II: 98 Seiten mit 38 Abbildungen. 1949 . . . . Bd. 881

Die synchrone Maschine von *K. Humburg*. Neudruck. 109 Seiten mit 78 Bildern. 1951 . . . . Bd. 1146

Induktionsmaschinen von *F. Unger*. 2., erweiterte Auflage. 142 Seiten mit 49 Abbildungen. 1954. . . . . Bd. 1140

Die komplexe Berechnung von Wechselstromschaltungen von *H. H. Meinke*. 160 Seiten mit 114 Abbildungen. 1949 . Bd. 1156

Theoretische Grundlagen zur Berechnung der Schaltgeräte von *F. Kesselring*. 3. Auflage. 144 Seiten mit 92 Abbildungen. 1950 . . . . Bd. 711

Einführung in die Technik selbsttätiger Regelungen von *W. zur Megede*. 1956. In Vorbereitung . . . . Bd. 714/714a

Elektromotorische Antriebe (Grundlagen für die Berechnung) von *A. Schwaiger*. 3., neubearbeitete Auflage. 96 Seiten mit 34 Abbildungen. 1952 . . . . Bd. 827

Technische Tabellen und Formeln von *W. Müller*. 4., verbesserte und erweiterte Auflage von *E. Schulze*. 152 Seiten mit 105 Figuren. 1951 . . . . Bd. 579

Überspannungen und Überspannungsschutz von *G. Frühauf*. Durchgesehener Neudruck. 122 Seiten mit 98 Abbildungen. 1950 . . . . Bd. 1132

Maschinenbau

Metallkunde. Einführendes über Aufbau, Eigenschaften und Untersuchung von Metallen und Legierungen sowie über Grundlagen des Schmelzens, des Gießens, des Verformens, der Wärmebehandlung, der Oberflächenbehandlung, der Verbinde- und Trennarbeiten von *H. Borchers*.
I: Aufbau der Metalle und Legierungen. 3. Auflage. 1956. In Vorbereitung . . . . Bd. 432
II: Eigenschaften. Grundzüge der Form- und Zustandsgebung. 2. Auflage. 154 Seiten mit 8 Tabellen und 100 Abbildungen. 1952 . . . . Bd. 433

Die Werkstoffe des Maschinenbaues von *A. Thum* und *C. M. Freiherr von Meysenbug*.
I: 1956. In Vorbereitung . . . . Bd. 476

Dynamik von *W. Müller*. 2., verbesserte Auflage.
I: Dynamik des Einzelkörpers. 128 Seiten mit 48 Figuren. 1952 . . . . Bd. 902
II: Systeme von starren Körpern. 102 Seiten mit 41 Figuren. 1952 . . . . Bd. 903

Technische Schwingungslehre von *L. Zipperer*. 2., neubearbeitete Auflage.

I: Allgemeine Schwingungsgleichungen, einfache Schwinger. 120 Seiten mit 101 Abbildungen. 1953 . . . . . Bd. 953
II: Torsionsschwingungen in Maschinenanlagen. 102 Seiten mit 59 Abbildungen. 1955 . . . . Bd. 961/961a

Transformatoren von *W. Schäfer*. 2. Auflage mit 74 Abbildungen. 1956. In Vorbereitung . . . . Bd. 952

Werkzeugmaschinen für Metallbearbeitung von *K. P. Matthes*.
I: 110 Seiten mit 27 Abbildungen, 11 Zahlentafeln im Text und 1 Tafelanhang. 1954 . . . . Bd. 561
II: Fertigungstechnische Grundlagen der neuzeitlichen Metallbearbeitung. 101 Seiten mit 30 Abbildungen und 5 Tafeln im Text. 1955 . . . . Bd. 562

Die Maschinenelemente von *E. A. vom Ende*. 3., verbesserte Auflage. Mit 175 Figuren und 9 Tafeln. 1956. In Vorbereitung . . . . Bd. 3

Das Maschinenzeichnen mit Einführung in das Konstruieren von *W. Tochtermann*. 4. Auflage.
I: Das Maschinenzeichnen. 156 Seiten mit 77 Tafeln. 1950 Bd. 589
II: Ausgeführte Konstruktionsbeispiele. 130 Seiten mit 58 Tafeln. 1950 . . . . Bd. 590

Getriebelehre von *P. Grodzinski*. 2., neubearbeitete Auflage.
I: Geometrische Grundlagen. 159 Seiten mit 142 Figuren. 1953 . . . . Bd. 1061

Gießereitechnik von *H. Jungbluth*.
I: Eisengießerei. 126 Seiten mit 44 Abbildungen. 1951 . . Bd. 1159

Die Dampfkessel und Feuerungen einschließlich Hilfseinrichtungen in Theorie, Konstruktion und Berechnung von *W. Marcard †*. 2. Auflage. Neubearbeitet von *K. Beck*.
I: Die theoretischen Grundlagen. Wärme, Verbrennung, Wärmeübertragung. 150 Seiten mit 42 Abbildungen und 16 Tabellen. 1951 . . . . Bd. 9
II: Dampfkessel. 147 Seiten mit 43 Abbildungen. 1952 . . Bd. 521

Dampfturbinen von *C. Zietmann*. 3., verbesserte Auflage.
I: Theorie der Dampfturbinen. 140 Seiten mit 48 Abbildungen. 1955 . . . . Bd. 274
II: Die Berechnung der Dampfturbinen und die Konstruktion der Einzelteile. 134 Seiten mit 111 Abbildungen. 1956 . . . . Bd. 715
III: Ihre Wirkungsweise, Berechnung und Konstruktion. Mit 90 Abbildungen. 1956. In Vorbereitung . . . . . Bd. 716

Industrielle Kraft- und Wärmewirtschaft von *F. A. F. Schmidt*. 1956. In Vorbereitung. . . . . Bd. 318/318a

Technische Thermodynamik von *W. Nusselt*.
I: Grundlagen. 4., verbesserte Auflage. 144 Seiten mit 71 Abbildungen. 1956. In Vorbereitung . . . . Bd. 1084
II: Theorie der Wärmekraftmaschinen. Neudruck. 144 Seiten mit 87 Abbildungen und 32 Zahlentafeln. 1951 . . Bd. 1151

Autogenes Schweißen und Schneiden von *H. Niese*. 5. Auflage. Neubearbeitet von *A. Küchler*. 136 Seiten mit 71 Figuren. 1954 . . . . Bd. 499

Die elektrischen Schweißverfahren von *H. Niese*. 2. Auflage. Neubearbeitet von *H. Dienst*. 136 Seiten mit 58 Abbildungen. 1955 . . . . Bd. 1020

Hebezeuge von *G. Tafel*.
I: 2., verbesserte Auflage. 276 Seiten mit 230 Figuren. 1954 . . . . Bd. 414/414a

Wasserbau

Wasserkraftanlagen von *A. Ludin.*
I: Planung, Grundlagen und Grundzüge. 124 Seiten mit 60 Abbildungen. 1955 . . . . Bd. 665
II: In Vorbereitung . . . . Bd. 666

Verkehrswasserbau von *H. Dehnert.*
I: Entwurfsgrundlagen, Flußregelungen. 103 Seiten mit 52 Textabbildungen. 1950 . . . . Bd. 585
II: Flußkanalisierungen und Schiffahrtskanäle. 94 Seiten mit 60 Textabbildungen. 1950 . . . . Bd. 597
III: Schleusen und Hebewerke. 98 Seiten mit 70 Textabbildungen. 1950 . . . . Bd. 1152

Talsperren von *F. Tölke.* 122 Seiten mit 70 Abbildungen. 1953 Bd. 1044

Wehr- und Stauanlagen von *H. Dehnert.* 134 Seiten mit 90 Abbildungen. 1952 . . . . Bd. 965

Hoch- und Tiefbau

Festigkeitslehre von *W. Gehler † und W. Herberg.*
I: Elastizität, Plastizität und Festigkeit der Baustoffe und Bauteile. Durchgesehener und erweiterter Neudruck. 159 Seiten mit 18 Bildern. 1952 . . . . Bd. 1144
II: Formänderung, Platten, Stabilität und Bruchhypothesen. Bearb. von *W. Herberg* und *N. Dimitrov.* 187 Seiten mit 94 Bildern. 1955 . . . . Bd. 1145/1145a

Statik der Baukonstruktionen von *A. Teichmann.*
I: Grundlagen. 101 Seiten mit 51 Abbildungen und 8 Formentafeln. 1956 . . . . Bd. 119

Grundlagen des Stahlbetonbaus von *A. Troche.* 2., neubearbeitete und erweiterte Auflage. 208 Seiten mit 75 Abbildungen, 17 Bemessungstafeln und 20 Rechenbeispielen. 1953 . . . . Bd. 1078

Fenster, Türen, Tore aus Holz und Metall. Eine Anleitung zu ihrer guten Gestaltung, wirtschaftlichen Bemessung und handwerksgerechten Konstruktion von *W. Wickop.* 4., überarbeitete Auflage. 155 Seiten mit 95 Abbildungen 1955 . . . . Bd. 1092

Die wichtigsten Baustoffe des Hoch- und Tiefbaus von *O. Graf.* 4., verbesserte Auflage. 131 Seiten mit 63 Abbildungen. 1953 . . . . Bd. 984

Baustoffverarbeitung und Baustellenprüfung des Betons von *A. Kleinlogel.* 2., neubearbeitete und erweiterte Auflage. 126 Seiten mit 35 Abbildungen. 1951 . . . . . Bd. 978

Heizung und Lüftung von *J. Körting † und W. Körting.* 8., neubearbeitete Auflage.
I: Das Wesen und die Berechnung der Heizungs- und Lüftungsanlagen. 140 Seiten mit 29 Abbildungen und 18 Zahlentafeln. 1951 . . . . Bd. 342
II: Die Ausführung der Heizungs- und Lüftungsanlagen. 152 Seiten mit 165 Abbildungen und 7 Zahlentafeln. 1954 . . . . Bd. 343

SAMMLUNG GÖSCHEN - BANDNUMMERNFOLGE

1 Langosch, Der Nibelunge Nôt
3 vom Ende, Maschinenelemente
9 Marcard-Beck, Dampfkessel I
13 Lotze, Geologie
20 Hofstaetter-Spree, Dt. Sprachlehre
29 Brauns-Chudoba, Allg. Mineralogie
30 Eckert-Greifendorff-Kleffner, Kartenkunde
31 Brauns-Chudoba, Spez. Mineralogie
35 Treue, Deutsche Geschichte
37 Klemm, Anorganische Chemie
38/38a Schlenk, Organ. Chemie
42 Behn, Vorgeschichte Europas
51 Bürklen-Ringleb, Mathematische Formelsammlung
60 Biehle, Stimmkunde
61 Biehle, Redetechnik
65 Berneker-Vasmer, Russische Grammatik
70 Nestle, Griech. Literaturgesch. I
71 Schulze, Allgem. und physikalische Chemie I
76 Döring, Einführg. i. d. theoret. Physik I
77 Döring, Einführg. i. d. theoret. Physik II
78 Döring, Einführg. i. d. theoret. Physik III
79 Hempel, Got. Elementarbuch
80 Weigert, Stilkunde I
96 Hartmann, Allg. Biologie
101 v. Wiese, Soziologie
103 Dahrendorf, Industrie- und Betriebssoziologie
104/104a Hofstätter, Sozialpsychol.
111 Hoffmann-Debrunner, Geschichte der griech. Sprache I
114 Debrunner, Geschichte der griech. Sprache II
117 Brandenstein, Griechische Sprachwissenschaft I
118 Brandenstein, Griechische Sprachwissenschaft II
119 Teichmann, Statik der Baukonstruktionen
125 Vossler, Italienische Literaturgeschichte
128/128a Lausberg, Roman. Sprachwiss. I
136 Mahler, Physikalische Formelsammlung
141 Geitler, Morphologie der Pflanzen
142 Haack, Darst. Geometrie I
143 Haack, Darst. Geometrie II
144 Haack, Darst. Geometrie III
145 Weimer, Geschichte der Pädagogik
146 Witting, Repetitorium und Aufgabensammlung zur Differentialrechnung
147 Witting, Repetitorium und Aufgabensammlung zur Integralrechnung
156/156a Landmann, Philosoph. Anthropologie
170 Oehlmann, Musik des 19. Jahrhunderts
173 Bruhns-Ramdohr, Petrographie
180 Böhm, Versicherungsmathematik I
184 Blümcke, Spinnerei und Zwirnerei
196 Mohr, Grundlagen der Elektrotechnik I
197 Mohr, Grundlagen der Elektrotechnik II
200/200a Gottschald, Dt. Rechtschreibungswörterbuch
210 Bruhns-Ramdohr, Kristallographie
220/220a Moser, Allgemeine Musiklehre
221 Jander-Jahr, Maßanalyse I
222 Hassak-Beutel, Warenkunde I
223 Hassak-Beutel, Warenkunde II
226 Hofmann, Geschichte der Mathematik I
228 Vogel, Landw. Tierzucht
230 Krieger, Bad. Geschichte
238 Krahe, German. Sprachwiss. I
243 Mahler, Physikal. Aufgabensammlung
247 Hoppe, Analytische Chemie I
248 Hoppe, Analytische Chemie II
250 Lausberg, Roman. Sprachwiss. II
252 Dassler, Elektrochemie I
253 Dassler, Elektrochemie II
256 Haussner, Aufgabensammlung zur analytischen Geometrie der Ebene
257 Humburg, Die Gleichstrommaschine I

264 Lockemann, Geschichte der Chemie I
265/265a Lockemann, Geschichte der Chemie II
270 Kirn, Einführung in die Geschichtswissenschaft
274 Zietemann, Dampfturbinen I
279 Jacob, Quellenkunde der deutschen Geschichte I
280 Jacob, Quellenkunde der deutschen Geschichte II
281 Leisegang, Einführung in die Philosophie
284 Jacob-Weden, Quellenkunde der deutschen Geschichte III
318/318a Schmidt, Industrielle Kraft- und Wärmewirtschaft
319 Krug, Australien und Ozeanien
329 Scharrer, Agrikulturchemie I
330 Scharrer, Agrikulturchemie II
335 Braun-Klug, Fette und Öle
336 Braun-Klug, Seifenfabrikation
342 Körting, Heizung und Lüftung I
343 Körting, Heizung und Lüftung II
344 Moser, Musikästhetik
354 Valentiner, Vektoranalysis
355 Neger-Münch, Nadelhölzer
356 Lüdemann, Fische
374 Döring, Einführung in die theoretische Physik IV
375 Preller, Geschichte Englands I
394/394a Schilling, Von der Renaissance bis Kant
414/414a Tafel, Hebezeuge I
422 Gottschald, Dt. Personennamen
423 Adler, Fünfstell. Logarithmen
432 Borchers, Metallkunde I
433 Borchers, Metallkunde II
439 Jaeckel, Würmer
440 Jaeckel, Weichtiere
441 Jaeckel, Stachelhäuter
442 Hannemann, Schwämme und Hohltiere
443 Gruner-Deckert, Krebse
444 Reichenow, Protozoa
445 Asmus, Physikal.-chemische Rechenaufgaben
452 Bahrdt-Scheer, Stöchiometrische Aufgabensammlung
468 Werkmeister, Vermessungskunde I
469 Werkmeister, Vermessungskunde II
476 Thum-Meysenburg, Die Werkstoffe des Maschinenbaues I
483 Henglein, Lötrohrprobierkunde
492 Stolz-Debrunner, Geschichte der lateinischen Sprache
499 Niese, Autogen. Schweißen
500 Simmel, Hauptprobleme der Philosophie
521 Marcard-Beck, Dampfkessel und Feuerungen II
536 Lehmann, Kant
538 Rumpf, Archäologie I
539 Rumpf, Archäologie II
557 Nestle, Griechische Literaturgeschichte II
561 Matthes, Werkzeugmaschinen I
562 Matthes, Werkzeugmasch. II
564 Behn, Kultur der Urzeit I
565 Behn, Kultur der Urzeit II
566 Behn, Kultur der Urzeit III
571 Lehmann, Philosophie des 19. Jahrhunderts
576/576a Moser, Gesangskunst
579 Müller-Schulze, Techn. Tabellen
585 Dehnert, Verkehrswasserbau I
589 Tochtermann, Maschinenzeichnen I
590 Tochtermann, Maschinenzeichnen II
594 Lengerken, Insekten
597 Dehnert, Verkehrswasserbau II
619 Buchwald, Kristalloptik
665 Ludin, Wasserkraftanlagen I
666 Ludin, Wasserkraftanlagen II
668 Knopp, Funktionentheorie I
691 Fauser, Kulturtechn. Bodenverbesserungen I
692 Fauser, Kulturtechn. Bodenverbesserungen II
698/698a Schulze, Allgemeine und physikalische Chemie II
703 Knopp, Funktionentheorie II
709 Lehmann, Philosophie des 19. Jahrhunderts II
711 Kesselring, Berechnung der Schaltgeräte
714/714a zur Megede, Einführung in die Technik selbsttätiger Regelungen
715 Zietemann, Dampfturbinen II
716 Zietemann, Dampfturbinen III
718 Neger-Münch, Laubhölzer
735 Ekwall, Hist. neuengl. Laut- und Formenlehre
763/763a Beer-Meyer, Hebräische Grammatik I
764/764a Beer-Meyer, Hebräische Grammatik II

768 Bieberbach, Einführung in die konforme Abbildung
780 Krahe, Germ. Sprachwiss. II
781 Weigert, Stilkunde II
786 Schulze, Molekülbau
807 Kropp, Erkenntnistheorie I
809 Moser, Harmonielehre I
826 Koch, Philosophie des Mittelalters
827 Schwaiger, Elektromotorische Antriebe
845 Lehmann, Philosophie im ersten Drittel des 20. Jahrh.
847 Herter, Lurche
851 Moede, Psychologie des Berufs- und Wirtschaftslebens
856 Quelle, Iberoamerika
857 Capelle, Griech. Philosophie I
858 Capelle, Griech. Philosoph. II
859 Capelle, Griech. Philosoph. III
862 Werkmeister, Vermessungskunde III
863 Capelle, Griech. Philosoph. IV
877 Knopp, Aufgabensammlung zur Funktionentheorie I
878 Knopp, Aufgabensammlung zur Funktionentheorie II
881 Humburg, Gleichstrommaschine II
902 Müller, Dynamik I
903 Müller, Dynamik II
910 Jaeger, Afrika I
911 Jaeger, Afrika II
917/917a Böhm, Versicherungsmathematik II
920 Hoheisel, Gewöhnliche Differentialgleichungen
929 Schirmer, Dt. Wortkunde
930 Krull, Elementare und klassische Algebra I
931 Hasse, Höhere Algebra I
932 Hasse, Höhere Algebra II
952 Schäfer, Transformatoren
953 Zipperer, Techn. Schwingungslehre I
961/961a Zipperer, Techn. Schwingungslehre II
965 Dehnert, Wehr- u. Stauanlagen
970 Baldus-Löbell, Nichteuklid. Geometrie
972 Herter, Tierphysiologie I
973 Herter, Tierphysiologie II
978 Kleinlogel, Baustoffverarbeitung und Baustellenprüfung des Betons
984 Graf, Die wichtigsten Baustoffe des Hoch- und Tiefbaus
999/999a Kamke, Mengenlehre
1000 Jaspers, Geistige Situation
1002 Jander-Jahr, Maßanalyse II
1003 Hoheisel, Partielle Differentialgleichungen
1004 Jander-Jahr, Maßanalyse III
1008 Mellerowicz, Allgemeine Betriebswirtschaftslehre I
1009 Bechert-Gerthsen, Atomphysik I
1014 Huttenlocher, Mineral- und Erzlagerstättenkunde I
1015/1015a Huttenlocher, Mineral- und Erzlagerstättenkunde II
1021 Niese-Dienst, Elektr. Schweißverfahren
1031 Apel, Philosophisches Wörterbuch
1033 Bechert-Gerthsen, Atomphysik II
1043 Kranefeldt, Therapeutische Psychologie
1039 Dovifat, Zeitungslehre I
1040 Dovifat, Zeitungslehre II
1044 Tölke, Talsperren
1045 Schubert, Technik des Klavierspiels
1051/1051a zu Stolberg-Wernigerode, Gesch. d. Verein. Staaten v. Amerika
1057 Roth, Thermochemie
1059 Hoheisel, Aufgabensammlg. z. d. gewöhnl. u. part. Differentialgleichungen
1061 Grodzinski, Getriebelehre I
1065 Haller, Von den Karolingern zu den Staufern
1070 Sauter, Differentialgleichungen der Physik
1078 Troche, Stahlbetonbau
1082 Hasse-Klobe, Aufgabensammlung zur Höheren Algebra
1084 Nusselt, Technische Thermodynamik I
1086 Müller, Dt. Dichten u. Denken
1088 Preller, Geschichte Engld. II
1092 Wickop, Fenster, Türen, Tore,
1094 Hernried, System. Modulation
1105 Hartung, Dt. Geschichte im Zeitalter der Reformation
1108 de Boor-Wisniewski, Mittelhochdeutsche Grammatik
1109 Knopp, Elemente der Funktionentheorie
1111 Naumann-Betz, Althochdeutsches Elementarbuch

1113/1113a Strubecker, Differentialgeometrie I
1114 Schubel, Englische Literaturgeschichte I
1115 Ranke, Altnord. Elementarbuch
1116 Meissner, Englische Literaturgeschichte II
1121 Naumann, Dt. Dichten und Denken
1122 Feist, Sprechen und Sprachpflege
1123/1123a Bechert-Gerthsen, Atomphysik III
1124 Meissner, Englische Literaturgeschichte III
1125 Lehnert, Altengl. Elementarbuch
1127 Hartmann, Geschlecht und Geschlechtsbestimmung im Tier- und Pflanzenreich
1128 Buchner, Symbiose der Tiere mit pflanzl. Mikroorganismen
1130 Dibelius, Jesus
1131 Scholz-Schoeneberg Einführung in die Zahlentheorie
1132 Frühauf, Überspannungen und Überspannungsschutz
1134 Kuckuck, Pflanzenzüchtung I
1135 Lehnert, Beowulf
1136 Meissner, Englische Literaturgeschichte IV
1137 Heil, Entwicklungsgeschichte des Tier- und Pflanzenreichs
1138 Hämmerling, Fortpflanzung im Tier- und Pflanzenreich
1140 Unger, Induktionsmaschinen
1141 Koller, Hormone
1142 Meissner-Lehnert, Shakespeare
1144 Gehler, Festigkeitslehre I
1145/1145a Herberg, Festigkeitslehre II
1146 Humburg, Synchrone Maschine
1147 v. Waltershausen, Kunst des Dirigierens
1148 Pepping, Der polyphone Satz I
1151 Nusselt, Technische Thermodynamik II
1152 Dehnert, Verkehrswasserbau III
1153 Mellerowicz, Allg. Betriebswirtschaftslehre II
1154 Mellerowicz, Allg. Betriebswirtschaftslehre III
1155 Schwartz, Mikrobiologie I
1156 Meinke, Kompl. Berechng. d. Wechselstromschaltungen
1157 Schwartz, Mikrobiologie II
1158 Mayrhofer, Sanskrit-Grammatik
1159 Jungbluth, Gießereitechnik I
1160 Dibelius-Kümmel, Paulus
1161 Kaestner, Spinnentiere
1162 Seidel, Entwicklungsphysiologie der Tiere I
1163 Seidel, Entwicklungsphysiologie der Tiere II
1165/1165a Bechert-Gerthsen, Atomphysik IV
1169 Paulsen, Allgem. Volkswirtschaftslehre I
1170 Paulsen, Allgem. Volkswirtschaftslehre II
1171 Paulsen, Allgem. Volkswirtschaftslehre III
1172 Paulsen, Allgem. Volkswirtschaftslehre IV

AUTORENREGISTER

Adler 8
Apel 3
Asmus 10
Bahrdt-Scheer 10
Baldus-Löbell 9
Baumgartner 8
Bechert-Gerthsen 9
Beer-Meyer 7
Behn 4/5
Berneker-Vasmer 7
Bieberbach 9
Biehle 5
Blümcke 11
Böhm 9
de Boor-Wisniewski 6
Borchers 13
Brandenstein 6
Braun-Klug 11
Brauns-Chudoba 12
Bruhns-Ramdohr 12
Buchner 11
Buchwald 12
Bürklen-Ringleb 8
Capelle 3
Dahrendorf 3
Dassler 10
Debrunner 6
Dehnert 15
Dibelius 4
Dibelius-Kümmel 4

Döring 9
Dovifat 7
Eckert-Greifendorff-Kleffner 7
Ekwall 6
vom Ende 14
Fauser 12
Feist 5
Frühauf 13
Gehler-Herberg 15
Geitler 11
Gottschald 5 6
Graf 15
Grodzinski 14
Gruner-Deckert 12
Haack 9
Haller 5
Hämmerling 11
Hannemann 12
Hartmann 11
Hartung 5
Hassak-Beutel 10
Hasse 8
Hasse-Klobe 8
Haußner 9
Heil 11
Hempel 6
Henglein 12
Herberg 15
Hernried 4
Herter 12
Hoffmann-Debrunner 6
Hofmann 8
Hofstaetter-Spree 5
Hofstätter 3
Hoheisel 8
Hoppe 10
Humburg 13
Huttenlocher 12
Jacob 5
Jacob-Weden 5
Jaeckel 12
Jaeger 7
Jander-Jahr 10
Jaspers 3
Jungbluth 14
Kaestner 12
Kamke 9
Kesselring 13
Kirn 4
Kleinlogel 15
Klemm 10
Knopp 8
Koch 3
Koller 11
Körting 15
Krahe 6
Kranefeldt 3
Krieger 5
Kropp 3
Krug 7
Krull 8
Kuckuck 11
Landmann 3
Langosch 5
Lausberg 6
Lehmann 3
Lehnert 6
Leisegang 3
von Lengerken 12
Lockemann 10
Lotze 12
Ludin 15
Lüdemann 11
Mahler 10
Marcard-Beck 14
Matthes 14
Mayrhofer 7
zur Megede 13
Meinke 13
Meissner 6
Mellerowicz 7
Moede 3
Mohr 13
Moser 4
G. Müller 5
W. Müller 13
Müller-Schulze 13
Naumann 5
Naumann-Betz 6
Neger-Münch 11
Nestle 7
Niese 14
Niese-Dienst 14
Nusselt 14
Oehlmann 4
Paulsen 7
Pepping 4
Preller 5
Quelle 7
Ranke 6
Reichenow 12
Ringleb 8
Roth 10
Rumpf 4
Sauter 10
Schäfer 14
Scharrer 12
Schilling 3
Schirmer 5
Schlenk 10
Schmidt 14
Scholz-Schoeneberg 8
Schubel 6
Schubert 4
Schulze 10
Schwaiger 13
Schwartz 11
Seidel 11
Simmel 3
zu Stolberg-Wernigerode 5
Stolz-Debrunner 7
Strubecker 9
Tafel 14
Teichmann 15
Thum-Meysenbug 13
Tochtermann 14
Tölke 15
Treue 5
Troche 15
Unger 13
Valentiner 9
Vogel 12
Vossler 6
von Waltershausen 4
Weigert 4
Weimer 3
Werkmeister 9
Wickop 15
von Wiese 3
Witting 8
Zietemann 14
Zipperer 13

FSC
www.fsc.org
MIX
Papier | Fördert gute Waldnutzung
FSC® C083411

Zeitfracht Medien GmbH
Ferdinand-Jühlke-Straße 7
99095 Erfurt, Deutschland
produktsicherheit@kolibri360.de